Christine Sonvilla
Europas kleine Tiger

Christine Sonvilla

EUROPAS KLEINE TIGER

Das geheime Leben der Wildkatze

Residenz Verlag

Bibliografische Information der Deutschen Nationalbibliothek
Die Deutsche Nationalbibliothek verzeichnet diese Publikation in der Deutschen Nationalbibliografie; detaillierte bibliografische Daten sind im Internet über http://dnb.dnb.de abrufbar.

www.residenzverlag.com

Umschlaggestaltung: sensomatic
Innenklappe / Karte: Peter Gerngross
Umschlagfoto: Tomáš Hulík
Typografische Gestaltung, Satz: Lanz, Wien
Lektorat: Manuel Fronhofer
Gesamtherstellung: GGP Media GmbH, Pößneck

ISBN 978 3 7017 3523 5

Inhalt

Vorwort
von Helmut Pechlaner

Mein leidenschaftliches Interesse an europäischen Wildtieren wurzelt im Alpenzoo Innsbruck, den ich schon als Schüler mit großer Begeisterung besuchte und in dem ich nach meinem Studium 20 Jahre lang arbeiten durfte. Der Alpenzoo beschäftigt sich seit seiner Gründung ausschließlich mit »Tieren, die heute noch in den Alpen leben oder in geschichtlicher Zeit hier gelebt haben«.

Für mich war es vor 50 Jahren erschütternd zu erfahren, wie viele von den einheimischen Tierarten damals in den Alpen als ausgestorben galten oder zumindest stark bedroht waren: beispielsweise der Habichtskauz, die Alpenkrähe, der Waldrapp, der Mönchsgeier, der Schmutzgeier, der Gänsegeier und der Bartgeier, aber auch der Wanderfalke und sogar das scheue Alpensteinhuhn. Bei den Säugern waren es nicht nur Elch und Wisent, Alpensteinbock und Biber, sondern auch Braunbär, Wolf, Europäischer Fischotter, Luchs und leider auch die Europäische Wildkatze. Diesem Tier hat die gleichermaßen begeisterte wie kompetente Autorin Christine Sonvilla das vorliegende großartige Standardwerk gewidmet.

Auch ich habe hier den Begriff ausgestorbene Tierarten verwendet, eine Beschönigung, an die wir uns leider schon gewöhnt haben. Denn keine dieser Arten ist von selbst ausgestorben, sie wurden rücksichtslos von uns Menschen ausgerottet.

Als plumpe Ausrede mag ein Bibelwort hergehalten haben: »Macht euch die Erde untertan!«

Das wahre Problem ist bis heute unser anthropozentrisches Weltbild. Und das daraus resultierende rücksichtslose Verhalten des Menschen. Es gibt keine Wildtierart, bei der Vergleichbares zu finden ist. Der *Homo sapiens* konnte sich in der Evolution durch die Weiterentwicklung des Gehirns selbst zum ersten Haustier machen und sich von Beschränkungs- und Selektionsmechanismen immer mehr abkoppeln. Seine Massenvermehrung, aber auch seine Maßlosigkeit - sowohl innerhalb der Art als auch gegenüber seiner Umwelt - stehen im Tierreich einzigartig da. Ich ärgere mich sehr oft, wenn ich von »inhumanem« Verhalten höre, denn genau die dabei angesprochene Art von Grauslichkeiten und Brutalitäten sind arttypisch für den *Homo sapiens*.

Der Artenschwund bei Pflanzen und Tieren ist seit Jahrzehnten enorm, die explosionsartige, raumgreifende Vermehrung der Menschheit fordert ihren Tribut. Umso mehr freut es mich, miterleben zu dürfen, wie Natur- und Umweltschutzorganisationen und umweltbewusste Personen durch engagierten Einsatz beim Natur- und Artenschutz erreichen können, dass Schutzgebiete ausgewiesen werden, Wildtiere unter Schutz gestellt werden und immer mehr junge Menschen sich für das Überleben und die Heimkehr der bodenständigen Wildtiere einsetzen.

Die Widerstände in der Bevölkerung aus kurzsichtigen egoistischen Motiven sind dennoch beträchtlich. Offenbar gibt es zu viele Bürgerinnen und Bürger, denen die ursprüngliche Vielfalt obsolet zu sein scheint und nur die Monokultur des Menschen als erstrebenswert gilt. Ein Albtraum!

Aber kleine Erfolge machen Mut. Der Europäische Fischotter erkämpft sich seinen Lebensraum zurück, der Europäische Biber breitet sich aus, Bartgeier und Wanderfalken sind als Brutvögel genauso zurück wie der Habichtskauz. In zoologischen Gärten gezüchtete und erforschte Waldrappe lernen ihr spezifisches Zugverhalten und brüten bereits im Freiland. Wolf und Braunbär vermehren sich in ihren Rückzugsgebieten und versuchen gegen alle Widerstände auch bei uns ihre alte Heimat zu besiedeln.

Die größte Akzeptanz fand im vergangenen Jahrhundert die erfolgreiche Wiederansiedlung des Alpensteinbocks. Kein Wunder, schließlich frisst dieser nur Pflanzen im Hochgebirge und lässt sich mit seinem prächtigen Gehörn dort wieder freudig bejagen.

Die Europäische Wildkatze war immer schon ein scheues, heimlich lebendes Wildtier. Kaum bekannt, aber umso wichtiger im Kreislauf der Natur. Im Alpenzoo Innsbruck hat die erfolgreiche Zucht eine lange Tradition. Anfangs lebte das dort beheimatete Paar in einer bescheidenen Behausung, dann in einer größeren Anlage mit Wiese und Klettermöglichkeiten. Während im kleinen Gehege der Kater von der Geburt bis zum Absetzen der jungen Wildkatzen separat gehalten wurde, versuchten wir nach der Übersiedlung etwas Neues. Trotz Absperrmöglichkeiten im Gehege blieb alles offen, der Kater dabei. Fast permanent beobachteten wir das Paar bei der Geburt der Jungen und die Tage danach. Der Kater hielt sich abseits. Als er am dritten Lebenstag seiner Kinder diese in der Wurfhöhle »besuchen« wollte, hat die Katze ihn derart angefaucht und bedroht, dass er sich fortan fernhielt, bis die Jungen im Alter von einigen Wochen selbst auf ihn zugingen und bald auch mit ihm spielten. In den 1960er- und 1970er-Jahren wurde Nachwuchs von Zootieren an andere zoologische Gärten weitergegeben bzw. getauscht.

Da fällt mir eine lustige Geschichte ein. Alpenzoo-Direktor Hans Psenner schenkte seinem Kollegen Walter Fiedler vom Tiergarten Schönbrunn auf dessen Wunsch einen Wildkatzenkater. Nach Monaten erkundigte er sich, ob es der Tiroler Wildkatze in Wien auch wirklich gut gehe. Darauf Fiedler: »Leider ist der Kater nach kurzer Zeit ausgekommen, er streift aber seither zufrieden in Schönbrunn und Hietzing herum. Ein Beweis, dass sich Tiroler in Wien wohlfühlen!« Darauf antwortete Hans Psenner: »Lieber

Walter, ich muss dir widersprechen, der Kater ist kein Tiroler. Er kam mit einem Transport von der Tschechoslowakei zu uns. Abkömmlinge aus diesem Land fühlen sich ja schon seit Kaisers Zeiten in Wien sehr wohl!«

Anfang der 1980er-Jahre besuchte uns Herr Günther Worel vom Bund Naturschutz in Bayern (BN) und informierte uns über das Projekt der »Wiedereinbürgerung der Europäischen Wildkatze«. Voller Begeisterung erzählte er uns von seiner geplanten Wildkatzenstation. Es sollte eine Gehegeanlage werden, in der zoogeborene Wildkatzen auf das Leben im Freiland vorbereitet werden, bevor diese in ihre neue/alte Heimat entlassen werden. In der ersten Zeit müsse er dort wohl auch noch züchten, um genügend Tiere zu bekommen. Der Alpenzoo sicherte ihm daraufhin zu, dem BN künftig den gesamten Wildkatzennachwuchs kostenlos zur Verfügung zu stellen. Außerdem informierte Hans Psenner als Mitglied des Verbands Deutscher Zoodirektoren (VDZ) sämtliche Kolleginnen und Kollegen über dieses Projekt und empfahl ihnen, mit ihrem Wildkatzennachwuchs ebenso zu verfahren. Tatsächlich passierten über 400 junge Wildkatzen vor der Freilassung die Station des Herrn Günther Worel. Die gesamte Wiederansiedlung war erfolgreich.

Ich bin dankbar dafür, dass durch diese tiefschürfende Publikation der aktuelle Stand der Forschung über das Leben und die gegenwärtige Verbreitung der Europäischen Wildkatze allen Naturfreunden attraktiv zur Kenntnis gebracht wird. Das umfassende Wissen wird sicher dazu beitragen, »Europas kleine Tiger« in Zukunft besser verstehen und schützen zu können.

Helmut Pechlaner

Kapitel 1

Alles für die Katz!

Die Steinerne Wand macht ihrem Namen alle Ehre. Harte Granite durchziehen den Hang und lose Blocksteine, von Moos überwachsen, verlangen bedachte Schritte. Dazwischen ragen Rotbuchen, knorrige Eichen und Bergahorne aus dem steilen Gelände, in dem Brombeerbüsche und querliegendes Totholz das Vorankommen erschweren - zumindest aus Menschenperspektive.

»Jetzt ist es nicht mehr weit«, stellt Christian Übl fest, als er einen prüfenden Blick auf sein GPS-Gerät wirft. Seine Zielkoordinaten führen uns zur Wendlwiese, einem Platz, der für Besucher normalerweise nicht zugänglich ist. Unsere heutige Tour ist eine Ausnahme. Wir durchqueren die Steinerne Wand, bis sich der Wald lichtet, der Boden wieder in die Horizontale verlagert und wir das Rauschen der Thaya hören, die hier die Grenze zwischen Österreich und Tschechien bildet.

Am Rand der Wiese steckt ein Holzpflock im Waldboden. Er ist gut 50 Zentimeter lang, quadratisch und leicht aufgeraut. Und er hat eine Mission. Versehen mit einem markanten Duft, fungiert das unscheinbare Stück Holz als »Lockstock«, der auf Katzen eine unwiderstehliche Anziehungskraft ausübt. »Komm und reib dich an mir«, scheint er ihnen zuzurufen.

Christian Übl untersucht den Lockstock genau und wird fündig. Die Konturen eines zarten, kaum ausmachbaren Haars zeichnen sich im Gegenlicht der kühlen Vorfrühlingssonne ab. »Das sieht verheißungsvoll aus«, freut er sich.

Ob es sich jedoch um das Haar einer Europäischen Wildkatze *(Felis silvestris)* handelt, die dem Wendlwiesen-Lockstock im niederösterreichischen Nationalpark Thayatal einen Besuch abgestattet hat, steht zu diesem Zeitpunkt noch nicht fest.

Genauso wenig war damals, im Februar 2011, als ich an einem Magazinartikel über die Rückkehr der Wildkatze nach Österreich arbeitete, klar, dass ich Jahre später in Sachen Wildkatze noch viel tiefer schürfen sollte. Vom Thayatal bis an die Ränder Europas habe ich seitdem einen Hauch Algarve, griechischen Sonnenschein, schottische Rauheit, Balkan-Pragmatik und deutsche Gründlichkeit inhaliert; stets auf der Suche nach dem, was die Wildkatze ausmacht.

* * *

Es veranlasst vielleicht zum Schmunzeln, warum gerade eine Österreicherin ein Buch über die Wildkatze schreibt, denn die scheue Jägerin streift bis dato in sehr überschaubaren Zahlen durch meine Heimat. Aber ist es nicht meist so, dass uns gerade das fasziniert, von dem wir wenig haben? So verwundert es auch kaum, dass in Mitteleuropa, vor allem in Deutschland, in den vergangenen Jahrzehnten die meiste Forschung dazu betrieben wurde. Auch wenn hier ungleich mehr Wildkatzen als in Österreich leben, nämlich geschätzte 5000 bis 7000 Tiere[1], ist das etwa im Vergleich mit den Balkanländern verhältnismäßig wenig. Seriöse Zahlenschätzungen gibt es von Slowenien bis Griechenland zwar keine, aber die Europäische Wildkatze gilt dort vielerorts als häufige »Mitläuferin«. Immer wieder heißt es: »Die Wildkatze, die nehmen wir gar nicht so wahr, wir haben ja mit Wölfen, Bären, Luchsen und Goldschakalen genug zu tun.« Darüber hinaus ziehen viele Wissenschaftler, die auf dem Balkan aktiv sind, den Kürzeren. »Weil Wildkatzen keine Konflikte mit Jägern oder Nutztierhaltern heraufbeschwören und es auch praktisch keine Zoonosen – also von Wildkatze auf Mensch übertragbare Krankheiten – gibt, ist es schwierig an Fördermittel für die intensivere

Erforschung der quasi unsichtbar lebenden Art zu kommen«, erzählt mir etwa Hubert Potočnik von der Universität Ljubljana.

Deutschland hat sich dagegen als Hochburg der Wildkatzenforschung etabliert, wo häufig Kongresse und Tagungen abgehalten werden. Im Nationalpark Bayerischer Wald findet sich der Sitz von EUROWILDCAT, einem Zusammenschluss von Forschenden aus aktuell 41 Wissenschaftsgruppen und 13 verschiedenen europäischen Ländern, die ihr Wissen und ihre Daten bündeln, um der Wildkatze noch intensiver auf den Zahn zu fühlen. Insbesondere in Sachsen-Anhalt hat die Wildkatzenforschung lange Tradition. Der bereits verstorbene Rudolf Piechocki, der als Zoologe an der Martin-Luther-Universität in Halle tätig war, hat ein noch heute viel beachtetes Grundlagenwerk geschaffen, das auf einer Fülle von Messungen, Beobachtungen und detaillierten Auflistungen fußt, die zum Großteil aus dem Ostharz stammen.[2] Das dürfte auch den Forschungsnachwuchs beeinflusst haben.

Despina Migli, eine aufgeweckte Griechin, die gerade Pionierarbeit leistet, um den Status der Hellas-Wildkatzen erstmalig zu erfassen, schmunzelt, als sie sich an eine Wildkatzentagung in Rheinland-Pfalz erinnert: »So viel Forschung, wie in Deutschland betrieben wird, da könnte man fast annehmen, die Wissenschaftssprache für die Wildkatze müsste Deutsch sein.«

* * *

Ein paar Jahre bevor ich mit dem heutigen Nationalpark-Direktor Christian Übl die Wendlwiese besuchte, schrieb der Nationalpark Thayatal Schlagzeilen. Seit den 1950ern galt die Wildkatze in Österreich als »ausgestorben« oder »verschollen«[3], aber 2007 gab sie ein kräftiges Lebenszeichen von sich. Das Aufstellen von rund 25 bedufteten Holzpflöcken, die im Zoologenjargon als »Lockstöcke« bezeichnet werden, hatte in den Thayatalwäldern Wirkung gezeigt. Anhand hängen gebliebener Haare und der in ihnen gespeicherten Erbsubstanz ließ sich die Europäische Wildkatze erstmals wieder in Österreich nachweisen.

Das kam in meiner Heimat einem positiven Naturschutzerdbeben gleich und mündete 2009 in der Gründung der Plattform Wildkatze, die Akteure aus Wissenschaft, Naturschutz, Forst- und Jagdwirtschaft bündelte, um mehr über die Wildkatze in Österreich herauszufinden und sich für ihren dauerhaften Schutz einzusetzen.

Seither hat sich einiges getan. Mehr als 660 Meldungen über echte oder vermeintliche Wildkatzen sind bei der Meldestelle der Plattform bisher eingegangen, davon haben sich bisher 57 als eindeutige Nachweise entpuppt (Stand Ende 2020). Ingrid Hagenstein vom Naturschutzbund Österreich, die sowohl die Plattform als auch die dazugehörige Koordinations- und Meldestelle seit Anbeginn leitet, verrät uns, für welche Gebiete sie besonders zuversichtlich ist: »Neben dem Nationalpark Thayatal sieht es in Kärnten und in der Wachau am verheißungsvollsten mit einer Wildkatzenpopulation aus.« Allein von Jänner bis Mai 2020 lieferte die im Verborgenen lebende Katze in einem Wachauer Hangwald, der den Thayatalwäldern in vielerlei Hinsicht ähnelt, rund 40 Schnappschüsse via Wildkamera. Darüber hinaus ließ sie sich punktuell schon in allen Bundesländern bis auf Wien und Salzburg blicken. Bemerkenswert sind die Begegnung eines Jägers mit einer Wildkatze im Tiroler Paznauntal auf 1150 Metern Seehöhe und der Fund einer toten Wildkatze auf 1600 Metern in der Steiermark.[4] Derartige Höhenluft schnuppern Wildkatzen für gewöhnlich nicht, und abgesehen von diesen beiden isolierten Fällen trudelten bisher keine weiteren Indizien für vergleichbar pionierhafte Wildkatzen ein, zumindest nicht aus Österreich.

Das mag auch daran liegen, dass es nach wie vor schwierig ist, in Österreich im großen Stil nach der Wildkatze zu suchen. Obwohl die scheue Jägerin seit Jahren eindeutige Spuren hinterlässt, wird sie auf der nationalen Roten Liste nach wie vor als »ausgestorben« geführt. Die Konsequenz daraus: Es fehlt Geld für zielgerichtete Naturschutzarbeit. Das ändert sich aber nur, wenn sich der Gefährdungsstatus ändert. »Wir brauchen dringend Nachweise für eine erfolgreiche Fortpflanzung der Wildkatze in Österreich, erst dann kann sie neu eingestuft werden, als ›vom Aussterben bedroht‹«, sagt Ingrid Hagenstein. Sobald sich die Tiere nämlich vermehren, gibt es sehr wahrscheinlich auch eine Population. Ab diesem Zeitpunkt greifen die europäischen Naturschutzverpflichtungen, die für gefährdete Tierarten wie die im Anhang IV der Fauna-Flora-Habitat-Richtlinie verankerte Wildkatze[5] einen »günstigen Erhaltungszustand« verlangen. Und spätestens dann müssen umfangreichere Fördermittel auf die Beine gestellt werden.

Vielleicht hat sich das ockergrau melierte Wesen mit den tigerähnlichen Streifen nie ganz aus unseren Wäldern verabschiedet und hat an verschwiegenen Rückzugsorten inkognito überlebt. »Es mag Zuwanderung etwa aus Deutschland geben, aber ich gehe auch davon aus, dass die Wildkatze nie ganz ausgestorben war«, mutmaßt Experte Christian Übl.

Hundertprozentig wissen werden wir es nie. Klar ist dagegen, dass das Tier scheu ist, sich von Menschen in der Regel fernhält und – zumindest in hiesigen Breiten – zurückgezogen in den Wäldern lebt. Wie ein Phantom.

* * *

Ist das Grund genug, einer einzigen Art ein ganzes Buch zu widmen? Ist es heutzutage überhaupt noch sinnvoll, sich mit einem Tier so intensiv zu beschäftigen?

Heute muss alles »nützlich« sein. Und was »nützlich« ist, lässt sich im besten Fall in Geld aufwiegen. Statt von Wildkatzen, Füchsen und Mardern, von Stieleichen, Eschen und Weißtannen, von Türkenbund, Diptam und Perlgras oder von Weinbergschnecken, Hirschkäfern, Schleimrüblingen, Koboldmoosen und Bartflechten zu reden, abstrahieren wir lieber und nennen es »Ökosystemleistungen«.[6] Wie viel eine Wildkatze wert ist, lässt sich schwer sagen, dagegen ist ein Stück Ozean oder Land leichter quantifizierbar. Eine Studie aus dem Jahr 2012 taxierte zehn Großlebensräume, vom Grasland über tropische und temperate Wälder bis hin zu Küstenlebensräumen und Korallenriffen, auf Werte zwischen 490 und 350 000 Dollar pro Jahr und Hektar.[7]

Ob diese Form der Quantifizierung zielführend ist, um uns den Wert der Natur näherzubringen, darüber scheiden sich die Geister. Hubert Weinzierl, der von 1969 bis 2002 als Vorsitzender des Bund Naturschutz in Bayern fungierte und federführend daran beteiligt war, die Wildkatze ab den 1980er-Jahren wieder in Bayern heimisch zu machen, formuliert es im 2001 erschienenen Buch »Die Wildkatze. Zurück auf leisen Pfoten« folgendermaßen: »Umweltschutz [...] ist berechenbar in Zeit und Geld und Grenzwerten. Luftreinhaltung und Gewässersanierung leuchten jedem ein und sind [...] konsensfähig geworden. Die Libellen in den Flussauen oder die Collembolen in der Handvoll Erde, der Pirolruf und die Wildkatze sind es noch nicht.«[8] Ihr Geldwert lässt sich eben nicht beziffern, obwohl sauberes Wasser, gesunde Böden und reine Luft mit all den Lebewesen, die die Biosphäre bewohnen, untrennbar verbunden sind.

Das wird uns spätestens dann bewusst, wenn Ökosysteme nicht mehr so funktionieren, wie sie sollten. Nährstoffe, die in einen See gelangen, lösen sich nicht einfach auf, sondern regen das Pflanzenwachstum an. Je mehr Nährstoffe, desto mehr Pflanzen. Meist sind es die Algen, die am raschesten auf Nitrat- und Phosphorschübe reagieren. Sobald sie jedoch absterben, beginnen Kleinlebewesen wie Schnecken, Käfer oder Bakterien mit deren Zersetzung, wobei sie große Mengen an Sauerstoff veratmen, bis schließlich nichts mehr übrigbleibt. Der See »kippt«, die Fische treiben mit dem Bauch nach oben im Wasser.

Jedes Rädchen hat eine Funktion, oft auch mehrere, und interagiert mit den anderen Rädchen. Raubtiere beziehungsweise Beutegreifer, wie sie heute oft wertneutral bezeichnet werden, sind ebenfalls Rädchen im Gefüge des Lebens. Wölfe dezimieren Pflanzenfresser wie Rothirsche oder Rehe, üben Druck auf kleinere Räuber wie Fuchs und Goldschakal aus und überlassen die Kadaver ihrer Beutetiere Geiern und Adlern. Braunbären sorgen dafür, dass Pflanzen wie Heidelbeeren besser keimen, nachdem sie einmal ihren Verdauungstrakt passiert haben. Und Wildkatzen? Die effizienten Jägerinnen regulieren gemeinsam mit anderen kleinen Räubern Wühl-, Scher-, Waldmäuse und Co. Wir Menschen ignorieren diesen »Wert« gern, weil Beutegreifer etwa um dieselbe Ressource mit uns konkurrieren, weil sie uns selbst bedrohlich werden könnten oder uns schlichtweg stören. In früheren Jahrhunderten regelte man das einfach, indem die Gefährlichkeit der verschiedenen Arten maßlos übertrieben wurde. Erzählungen berichteten von Wölfen und Bären, die Gehöfte oder Dörfer der Menschen attackierten, oder von Bartgeiern und Steinadlern, die kleine Kinder durch die Luft entführten. Der gezielte Rufmord zeigte seine Wirkung, auch bei der Wildkatze.[9]

Hubert Weinzierl meint, dass die Frage nach dem Wert einer Wildkatze in letzter Instanz eine Frage der Moral sei und der Einsicht bedürfe, »dass jede Art ein Lebensrecht wie wir selbst und einen Wert an sich besitzt«.[10] Viele werden dem zustimmen, aber es bleibt der berechtigte Zweifel, ob uns dieser philosophische Ansatz im Innersten berührt. Inspirieren uns vielleicht eher die konkreten Ökosystemleistungen oder das Wissen über die Zusammenhänge in der Lebenswelt, um Libelle, Pirol oder Wildkatze wertzuschätzen und vielleicht sogar aktiv für sie einzutreten?

Ich schätze, die Botschaft kommt erst dann an, wenn sie an ein Aha-Erlebnis geknüpft ist. Andrea Andersen sieht das ähnlich. Beim Bund für Umwelt und Naturschutz Deutschland (BUND), einem der größten deutschen Umweltverbände, ist sie verantwortlich für die Freiwilligeneinbindung rund um die Wildkatze und sie weiß, wie nachhaltig es die Menschen prägt, wenn sie sich bei der »Lockstock-Betreuung« engagieren: »Durch die regelmäßigen Kontrollen der Lockstöcke nehmen die Menschen die Natur intensiv wahr. Selbst wenn sie keine Hinweise auf Wildkatzen entdecken, lernen sie deren Lebensraum kennen, beobachten andere Tierarten und erleben den Wald zu unterschiedlichen Witterungen und Tageszeiten. Viele genießen es einfach, Zeit im Wald zu verbringen.« Gekommen sind sie wegen der Wildkatze, entdeckt haben sie die Vielfalt der Natur.

In Deutschland und Österreich investieren annähernd gleich viele Menschen, rund 45 Prozent, Zeit in unbezahlte Arbeit, vor allem Sportvereine stehen hoch im Kurs.[11] Beim Umwelt-, Natur- und Tierschutz ist mit 3,5 Prozent Beteiligung in der Bevölkerung noch Luft nach oben.[12]

Für mich selbst stellt sich die Frage nach dem Wert gar nicht, einfach deshalb, weil mich jede Tierart, mit der ich mich intensiver beschäftige, fasziniert. Die Wildkatze bildet da keine Ausnahme. Sie ist aber auch unabhängig von meiner wohlwollenden Voreingenommenheit deshalb spannend, weil sie sich mancherorts in Europa wieder ausbreitet, Lebensräume in Anspruch nimmt, bei denen man das nicht für möglich gehalten hätte, und sie trägt in ihrem Namen jenes Prädikat, das in Europa seit einigen Jahren immer mehr Gewicht bekommt: die Rückkehr des Wilden. Auf keinem anderen Kontinent erleben wir aktuell ein vergleichbares Comeback der Wildtiere. Wisente, Wildpferde, Bären, Wölfe, Luchse oder Vielfraße, sie alle werden entweder aktiv gefördert oder wandern von selbst wieder ein. Fast alle Länder Festlandeuropas verfügen über zumindest eine große Beutegreiferart, die sich fortpflanzt und dauerhaft ansässig ist.[13] Die Europäische Wildkatze – wenn auch ein kleines Raubtier – ist eine strahlkräftige Botschafterin für das Wiedererstarken des Wilden in unserer Mitte. Vielleicht kann sie sogar als Vermittlerin für ihre großen, teils noch sehr unbeliebten »Kollegen« agieren.

* * *

Die Wildkatze taucht in unseren Breiten unstet, aber immer wieder einmal in Tageszeitungen, TV und Rundfunk auf. Sie fungiert als Protagonistin in Kinderbüchern, in Bildbänden; unlängst erschien sogar ein mehrfach ausgezeichneter Film über die Rückkehr der Wildkatze nach Thüringen[14]. Die Fülle an wissenschaftlicher Literatur - seit der Monografie von Rudolf Piechocki - ist sowieso überbordend, und skurrilerweise begegnet einem das aparte Tier - wenn auch in anderer Gestalt - sogar in Dreigroschenromanen. Zu den Klassikern zählen wohl der »Der Highlander und die Wildkatze«, »Der Pirat und die Wildkatze« oder mein Favorit »Die Zähmung der Wildkatze«. Dann mal viel Glück beim Zähmen ...

Ein umfassender Blick auf diese charismatische Art, von den schottischen Highlands bis hin zum Kaukasus, vom Ätna bis hin zu den Karpaten, fehlt aber bis dato und das ist der Ansporn für dieses Buch. Freilich komme auch ich nicht drum herum, Mitteleuropa und speziell Deutschland verstärkt ins Visier zu nehmen, aber ich gelobe, immer wieder über den Tellerrand unserer unmittelbaren Nachbarschaft hinauszulinsen, um so tief wie möglich in die Faszination Wildkatze einzutauchen.

Nach wie vor sind viele Menschen quer durch Europa der Meinung, dass die Wildkatze nichts anderes sei als eine verwilderte Hauskatze. Im Griechischen gibt es nicht einmal einen Unterschied zwischen den beiden Wörtern: »Wildkatze und Streunerkatze klingen bei uns genau gleich«, erzählt mir die Forscherin Despina Migli.

Dabei haben wir es mit einer eigenständigen Art zu tun, die in Europa vor ungefähr 450000 bis 200000 Jahren erstmals aufgetaucht ist[15] und aktuell in 34 Ländern unseres Kontinents vorkommt. Konkret sind das Großbritannien mit Schottland, Portugal, Spanien, Andorra, Frankreich, Belgien, die Niederlande, Luxemburg, die Schweiz, Deutschland, Österreich, Italien, die Slowakei, Tschechien, Polen, Ungarn, Slowenien, Kroatien, Serbien, Montenegro, Bosnien und Herzegowina, Albanien, Bulgarien, Rumänien, der Kosovo, Nordmazedonien, Griechenland, die Türkei, Georgien, Armenien, Aserbaidschan, Russland, Moldawien und die Ukraine.[16] Vollständigkeit muss sein.

Die für Wildkatzen geeigneten Lebensräume quer durch Europa sind aber keineswegs vollständig besetzt. Die Art lebt in größeren und kleineren Populationen, die ein zum Teil stark voneinander isoliertes Dasein fristen. Das bedeutendste geschlossene Wildkatzenvorkommen Mitteleuropas erstreckt sich derzeit von der Eifel im Westen Deutschlands, über die französischen Vogesen bis hin zu den Ardennen Belgiens und Luxemburgs.[17] Allein im Pfälzerwald, der im rheinland-pfälzischen Teil der Eifel liegt, werden 3000 Wildkatzen vermutet.[18]

Mit genauen Zahlen ist das aber so eine Sache. Kaum ein Wissenschaftler, ich korrigiere, kein Wissenschaftler freut sich, danach gefragt zu werden. Die genaue Anzahl durch unsere Länder streifender Wildkatzen ist einfach viel zu schwer abzuschätzen. Einzig für Deutschland existieren gegenwärtig verlässlichere Angaben, die auf intensiven Erhebungen mithilfe der Lockstöcke und auf der Zusammenarbeit mit dem Senckenberg Forschungsinstitut fußen, das in puncto Wildkatzengenetik europaweit führend ist.

Da aber die Systematik der *Felidae*, der Familie der Katzen, 2017 komplett überarbeitet wurde, findet gerade eine Neubewertung von Status und Gefährdungsgrad der Europäischen Wildkatze statt, inklusive des Versuchs, ihr zahlenmäßig beizukommen. »Vernünftige Zahlen fehlen europaweit, aber mithilfe der vorhandenen Dichteangaben arbeitet die IUCN, die Weltnaturschutzunion, gerade intensiv daran, Schätzungen zu generieren, freilich mit gewissen Schwankungsbreiten«, erzählt mir dazu Peter Gerngross. Der in Wien ansässige Wildkatzenexperte ist Teil der IUCN Cat Specialist Group, die für die Neubewertung verantwortlich ist. Dichteangaben sind in der Tat das Einzige, was einem entgegenspringt, wenn man auf der Suche nach Zahlen in der Literatur stöbert. Im Schnitt rechnen die Experten in geeigneten Landschaften Mitteleuropas mit einer Dichte von zwei bis fünf erwachsenen Wildkatzen pro zehn Quadratkilometern.[19] Auf der Fläche des bayerischen Chiemsees würden also statistisch gesehen 16 bis 40 Wildkatzen Platz finden.

Mancherorts in Europa sind die heimlich lebenden Katzen auf dem Vormarsch, etwa in der Schweiz, wo sie sich ausgehend vom

Jurabogen über das teils flache, teils hügelige Mittelland in Richtung Alpen auszubreiten scheinen. In Deutschland sorgte ein im Straßenverkehr verunglücktes Tier, das im Herbst 2018 nur 25 Kilometer südlich von Berlin entdeckt wurde, für Furore.[20] Damit gab es erstmals einen Hinweis auf Wildkatzen in Brandenburg. Auch in der Lüneburger Heide Niedersachsens, an der Pforte zu Hamburg und damit so weit nördlich wie noch nie zuvor, haben Wildkatzen schon Lebenszeichen von sich gegeben. Anders präsentiert sich die Lage dagegen rund 1800 Kilometer Luftlinie weiter südwestlich in Europa. Während es florierende Populationen im Norden der Iberischen Halbinsel gibt – vom Kantabrischen Gebirge bis hin zu den Pyrenäen im spanisch-französischen Grenzgebiet –, steht es um jene weiter südlich deutlich schlechter. Vom gesamten Balkan hört man keine Wehklagen, dafür kämpfen die schottischen Wildkatzen ums pure Überleben.

Abgesehen von Schottland gibt es inselbewohnende Wildkatzen nur auf Sizilien und möglicherweise auf Kreta. An das Vorkommen auf der griechischen Insel ist allerdings ein großes Fragezeichen geheftet. »Wenn es sich tatsächlich um *Felis silvestris* handeln sollte, dann müssen die Tiere ursprünglich von Menschen eingeführt worden sein. Anders ist es nicht nachvollziehbar, wie die Katzen auf das weit vom Festland entfernte Kreta hätten gelangen sollen«, erklärt Peter Gerngross. Es wäre aber auch denkbar, dass es sich bei der vermeintlichen Europäerin überhaupt um eine andere Art, nämlich um die Afrikanische Falbkatze *(Felis lybica)* handelt. Im »schlimmsten Fall« könnten es schlicht und ergreifend verwilderte Hauskatzen sein. Vom Aussehen her, meint die Griechin Despina Migli, besäßen die auf Kreta beheimateten Tiere Merkmale von beiden Arten, den schlanken Körper hätten sie von *Felis lybica*, den buschigen Schwanz mit der schwarzen Spitze von *Felis silvestris*. Eine Untersuchung soll bald Licht in die Angelegenheit bringen. Für die Kreter, die sehr stolz auf ihre mutmaßlichen Europäerinnen sind, bleibt zu hoffen, dass das Ergebnis keine bittere Pille wird.

Auf Sizilien ist die Lage dagegen eindeutig. Aber auch hier fällt die Europäische Wildkatze durch eine Eigenart auf. Im

Vergleich zu ihren Artgenossen am Festland findet sich viel mehr Schwarz in ihrer Fellfärbung. Die Unterschiede sind aber meist so fein, dass sie nur den Kennern ins Auge springen, denn im Prinzip schauen die Tiere einander sehr ähnlich, gleich ob sie hierzulande oder an der türkischen Schwarzmeerküste ihrer Wege ziehen. Ihre ockergelbe Fellfarbe erinnert an trockenes Gras und ist durchsetzt von verwischt-schwarzen Tigerstreifen.[21] Würde man jedoch den Blick von West- nach Osteuropa schweifen lassen, fiele auf, dass es im Kollektiv gesehen eine leichte Variation gibt, nämlich eine Abnahme der Fellzeichnung – von kontrastreich in Richtung immer verwaschener. Am äußersten Rand der Verbreitung, im Südosten der Türkei und am Südrand des Kaukasus, endet schließlich das Hoheitsgebiet der Europäischen Wildkatze und überlappt mit jenem der Asiatischen Wildkatze *(Felis lybica ornata)*. »In diesem Gebiet gibt es Individuen, die wie unsere Wildkatzen aussehen, aber schwarz gepunktet sind wie *Felis lybica ornata*«, weiß IUCN-Experte Peter Gerngross zu berichten. Die belebte Welt kennt eben keine scharfen Linien, sondern nur fließende Übergänge, das ist bei den Katzen nicht anders.

* * *

Während über so manch andere Säugetierart kaum etwas bekannt ist, weiß man über die scheue Wildkatze erstaunlich viel. Neben den Haaren, die sie gerne an Lockstöcken deponiert, sind es auch ihre Hinterlassenschaften, ihre Spuren im Schnee, Schnappschüsse von Wildkameras und Informationen von GPS-Halsbandsendern, die bei den Forschern begehrt sind. Obwohl einiges bei der Datenakquise schiefgehen kann – von zu früh abgestreiften Sendern über zu alte Kotproben beziehungsweise zu schlechtes Haarmaterial, das sich nicht mehr für die genetische Analyse eignet, bis hin zu Wildkameras, die abhandenkommen –, bleibt noch immer genügend übrig, um allerlei Einblicke in die Lebenswelt dieser geheimnisvollen Art zu erhaschen.

Was man findet, hängt aber auch davon ab, wo man sucht. Bis vor Kurzem wurden Wildkatzen in Mitteleuropa nur im Wald gesucht. Nun wird verstärkt auch im Offenland nach ihnen Ausschau gehalten und der Name *Felis silvestris*, der so viel wie »Waldkatze« bedeutet, muss in Zukunft wohl etwas freier ausgelegt werden.[22]

Trotz all der verfügbaren Technik gestaltet sich die Arbeit an einem derart heimlich lebenden Tier als Herausforderung und mutet ein wenig wie die Suche nach der Nadel im Heuhaufen an. Aus den Mosaiksteinen, die uns die Katze bisher offenbart hat, versuche ich dennoch ein Bild von einem Wildtier zu zeichnen, das nicht nur mich in seinen Bann zieht, sondern auch viele Forscher. Mehr als einmal habe ich das Funkeln in ihren Augen gesehen, wenn sie von ihrer Motivation erzählten, die Wildkatze zu erforschen. Und das, obwohl viele ihr »Forschungsobjekt« kaum zu Gesicht bekommen. »Ich arbeite seit mittlerweile fast 40 Jahren als Biologe, habe einige Male Luchse, viele Male Wölfe, aber Wildkatzen bisher nur zweimal in meinem Leben gesehen«, sagt etwa Henryk Okarma, der in Polen zu verschiedenen Wildtieren forscht. Zsolt Biró, der an der Szent-István-Universität in der mittelungarischen Stadt Gödöllő arbeitet, war noch gar keine Wildkatzensichtung vergönnt: »Das Tier interessiert mich sehr, aber es ist ein großes Problem, dass es so gut wie unsichtbar ist.« Schon öfter Glück hatte dagegen Hubert Potočnik von der Universität Ljubljana. »Wenn man ihre Tagesruheplätze kennt, stehen die Chancen auf Sichtungen recht gut«, sagt er und fährt fort: »Mich begeistert, dass sie so selbstbewusste Tiere sind und gezielt abwägen, was sie als Gefahr erachten und was nicht.« Nur weil sie einen Menschen riechen oder sehen können, heißt das nämlich nicht, dass sie gleich Reißaus nehmen. Potočnik berichtet, dass er sich manchmal auf 30 oder 40 Meter annähern könne, bevor die Katze auf »Gefahrmodus« umschalten würde.

Manchmal aber überrascht es beide, Forscher und Katze. »Die Geschichte ist total verrückt, aber wahr«, beginnt Stefano Anile. »Ich war gerade dabei, am Ätna in Sizilien nach Wildkatzenlosung zu suchen, als ich plötzlich in meiner Bewegung erstarrte.

Wie ein Flamingo stand ich auf einem Bein und wagte gute 30 Sekunden lang nicht mich zu bewegen, denn direkt neben mir saß eine Wildkatze versteckt im Gras. Ich hätte sie mit meinem ausgestreckten Bein berühren können, so nah war sie mir.« Er dachte an die Kamera in seiner Tasche, um diese einmalige Situation zu dokumentieren. Als Tierfotografin kann ich diesen Drang nachvollziehen, andererseits ahnte ich schon, was mir der italienische Forscher, der in den USA arbeitet, als Nächstes erzählen würde. »Sobald ich nach meiner Kamera griff, machte die Katze zwei enorme Sprünge! Ich habe später nachgemessen, es waren fünf Meter aus dem Stand. Das war wie ein Katapult!«, beschreibt er diesen verblüffenden Moment und wirkt dabei noch immer ein wenig fassungslos. »Das Beste kommt aber noch«, sagt er. »Nachdem ich meine eingefrorene Haltung löste, sprang auch noch ein Kaninchen aus dem Gras davon. Die Wildkatze und ich, wir blickten uns in die Augen und sie schien zu sagen: ›Warum um alles in der Welt jetzt und hier?!‹«

* * *

Während sie die einen geradezu abgöttisch lieben, sehen sie die anderen nüchtern. In früheren Zeiten war man sich dagegen einig: Die Wildkatze wurde kollektiv gehasst und verfolgt, mit verschiedensten Methoden zur Strecke gebracht, um dem übergeordneten Ziel, der Ausmerzung allen »Raubzeugs« näher zu kommen. So hat man sie zum Riesenvieh überzeichnet, das alles meuchelt, was es zu greifen bekommt. In einem Handbuch für Jäger, Landwirte und Förster aus dem Jahr 1912 heißt es deshalb: »Sie gehört somit zu den schädlichsten Raubtieren unserer Heimat, und es dürfte selbst dem größten Tierfreund schwer werden, ihrem Leben irgendeine sympathische Seite abzugewinnen.«[23]

Heute sieht das freilich anders aus. Gleichzeitig ist das Bild, das viele Menschen von der Wildkatze haben, nach wie vor von Missverständnissen geprägt. Widerspenstige Hauskatzen werden in einen Topf mit Europäischen Wildkatzen geworfen und überbordende Liebesbekundungen zeugen von einem fehlgeleiteten Wildtierverständnis (»Die ist so süß. Darf ich die mitnehmen?«). Wildkatzen sind alles andere als Streicheltiere, trotzdem werden sie mitunter vom Waldspaziergang mit nach Hause genommen, fälschlicherweise und in guter Absicht, aber der Schaden ist damit schon angerichtet. Gut, dass es Menschen gibt, die sich bei solch unglücklichen Verwechslungen der Wildtiere annehmen und alles dafür tun, um sie wieder in die Natur entlassen zu können.

Während die einen einfach über die Tiere stolpern, müssen Forscher all ihren Grips bemühen, um den Waldkatzen Informationen abzuluchsen. Dabei wenden sie regelrechte CSI-Methoden an, wie sie sonst nur bei der Aufdeckung von Kriminalfällen zum Einsatz kommen. Manchmal aber ist es auch der Zufall, gekoppelt mit einer gehörigen Portion Glück, der dazu führt, dass die Tiere ihre Verstecke preisgeben. In Österreich weiß man diese schicksalhaften Fügungen zu schätzen.

Apropos »Waldkatze«. Wie viel Wald steckt in dieser Katze eigentlich drin? »Für mich ist die Wildkatze immer noch ein Steppentier!«, sagt Biologe Manfred Trinzen aus der Eifel. Und wie war das mit dem Einzelgängertum? Abgesehen von Löwen gelten Katzen in der Regel als notorische Einzelgängerinnen oder haben manche von ihnen, wie die Wildkatze, vielleicht doch eine soziale Ader?

All dem möchte ich auf den folgenden Seiten auf den Grund gehen, genauso wie dem heiklen Thema des Fremdgehens bzw. seiner Konsequenzen. Wildkatzen lassen sich nämlich - mal mehr, mal weniger - auch mit Hauskatzen ein. Möglichkeiten dafür gibt es genug. Mehr als 77 Millionen Hauskatzen herrschen in den Ländern der Europäischen Union über Sofas und Vorgärten.[24] In Schottland sorgt diese artübergreifende Liaison für berechtigte Sorgenfalten. Sorgen bereiten auch die vielen zivilisatorischen Einschnitte in die Landschaften Europas, die Wildtiere zu gefährlichen Spießrutenläufen veranlassen. Gleichzeitig fungiert die Wildkatze als Hoffnungsträgerin für sich selbst und viele andere Arten, denn mit ihr als charismatischer Flaggschiffart soll die Verbindung von Lebensräumen vorangetrieben werden.

20000 Kilometer Vernetzungen quer durch Deutschland lautet die ambitionierte Zielvorgabe. Beim Lokalaugenschein in Thüringen konnte ich mir ein Bild davon machen, wie weit diese Visionen gediehen und wie realistisch sie sind.

* * *

Ein Puzzleteil fehlt aber noch immer. Als Tierfotografin liebäugle ich schon seit Jahren damit, eine Europäische Wildkatze mit der Kamera einzufangen. Jetzt ist die Zeit reif. Gleichzeitig ist mir bewusst, dass die scheuen Katzen alles andere als einfach zu erwischen sind. Auch habe ich keine 40 Jahre Zeit, um ein, zwei Sichtungen zustande zu bringen, das würde die Veröffentlichung des Buches wohl geringfügig verzögern.

Es braucht also eine Geheimwaffe, die sich über die letzten Jahre bei vielen scheuen Wildtieren schon mehrfach bewährt hat. Es braucht »Operation Fotofalle«, sprich eine hochauflösende Spiegelreflexkamera, ein Weitwinkelobjektiv, eine Kiste, in der alles verstaut wird, Blitze und Bewegungsauslöser, Spanngurte und Klettverschlüsse.

Vielleicht gelingt es mit diesen vereinten Kräften von Wort und Bild, ein Wildtier, das regelmäßig mit unseren schnurrenden Hauskumpanen verwechselt wird, als eigenständige, emanzipierte Art zu etablieren, die aus ihrem Schatten und jenem ihres »großen Bruders« tritt. Der Luchs ist nämlich nicht die einzige wilde Katze Europas. Neben ihm funkeln die grünen Augen von »Europas kleinem Tiger« und verleihen unserem Kontinent einen Hauch Exotik, einen Touch Arroganz und ganz viel Eleganz. Die Wildkatze ist zurück!

Kapitel 2

Die Wildkatze – früher und heute

In den Wäldern südöstlich des slowenischen Kočevje und nahe der kroatischen Grenze sieht es verheißungsvoll aus. Ich inspiziere eine Landkarte, die mir Urša Fležar geschickt hat. Via E-Mail entschlüsselt die Wildtierökologin für mich den Farbcode der Karte: »Rot zeigt die niedrigsten, schwarz mäßig viele und pink die meisten Wildkatzennachweise.« Eine Stelle zieht mich besonders an, sie leuchtet grellpink.

Über mehrere Jahre, noch bis 2024, läuft das Artenschutzprojekt LIFE Lynx[1], das die bedrohten Luchsbestände in den nördlichen Dinariden durch Auswilderungen von Tieren in Slowenien und Kroatien vor dem Verschwinden bewahren soll. Elf Organisationen aus fünf Ländern sind an dem mit sieben Millionen Euro dotierten Unterfangen beteiligt. Doch mit der Freilassung allein ist es nicht getan. Um auf dem Laufenden zu bleiben und in Erfahrung zu bringen, wie gut sich die Neuzugänge einleben, beobachten allein in Slowenien 220 Wildkameras an 180 Plätzen die Bewegungen der Tiere. Dafür kooperieren die Wissenschaftler mit lokalen Jägern, die die Kameras regelmäßig kontrollieren und neben Luchsen und etlichen anderen Wildtieren auch immer wieder auf Schnappschüsse von der kleineren der beiden europäischen Katzenarten stoßen. Die Wildkatze flaniert gerne, wenn auch in gebührendem zeitlichen Abstand, auf denselben Wegen wie der

Luchs. Rok Černe, der Leiter von LIFE Lynx, meint, ich könne mich mit meinem Anliegen in dieses Monitoring einklinken, und setzt mich Anfang 2020 mit seiner Kollegin Urša Fležar in Kontakt.

»Es gibt zwei nahezu gleich gute Standorte. Sie befinden sich in der Nähe der Orte Laze pri Oneku und Staro Brezje. Hier haben wir im letzten Jahr 20 Mal Wildkatzen nachgewiesen«, erfahre ich von Urša. Perfekt, denke ich mir und bewundere die Fotos, die sie mir weiterleitet. Sie lassen auf einen vielgestaltigen, urwüchsigen Wald schließen. Auf den Kočevski Rog, der zu Deutsch als Hornwald bezeichnet wird, trifft dies auch tatsächlich zu. Das Karstgebirge voller Buchen und Eichen, das bis knapp 1100 Meter aufragt, liegt in einer der waldreichsten Regionen Sloweniens und beherbergt auf rund 200 Hektar sogar Urwaldbereiche. Grellpink leuchtet das »Wildkatzenradar« der Wissenschaftler hier zwar nicht, aber das intensive Schwarz an dieser Stelle der Landkarte überzeugt mich dennoch, genauso wie die lokale Jägerschaft, die damit einverstanden ist, wenn ich mit der großen Kameraausrüstung anrücke.

Wir vereinbaren, uns am 26. März vor Ort zu treffen, am 11. halten wir noch Rücksprache, zu welcher Uhrzeit wir starten sollten, um uns die beiden aussichtsreichsten Plätze anzuschauen. Doch wenige Tage später ist klar, daraus wird nichts. Ab 16. März 2020 stellen Österreich und in der Folge weitere europäische Länder auf Notbetrieb um, das Coronavirus macht einen Grenzübertritt unmöglich. Die Fotofalle und die Vision von einem speziellen Bild der heimlich lebenden Jägerin müssen warten.

Eine gefährliche Bestie

Aber ist es nicht sowieso viel zu gewagt, das Hoheitsgebiet der Wildkatze zu betreten, wo sie es doch faustdick hinter den Ohren haben soll? Immerhin wird ihr nachgesagt, sie sei eine gerissene »Bestie«, ein »echter Wütherich, dem zum Tiger nichts als die

Größe fehlt«.[2] Zumindest war man in früheren Jahrhunderten davon felsenfest überzeugt. Sogar etablierte Zoologen fabulierten anno 1859 – als andernorts Charles Darwin gerade sein bahnbrechendes Werk »Über die Entstehung der Arten« veröffentlichte – von einem der »blutgierigsten und grimmigsten Raubthiere«[3] und bescheinigten der Wildkatze selbst 1971 noch, dass sie unter den Säugetieren Europas jene Art wäre, die besonders zum »Riesenwuchs« neigen würde.[4]

Ausschweifendes Jägerlatein und ernstzunehmende Forschung ließen sich lange Zeit schwer voneinander trennen, deshalb wurden überzogene Gewichtsangaben von bis zu zwölf Kilogramm schweren Wildkatzen leichtfertig als Faktum akzeptiert. In der Slowakei sollen die Riesenkatzen sogar 15 bis 18 Kilo auf die Waage gebracht haben.[5] Nachkontrolliert hat lange Zeit niemand.

Vielleicht basierten diese Angaben aber auch einfach auf Übersetzungsfehlern und Verwechslungen mit Luchsen? So ist anzunehmen, dass der Verfasser eines französischen Jagdbuches, welches eine der ältesten Darstellungen von Wildkatzen in Europa zeigt, vermutlich selbst nie eines der Tiere zu Gesicht bekommen hat. Laut dem Werk, das um 1400 entstanden sein dürfte, gibt es verschiedene Wildkatzen, wovon manche die Größe von Leoparden erreichen und sogar Hirsche attackieren.[6] Das klingt verdächtig nach einer Vermischung von Luchs und Wildkatze und spiegelt sich auch in den Abbildungen wider. Neben einer gestreiften Katze tummeln sich auf der Buchseite vor allem getupfte Katzen, die an den Luchs erinnern, bis auf ein Detail. Alle gezeichneten Tiere weisen einen langen Schwanz auf und das ist nur typisch für die Wildkatze.[7]

Heutzutage wissen wir, dass sie größenmäßig mit der Hauskatze vergleichbar ist und um die acht Kilogramm Maximalgewicht erreicht, wobei das auch nur auf die Männchen zutrifft, und das nur im Spätherbst, wenn die Fettdepots für den Winter prall gefüllt sind.[8] Der bisherige Rekordhalter unter den Katern wurde im Dezember 2013, totgefahren, im bayerischen Spessart entdeckt und wog stolze 8,5 Kilogramm.[9] Das schrammt haarscharf an der Fettleibigkeit vorbei.

Aber dann ist auch Schluss, sogar für die schottische Wildkatze. Als ich einen Forscher frage, wie sich diese von ihren Festlandkollegen unterscheiden würde, erwidert er schmunzelnd: »Sie trinkt viel Whisky.« Gut, das war natürlich klar, aber viele Superlative, die nach wie vor über die schottische Wildkatze kursieren und sie noch wuchtiger und schwergewichtiger darstellen – mit bis zu neun Kilogramm wiegenden Individuen –, sind allesamt mit Vorsicht zu genießen.[10]

Im Schnitt wiegen männliche Wildkatzen übers Jahr gemittelt fast fünf und Weibchen 3,5 Kilogramm.[11] Das ist dann doch nicht so furchteinflößend, ändert aber nichts daran, dass einst unisono gegen die aparten Tiere gewettert wurde. Auch für Ritter Franz von Kobell, einen deutschen Mineralogen und Schriftsteller, war das Wesen mit den »falschen funkelnden Lichtern« eine »der boshaftesten Bestien, die man in einem Jagdgehege finden« könne. Weder Vogel noch Hase oder Rehkitz wären vor ihr sicher, sie würde sogar probieren »ein Wildkalb zu würgen«.[12] Als »eminent jagdschädlich«[13] hätte sie es auf Rot- und Damwildkälber abgesehen, sogar auf ausgewachsene Rehe, Frischlinge, junge Gämsen, Fasane, Reb- und Birkhühner, selbst der Auerhahn müsse vor ihr in die Knie gehen.[14] Man wusste die vermeintliche Blutgier auch wirksam zu inszenieren, indem Tierpräparate dramatisch kombiniert wurden. So brannten sich Arrangements von Wildkatzen, die Rehkitze in den Hals bissen oder balzende Auerhähne überfielen, nachhaltig in die Gehirne der Betrachter ein.[15] Da half es auch wenig, wenn ein Handbuch für die Jagd relativierend ergänzte: »Nur wenn die bisher geschilderten Räubereien nicht gelingen wollen, stillt sie ihren Hunger mit Hamstern, Wasserratten und Mäusen.«[16]

Der Tenor war eindeutig, der Wildkatze sollte der Garaus gemacht werden. Als kolportierter Schädling des Niederwildes verlangten alle Jagdordnungen, das Tier auszurotten.[17] Man müsse »rastlosen Krieg gegen diesen Erbfeind« führen.[18] Und wenn selbst der Leiter einer Zoologischen Abteilung für Forst- und Landwirtschaft betont, dass die Wildkatze zu den »schädlichsten

Raubtieren unserer Heimat« gehöre, ist es denkbar schwer, eine abweichende Meinung hochzuhalten.[19] Ein anderer Mann vom Fach, Alfred Brehm, der zur Mitte des 19. Jahrhunderts an einer zoologischen Enzyklopädie arbeitete, versuchte sich zumindest in einer Ehrenrettung. Er verwies auf frühe Analysen zur Nahrungszusammensetzung, die kleine Säugetiere als Hauptteil der Beute identifizierten, und meinte selbst: »Zum Glück für die Jagd besteht ihre gewöhnliche Nahrung in Mäusen aller Art und in kleinen Vögeln.« In diesem Licht erscheine es weiters sehr fraglich, »ob der Schaden, welchen die Wildkatze verursacht, wirklich größer ist als der Nutzen, welchen sie bringt«. Sie vertilge mehr schädliche als nützliche Tiere und »macht sich dadurch, zwar nicht um unsere Jagd, wohl aber um unsere Wälder verdient«.[20] Im Chor des jagdlich-wissenschaftlichen Mainstreams der Zeit verhallten diese Erkenntnisse jedoch ungehört. »Vielleicht entsprach es einfach dem Selbstverständnis der Jäger in ganz Mitteleuropa, die Bevölkerung nach der weitgehenden Ausrottung von Luchs, Bär und Wolf von einem weiteren Raubtier befreien zu müssen. Nach dem Motto: je wilder der Gegner, desto größer der Ruhm des Jägers«, mutmaßt etwa der Schweizer Wildkatzenexperte Darius Weber, wie es zu der ehemals fatalen Betriebsblindheit kommen konnte.[21]

Die perfekten Jägerinnen

Von allen Landraubtieren sind Katzen, was ihren Körperbau und ihre Sinne angeht, am besten auf das Beutemachen spezialisiert.[22] Die Wildkatze bildet da keine Ausnahme. Geduckt schleicht sie dahin, lauert ihrer Beute auf oder pirscht sich gewieft heran, um dann blitzschnell im Sprung zuzuschlagen. Während Fuchs oder Wolf gleich die Zähne nutzen, greift die Wildkatze ihre Beute zuerst mit den Krallen der Vorderpfoten. Dann erst bringt sie ihre dolchartigen Eckzähne zum Einsatz, die so wie das restliche Gebiss spätestens nach sechs Monaten vollständig entwickelt sind.[23] Die Backenzähne wirken allerdings selbst im finalen Stadium wenig beeindruckend, zusammengeschrumpft auf kümmerliche Reste sind sie ein klares Indiz dafür, dass Wildkatzen zu den Fleischfressern zählen. Alle rund drei Dutzend Katzenarten gelten in der Biologensprache sogar als Hypercarnivoren, sprich als reine Fleischfresser.[24] Dabei haben es unsere Wildkatzen in erster Linie auf flinke, kleine Nagetiere abgesehen. Die bislang umfangreichste Analyse zum Mageninhalt von Wildkatzen aus Deutschland, die Teil des Projekts FELIS der Justus-Liebig-Universität Gießen war, hat aus 152 Mägen satte 660 Beutetiere zutage gefördert, wovon sich 87 Prozent als Nagetiere entpuppten.[25] Alfred Brehm hatte also bereits den richtigen Riecher. Überhaupt kamen sämtliche Untersuchungen der jüngeren Gegenwart – zumindest für Mitteleuropa – zu dem Schluss, dass sich Wühlmäuse und unter diesen vor allem Feldmäuse vor *Felis silvestris* in Acht nehmen müssen.[26]

Wer den Magen einer toten Wildkatze näher in Augenschein nimmt, kommt mitunter regelrecht ins Staunen, nicht ob der Größe, sondern ob der Menge der vertilgten Beutetiere. Noch weitgehend unverdaut reiht sich manchmal Maus an Maus. Mehr als 20 Nager können die Forscher in einem einzigen Wildkatzenmagen vorfinden.[27] Neben Feldmäusen und anderen Wühlmäusen wie der Rötelmaus finden sich darunter auch etliche Vertreter der Echten Mäuse wie etwa die Waldmaus oder verschiedene Arten aus der Familie der Spitzmäuse. Singvögel, Reptilien, Amphibien und Insekten sind dagegen beutetechnische Randerscheinungen.[28] Ameisen oder Fliegenpuppen rangieren wohl eher unter der Rubrik »Beifang«. Die neun Maikäfer im Magen einer untersuchten Wildkatze dürften aber nicht per Zufall dorthin gelangt sein. Sie waren offenbar ein willkommener Snack. Amphibien scheinen dagegen in doppelter Hinsicht einen bitteren Beigeschmack zu hinterlassen. Nur zwei der analysierten Wildkatzen des FELIS-Projektes hatten einen Frosch verspeist, in einem Fall bedeutete diese Mahlzeit sogar das Todesurteil für die Jägerin selbst. Sie erstickte nachweislich am Froschlaich, den sie wieder auszuwürgen versuchte.[29]

Dann doch lieber an die Mäuse halten. Aber Wildkatzen gleich als ausschließliche Mäusespezialistinnen abzustempeln, ist vielleicht etwas vorschnell. Im mediterranen Klima der Iberischen Halbinsel sieht es beutemäßig nämlich ein wenig anders aus. Dort stehen Kaninchen ganz oben auf dem Speisezettel der Wildkatze, die Beuteauswahl ist generell diverser und überall, wo Kaninchen vorhanden sind, werden sie den Mäusen vorgezogen.[30] Die Forschung redet daher von der Wildkatze mittlerweile lieber als fakultativer Nahrungsspezialistin.[31] Sie gibt sich also durchaus flexibel, wenn sie die Wahl dazu hat.

Im Winter ist es am schwierigsten über die Runden zu kommen. Während Fledermäuse einfach abhängen, Eichhörnchen nur gelegentlich ihren Kobel für eine Nuss verlassen oder Braunbären den größten Teil der kalten Zeit verschlafen, müssen Wildkatzen trotz der im Herbst angefutterten Fettreserven weiter Beute machen. Bei dicken Schneedecken, wenn sich die kleinen Nager gut verstecken können, gestaltet sich das alles andere als leicht. Da kommt eine gute Portion Opportunistentum gerade gelegen. Dieses äußert sich insofern, als sich Wildkatzen gelegentlich an den Überresten gerissener Beutetiere von Luchs und Wolf gütlich tun.[32] Zu anderen Zeiten verschmähen sie zwar Aas, aber wenn die Optionen schrumpfen und der Hunger wächst, gilt es Alternativen zu finden. »Hier bei uns in Polen überleben die Wildkatzen schneereiche Winter praktisch nur wegen der Aktivität von Wolf und Luchs«, erzählt mir Henryk Okarma von der Universität Krakau. Allerdings müssen die kleinen Tiger auf der Hut sein. Während Wölfe einen Kadaver rasch verspeisen und die Reste dann zurücklassen, kehren Luchse über vier, fünf Nächte regelmäßig zu ihrer Beute zurück und bleiben während dieser Zeit oft in nächster Nähe. Eine Wildkatze sollte sich beim Mitnaschen möglichst nicht auf frischer Tat von ihrem »größeren Bruder« – mit dem sie übrigens nicht näher verwandt ist – ertappen lassen. Das könnte für sie ähnlich unangenehm werden wie der im Rachen stecken gebliebene Froschlaich.

»Wildkatze frisst drei Hühner und ein Ferkel in Tropoja«, so lautet die Überschrift einer albanischen Zeitungsmeldung vom November 2015.[33] Einbrüche von Wildkatzen in Bauernhöfen und Hühnerställen stehen alles andere als auf der Tagesordnung, wenn aber die Not im Winter groß ist, sich weder Mäuse noch verwertbare Kadaver finden, gehen Wildkatzen mitunter dieses Wagnis ein.[34] »Was sie anzieht, sind vor allem Scheunen, in denen Heu oder Getreide gelagert wird, denn dort tummeln sich für gewöhnlich viele Mäuse. Manchmal attackieren sie aber auch Haushühner, wenn diese sich gerade anbieten«, lässt mich Henryk Okarma wissen. Aus Griechenland sind Forscherin Despina Migli bisher zwei solcher Fälle bekannt: »Ein Bauer fing die Katze in seinem Hühnerstall mit einem Einkaufswagen aus dem Supermarkt. Er rief uns an, damit wir das Tier abholen und möglichst weit von ihm entfernt wieder freilassen.« Im anderen Fall hielt der Landwirt die eingefangene Wildkatze zunächst für einen Dachs und versuchte sie zu erschießen. Aber auch dieses Tier konnte gerettet und wieder freigelassen werden. »Genauer gesagt ist es entkommen - es hat sich nach seiner Genesung quasi selbst befreit«, ergänzt Migli von der Aristoteles-Universität in Thessaloniki. Sie kann sich gut vorstellen, dass es noch weitere Vorfälle dieser Art gibt, die allerdings nicht alle ans Licht kommen.

Wildkatzen in Hühnerställen oder bei der Hasenjagd[35] bleiben nichtsdestotrotz Ereignisse mit Seltenheitswert. Lediglich die Reste von zwei Feldhasen tauchten unter den 660 identifizierten Beutetieren in der Studie der Justus-Liebig-Universität auf.[36] Skurril und irreführend mutet in dieser Hinsicht eine Buchveröffentlichung aus dem Jahr 2009 an. Das mittlerweile vergriffene Werk zeigt in einer Abbildung die verschiedenen Beutetiere der Wildkatze, zuoberst rangieren Rehkitz und Feldhase, die Mäuse folgen erst im Mittelfeld. Eine verkehrte Welt, die da präsentiert wird. Fakt ist: Hasen sind die Ausnahme und von verspeisten Rehkitzen, ausgewachsenen Rehen oder gar Hirschkälbern zu reden, entbehrt - abgesehen von der Einverleibung als Aas und (schwammigen) anekdotischen Erzählungen - jeder seriösen Grundlage, genauso wie die Wildkatze für den Rückgang des Niederwildes verantwortlich zu machen.

Verfolgt und verhasst

Nicht immer in der Vergangenheit wurden Wildkatzen und andere Raubtiere - oder Beutegreifer, wie man sie heute oft bezeichnet - mit Argwohn beäugt. Im Mittelalter und bis zur Renaissance bewunderte man ihre Gerissenheit und fand es erstrebenswert, sie dennoch zu überlisten und zur Strecke zu bringen. Wer etwa Fuchs- oder Adlerfleisch verspeiste, was freilich den Adeligen vorbehalten blieb, hoffte damit auch gleichzeitig deren Schläue und Scharfsichtigkeit zu erwerben. Jagdabhandlungen aus dem Mittelalter thematisieren zwar durchaus die Gefährlichkeit verschiedener Wildtiere, aber abgesehen vom Wolf, der nie besonders viele Freunde hatte, finden sich keine Aufrufe dazu, diese Arten massiv zu reduzieren.[37]

Mit der Barockzeit wurde die Trendwende eingeleitet. Absolutistische Herrscher veranstalteten großangelegte Treibjagden und versuchten sich damit gegenseitig zu übertrumpfen. Je mehr Wild zusammengetrieben werden konnte, desto besser, desto größer ihr Ruhm und Ansehen. Quantität dominierte die folgenden Jahrzehnte und Jahrhunderte. Doch durch den zunehmenden Einsatz von Waffen und die intensivierte Verfolgung gingen die gewohnten Jagdstrecken, also die Anzahl der erlegten Wildtiere, allmählich zurück. Damit begann auch die Suche nach Feindbildern. Da Wolf, Bär und Luchs im 18. und spätestens zur Mitte des 19. Jahrhunderts schon weitgehend ausgerottet waren, wurde der Schwarze Peter der Wildkatze beziehungsweise allen verbliebenen Raubtieren zugeschoben. Die Kategorien »Nutzen« und »Schaden« - die auch heute noch im menschlichen Denken ihr Unwesen treiben - verhärteten sich zusehends und resultierten in einer Ideologie, die die Vernichtung aller fleischfressenden Tiere zugunsten des »Nutzwildes« forcierte. Wenn alles »Schadwild« -

von Wildkatze über Fuchs bis Steinadler und Co – erst eliminiert wäre, so die Milchmädchenrechnung, könnten die Menschen wieder gesteigerte Abschüsse des sogenannten »Nutzwildes«, also von Rehen oder Hirschen, erzielen.[38] Dass Beutegreifer für die Stabilität, Balance und Gesunderhaltung der Ökosysteme, in denen sie leben, von fundamentaler Bedeutung sind, war damals noch niemandem bewusst. Man freute sich eher darüber, Prämien für erlegtes Raubwild ausgezahlt zu bekommen. Der Ritter von Kobell gibt in seinen bayerischen Jagdgeschichten einen Einblick, in welcher Höhe diese ausfielen. Für den Umkreis des Tegernsees spricht er von einem »Schußgeld« von 1 Florint in den Jahren 1606 und 1750. Allerdings sei die Wildkatze nur einmal im Verrechnungszeitraum zwischen 1734 und 1786 aufgeschienen, was wohl an der Seltenheit der Tiere in Bayern liege.[39] Ein Florint entspricht einem Reichsgulden, der wiederum 60 Kreuzer wert war. 1741 erhielt ein Maurer einen Tageslohn von 24 bis 40 Kreuzern, als Hofstuckateur um 1770 gab es dagegen schon ein bis zwei Gulden pro Tag.[40] Das Erlegen Wildkatze wurde offenbar nicht schlecht bezahlt.

Fang- und Abschussprämien für verschiedene Raubtiere waren in vielen Ländern Mitteleuropas bis zum Ersten Weltkrieg üblich, teils auch darüber hinaus.[41] In Frankreich flossen sogar bis in die 1970er-Jahre Prämien für Wildkatzen.[42] Befeuert wurde die Verfolgung indirekt durch die fortschreitende Rodung und Umwandlung der letzten Urwälder in monotone Forste. Damit verschwanden nicht nur zahlreiche Unterschlüpfe und damit wertvoller Lebensraum, sondern die Prämienritter hatten in den ausgeräumten Wäldern dazu noch leichteres Spiel, mit dem verhassten »Raubzeug« fertigzuwerden.[43]

Der Vernichtungsfeldzug zeigt Wirkung

Das einst ausgedehnte Verbreitungsgebiet der Europäischen Wildkatze, das sich abgesehen von Skandinavien über ganz Europa und Teile Vorderasiens erstreckte[44], musste der aggressiven Verfolgung zusehends Tribut zollen. Ab dem 19. Jahrhundert ging es rapide bergab. In Deutschland dürfte es um die 1850er-Jahre zwar noch ganz gut um die Wildkatzenbestände bestellt gewesen sein, doch bis in die 1930er schrumpfte ihr Hoheitsgebiet auf wenige Refugien im Pfälzerwald, in der Eifel und im Harz.[45] In der Schweiz galten die Samtpfoten für rund 25 Jahre überhaupt als ausgestorben,[46] bis 1972 ein Silberstreifen am Horizont erschien. Michel Fernex, ein naturbegeisterter Medizinprofessor aus Genf, entdeckte am Glaserberg, unmittelbar nördlich der Schweizer Grenze im französischen Jura, eine Wildkatzenfährte.[47] Tatsächlich verbarg sich dahinter eine kleine lokale Reliktpopulation, die auf einer Fläche von rund 30 Quadratkilometern überdauert hatte und vermutlich davon profitierte, dass das Gebiet während des Zweiten Weltkrieges evakuiert worden war und mit der Zeit sukzessive verwilderte. Von dort aus breitete sich die Art wieder aus und um 1986 ließen sich die ersten verräterischen Pfotenabdrücke auch im schweizerischen Jura wieder ausfindig machen.[48] Ob die Wildkatze wirklich ganz ausgerottet war oder doch in einem versteckten Winkel zu überdauern vermochte, bleibt für immer ein Rätsel. Ähnliches trifft auch für Österreich zu, allerdings mit einer noch ausgeprägteren Durststrecke. Im Süden, im Kärntner Rosental und in der Steiermark, hielt die Wildkatze am längsten durch, bis etwa 1952.[49] Danach herrschte für rund 50 Jahre Funkstille, ehe ein Jäger versehentlich einen Wildkatzenkater am Rand eines Maisfeldes im Klagenfurter Becken erlegte. Das war 1996. Zehn Jahre später das nächste »Lebenszeichen«, im Gailtal wurde ein junges Männchen überfahren.[50] Der Weg zurück ist zäh.

Fell, Fleisch und Fett im Visier

Man möchte nicht glauben, wie viele Praktiken unsere Ahnen ausgeschöpft haben, um dem vermeintlich gefräßigen Treiben von *Felis silvestris* Einhalt zu gebieten. Alfred Brehm, der fast als Fürsprecher für die Tiere in die Bresche gesprungen ist, beschreibt in seinem ersten Band über »eine allgemeine Kunde des

Thierreichs« lapidar: »Bei uns zu Lande erlegt man sie gewöhnlich auf Treibjagden.«[51] Die Katzen versuchten dabei, sich vor den Hunden der Jäger auf die Bäume zu retten, tappten so in die Sackgasse und wurden einfach heruntergeschossen.[52] Ein Zeitgenosse von Brehm empfahl acht verschiedene Fangapparate, um der Tiere habhaft zu werden.[53] »Man [...] läßt sie durch Hunde aus ihrer unterirdischen Wohnung herausholen, räuchert oder haut sie aus den hohlen Bäumen heraus, fängt sie wie den Marder in Schlagbäumen[54], zieht sie durch den nachgemachten Laut eines Häschens oder einer Maus herbei oder lockt sie ins Tellereisen oder in den Schwanenhals durch einen frischen Vogel, den man mit Katzenkraut gerieben hat.«[55]

Ein solcherart präparierter Vogel baumelte als Köder vom Baum, direkt über einem Fangeisen, das darauf wartete zuzuschnappen. Zu »bethören und ans Eisen zu bringen« wären sie auch »durch eine Witterung aus Mäuseholzschale, Fenchel- und Katzenkraut, Violenwurzel«, die man in Fett oder Butter abdämpfen könne.[56]

Hätte es damals schon YouTube-Videos gegeben, hätte die Suchanfrage »Wildkatzen effizient ausmerzen« wohl Tausende Videos mit unzähligen Kommentaren und Likes ausgespuckt. Vielleicht wären auch gleich Anleitungen für die weitere Verwertung vorgeschlagen worden, nach dem Motto: Leuten, denen dieses Video gefällt, gefällt auch Folgendes. Foodblogger aus Frankreich und manchen Gegenden Deutschlands hätten Rezepte geteilt, wie das »gesunde, wohlschmeckende Fleisch« punktgenau zuzubereiten sei.[57] Selbsternannte Alternativmediziner hätten ihren Followern geraten, das Wildkatzenfleisch »weich gesotten und warm aufgelegt« bei Gichtbeschwerden einzusetzen[58] oder das Fett gegen »allerley Glieder-Kranckheiten« aufzutragen.[59] Die Influencer der Heimwerkerabteilung wären nicht müde geworden zu betonen, wie ergiebig das Wildkatzenfett in Lampen brennen würde, »länger und heller als Lein- und Rüböl«.[60] Und die Fashion-Welt wäre aus dem Schwärmen ob der mannigfaltigen Qualitäten des Fells gar nicht mehr herausgekommen. Denn in der Tat war das Fell, auch wenn es als nicht so langlebig galt, begehrt wegen seiner schönen Zeichnung[61], aber auch wegen der gleichzeitigen heilenden Wirkung. »Wassersüchtige und korpulent geschwollene Leute« sollten das Fell »mit den Haaren auf bloßer Haut tragen«.[62] Für die Modebewussten bot sich das Elsass an, wo Kürschner besonders warme Westen fertigten, die als »Wildkatzenbrustduoch« beliebt waren.[63]

Im Gegensatz zum verderblichen Fleisch und Fett ließ sich mit dem Fell auch gut Handel treiben, »vorzüglich in Polen«[64] oder auch auf dem Balkan. Vom 18. bis zum Beginn des 20. Jahrhunderts stand es dort hoch im Kurs. »In Bulgarien«, erzählt mir die ansässige Biologin Diana Zlatanova, »erfreuten sich Wintermäntel aus Wildkatzenfell sogar bis in die 1970er-Jahre großer Beliebtheit, bis sie schließlich in den 1990ern langsam aus der Mode kamen.« Die Biologin besitzt außerdem ein antiquarisches Buch, das mir einen kleinen Einblick verleiht, wie viele Felle einst kursierten.[65] Zu verdanken sind diese Aufzeichnungen den damaligen Hygienemaßnahmen. Alle Händler, die im 18. Jahrhundert in Dubrovnik einreisen wollten, mussten für eine gewisse Zeit in Quarantäne, um die Verbreitung von ansteckenden Krankheiten zu unterbinden. Das war offenbar schon damals kein unbedeutendes Thema. Ihre Waren – Kleider, Lebensmittel, Felle und vieles mehr – wurden einstweilen in einem Lager untergebracht. Um die deponierten Habseligkeiten später wieder entgegennehmen zu können, bekam jeder Händler eine Quittung ausgestellt. Diese uralten Schriftstücke vom Hafen in Dubrovnik verraten uns heute etwa, dass Stanisha Sharovich am 4. April 1732 90 Wildkatzenfelle kurzfristig abgeben musste. Manche Händler hatten auch nur ein halbes Dutzend im Gepäck, Simon Budmani dagegen reiste im März 1750 mit 81 Wildkatzen- und Dachsfellen und Mitar Stepanovic, der aus Widin, einer Stadt im äußersten Nordwesten Bulgariens gekommen war, führte im Mai 1766 zwei Stapel Felle mit sich, ebenfalls von Wildkatze und Dachs. Wie viel in einen Stapel passte, das verrät die Quittung allerdings nicht. »Die hier gehandelten Felle stammten mit Sicherheit nicht nur aus Bulgarien, sondern aus verschiedensten Regionen des Balkans. Einige der Händler waren auch in Bosnien und Albanien unterwegs«, erklärt mir Wildkatzenforscherin Zlatanova. Ob in so manchen Kellern und Dachböden noch heute Überbleibsel davon lagern? Wer weiß.

Wildkatzen in Rage

Was wir schon eher wissen, ist, dass es den Jägern offenbar jedes Quäntchen Heldenmut, das in ihren Adern floss, abverlangte, an die begehrten Felle zu gelangen. Denn immerhin nahmen sie es mit dem kolportierten »Ozelot der Vogesen« auf, wie man in Frankreich gerne zu sagen pflegte.[66] Die Jagdliteratur wimmelt nur so von Beschreibungen dramatischer Kämpfe zwischen Jägern, Hunden und Wildkatzen. Sie sei ein »böses und wehrhafftes Thier«, das sich umso »unverzagter und grausamer« wehren würde, je ärger man ihm zusetzt.[67] Wird die Wildkatze in die Enge getrieben oder angeschossen, so »rauft sie in unbändiger Wuth mit den Hunden oder fällt auch den Jäger an«, erzählt uns etwa Ritter Franz von Kobell.[68] In allen Details erfahren wir in Brehms Tier-Enzyklopädie, wie sich die »Bestie« gebärdet. Einmal erzürnt, »fährt sie schnaubend und schäumend auf, mit hochgekrümmtem Rücken und gehobenem Schwanze«, sie »springt auf den Menschen los; ihre spitzen Krallen haut sie fest in das Fleisch [...]«. Sie würde bis zum bitteren Ende kämpfen, »so lange noch ein Funke ihres höchst zähen Lebens in ihr« sei.[69] Doch das ist noch gar nicht die Spitze des Pathos. Im Jura soll »ein wilder Kater, auf dem Rücken liegend, siegreich gegen drei Hunde« gekämpft haben, »von denen er zweien die Tatzen tief in die Schnauzen gehauen hatte, während er den dritten mit den Zähnen festgepackt hielt [...]«. Nur ein »starker Schuß des herbeieilenden Jägers, der die Bestie durch und durch bohrte, errettete die schwer verwundeten Thiere, welche sonst sämmtlich erlegen wären«.[70] Aber es kommt noch dicker, als Brehm von einem Waldläufer berichtet, der beim Aufstöbern einer Wildkatze von dieser angefallen worden sein soll: »Die Katze zerfleischt ihm die Hände, zerbeißt ihm das Gesicht [...]. Da empfängt er einen grimmigen Biß in den Hals und stürzt nieder. […] noch an demselben Tage verscheidet der Mann unter entsetzlichen Schmerzen.«[71]

Der Jäger wird zum Märtyrer stilisiert, aber der Wahrheitsgehalt dieser und ähnlicher »Heldenepen« ist höchst fragwürdig. Ein populärwissenschaftlicher Artikel von 1856 beschreibt drei Situationen, in denen Wildkatzen Menschen an den Hals gesprungen sein sollen.[72] Unter der Voraussetzung, dass die Tiere wiederholt gestört und drangsaliert wurden, mag das durchaus möglich sein. Von zu Furien mutierten Wildkatzen »durchbissene Halsadern« gehören aber maximal in das Reich der Stephen-King-Schocker.

Heldenhafter Katzenmut

Wo ein Mythos oder Klischee existiert, steckt aber zumindest ein Funken Wahrheit drin. Hinweise dafür finden sich im norddeutschen Tiefland von Sachsen-Anhalt, das bis vor Kurzem alles andere als klassisches Wildkatzengebiet war, langsam aber wieder von den aparten Diven eingenommen wird. F1 steht dabei an vorderster Front. Die Wildkatze mit dem kryptischen Namen brachte im April 2020 vier Junge zur Welt, und zwar in einem Lesesteinhaufen in der offenen Landschaft der Colbitz-Letzlinger Heide, nördlich von Magdeburg. Das allein gibt schon eine Schlagzeile her, denn Nachwuchs, der außerhalb des schützenden Waldes geboren wird, gilt in Mitteleuropa nach wie vor als Seltenheit. Eine Woche nach der Geburt schnappt sich die Mutter ihre Jungen und zieht in ein neues Versteck um, einen rund sechs Meter langen Baumstamm, der vollständig hohl und von beiden Seiten zugänglich ist. Genau dort installiert Wildkatzenforscher Malte Götz mehrere Wildkameras. Er ist F1 und acht weiteren mit GPS-Sendern ausgestatteten Wildkatzen im Rahmen eines Projekts der Deutschen Wildtier Stiftung auf den Fersen, um zu dokumentieren, wie sich die Tiere dort verhalten und wo sie sich Lebensraum zurückerobern.[73] Und obwohl ihn als langjährigen Experten nichts so schnell verblüffen kann, staunt er nicht schlecht, als er die Wildkamerafotos vom 22. Mai auswertet. In der Nacht, um 3:23 Uhr, nähert sich ein Wolf dem Versteck der Katzenfamilie. Immer wieder versucht er an die Jungen zu gelangen, doch die Katzenmutter patrouilliert unablässig den Baumstamm entlang, sträubt ihr Fell, präsentiert ihren Katzenbuckel und verteidigt fauchend beide Eingänge der Stammhöhle. Ihr tollkühner Einsatz macht sich bezahlt, nach einer halben Stunde zieht der ungleich größere Angreifer ab. Alle Jungen haben überlebt. »Respekt vor dieser Mutterkatze, ich kannte so ein Verhalten gegenüber einem Wolf bisher nicht«, zeigt sich Malte Götz beeindruckt und fährt fort: »Der Wolf hatte keine Möglichkeit, in den Baumstamm zu gelangen, und selbst wenn er es doch versucht hätte, wäre es durchaus denkbar, dass sie ihn mit ausgefahrenen Krallen geohrfeigt hätte. Bei einem Fuchs, der sich einmal einem Jungtierversteck genähert hat, konnte ich das bereits filmen.« F1 scheint in jedem Fall eine abgebrühte Katzenmama zu sein. Sie blieb nach der gescheiterten Wolfsattacke noch den ganzen Tag und eine weitere Nacht in ihrem Baumstammversteck und siedelte erst tags darauf um.

Mut scheint eine fundamentale Eigenschaft der Wildkatzen zu sein, egal wie groß das Gegenüber auch sein mag. Die Schweizerin Marianne Hartmann, die in den letzten Jahrzehnten Pionierarbeit in Sachen artgerechte Haltung von Wildkatzen und anderen Feliden geleistet hat, weiß das aus eigener Erfahrung. »Wildkatzen haben uns Menschen gegenüber ein Auftreten und eine Selbstsicherheit, als hätten sie die Größe eines Leoparden.«[74] Dass nicht nur die ausgewachsenen Tiere, sondern auch die Kleinsten bereits voller Kühnheit stecken, betont auch Wildkatzenforscher Leopold Slotta-Bachmayr, der sich noch gut an seine Zeit im Tiergarten Wels in Oberösterreich erinnert: »Ich fand es oft unglaublich, dass so ein kleiner Zwerg mich bereits anfaucht wie ein ausgewachsener Tiger.« Wildkatzen – groß wie klein – können ihren Kopf um 180 Grad drehen, mit den scharfen Zähnen selbst dicke Arbeitshandschuhe locker durchbeißen und ihre Krallen blitzschnell ausfahren. Ihre ausgeprägte Aggressivität, so Slotta-Bachmayr, hänge vermutlich mit dem noch unselbstständigen

Nachwuchs zusammen, für den das Heranwachsen ein wahrer Spießrutenlauf sei. Untersuchungen aus dem Südharz zeigen, dass drei Viertel aller Jungtiere den vierten Lebensmonat nicht überleben.[75] Neben Wolf und Luchs haben es auch Füchse, Marder und Uhus auf die tapsigen Kleinen abgesehen.[76] Während F1 mit ihrem Nachwuchs den hohlen Baumstamm bewohnte, blieben Füchse und Baummarder – vermutlich aus Angst vor Angriffen der wehrhaften Mutter – auf Abstand, zumindest wurden sie von den Wildkameras nicht erfasst. »Aber gleich an jenem Tag, als F1 umsiedelte, schauten Fuchs und Marder vorbei«, erzählt Malte Götz. Sie untersuchten die Eingänge, wohl in der Hoffnung, die Mutter hätte einen ihrer Sprösslinge vergessen.

Bedrohungen stehen für Wildkatzen auf der Tagesordnung. Ihre Angst dürften sie mit einer kräftigen Portion Wagemut kompensieren, der ihrer Größe gar nicht angepasst scheint. Das Motto lautet: Angriff ist die beste Verteidigung. Diese Strategie ist im Tierreich durchaus beliebt. Feldhamster wirken mit ihrer pummeligen Gestalt und den prall gefüllten Pausbäckchen niedlich, aber wehe, sie werden in die Enge getrieben. Dann werfen auch sie all ihren Mut in die Arena, fauchen, knurren und stellen sich auf die Hinterbeine, nicht nur, um größer zu erscheinen, sondern auch, um ihren schwarzen Bauch in Szene zu setzen. Im Kontrast zu den hellen Pfoten wirkt dieser nämlich wie ein aufgerissenes Maul und soll schon so manchen Angreifer in die Flucht geschlagen haben. Küstenseeschwalben, die auf der Nordhalbkugel in den subarktischen Regionen brüten, kennen kein Erbarmen, wenn es um das Verteidigen ihrer Brut geht. Unterschreiten Eindringlinge – Menschen inklusive – die kritische Distanz zu den Bodennestern, fliegen die Vögel Attacken und picken nach den Köpfen der ungebetenen Gäste. Das tun sie so effektiv, dass andere Vogelarten wie Eiderenten in unmittelbarer Nähe brüten, um vom Schutzschirm der Schwalben zu profitieren. Wildkatzen, Feldhamster und Küstenseeschwalben, alle drei sind für ihre Größe außerordentlich mutig. Doch es gibt eine Tierart, die übertrumpft sie alle.

Ambros Aichhorn bewirtschaftet im Salzburger Pongau den Archehof Vorderploin und hat sich sein Leben lang der Erforschung verwegener Hautflügler gewidmet. »Die Hummeln gehören zu jenen Insekten, die am besten surren und brummen können«, erfahre ich von ihm. Und das sei sogar lebensnotwendig. »90 Prozent der Hummelkolonien befinden sich nämlich in Mausnestern. Die jungen Königinnen brauchen deren gut gepolsterte Nester, die sie sogar dann noch erschnüffeln, wenn diese durch Falllaub verschlossen sind.« Ich bin gespannt, wie sich ein Gipfeltreffen zwischen Maus und Hummel abspielt. »Begegnet der Königin im finsteren Gang ein Tier, beginnt sie gewaltig zu brummen. Es ist richtig unheimlich, wie das in den unterirdischen Gängen dröhnt«, beschreibt Aichhorn und erzählt mir weiter von seinen Beobachtungen: »Als sich drei laut brummende Hummeln einer Erdmaus näherten, bekam diese ganz große Augen und zog die Ohren ein. Das heißt, sie hatte Angst. Entsprechend begann sie auch zu kreischen und graben, um sich in Sicherheit zu bringen.« So mancher Nager zeigt sich allerdings seinerseits widerspenstig, weiß Aichhorn: »Mäuse und andere Nagetiere lernen rasch das Töten der Hummeln.« Aber es kann auch anders ausgehen. »Eine Steinhummel schaffte es beispielsweise, einem Ziesel ein Nest in 145 Zentimetern Tiefe erfolgreich abzuringen.«

Rückkehr mit Starthilfe

Die Zeit der massiven Verfolgung der Wildkatze ebbte im Verlauf des 20. Jahrhunderts ab, zumindest weitgehend. Vielerorts erholen sich die Wildkatzenbestände langsam, aber stetig. Und mancherorts – in Bayern und der Schweiz – erhalten die heimlich lebenden Katzen sogar Unterstützung beim Neustart. Während *Felis silvestris* in ein paar Gegenden in Mittel- und Südwestdeutschland überdauern konnte, fehlt seit 1930 jede Spur von ihr in Bayern. Um diese Lücke zu schließen, wird der BN, der Bund Naturschutz in Bayern, 1984 aktiv, beginnt – unter der Leitung von Günther Worel – Wildkatzen nachzuzüchten, auf das Leben in der Natur vorzubereiten und freizulassen. An der Zucht beteiligen sich mehr als 30 Zoos und Wildtierparks quer durch Europa.[77] Bis 2008 gelangen auf diese Weise 580 junge Wildkatzen in den Vorderen Bayerischen Wald, den Steigerwald, den Spessart und die Haßberge.[78] Ein Jahr und noch einige Freilassungen später wurde die Auswilderungsaktion für abgeschlossen erklärt.[79]

Wie es bei so vielen Wiederansiedlungen der Fall ist, gab es auch in Bayern eine steile Lernkurve. Die Tiere wurden zunächst im Herbst freigelassen, in den Folgejahren dann aber überwiegend im Frühjahr und Sommer. Dadurch vergrößerten sich die Überlebenschancen der Neuankömmlinge, mit der erfreulichen Konsequenz, dass wiederholte Sichtungen gelangen, die das Vorkommen in allen Ansiedlungsgebieten und auch die Ausbreitung in neuen Bereichen bestätigten.[80] Um noch genauer über den Verbleib der Neubesiedler Bescheid zu wissen, gab es außerdem drei Studien, bei denen in Summe 28 Katzen mit Halsbandsendern ausgestattet wurden.[81] Im Spessart etwa musste man jedoch feststellen, dass von elf im Jahr 1999 freigelassenen und besenderten Tieren gleich drei im Straßenverkehr ums Leben gekommen waren und sich zwei weitere – wegen ausgefallener Sender – nicht mehr aufspüren ließen. Das klingt nach einem mächtigen Dämpfer. Die restlichen sechs Tiere überlebten aber, und das mindestens so lange, wie die Batterien ihrer Halsbandsender funktionierten. In zwei Fällen waren das immerhin elf Monate.[82] Wer sich die hohe Jungensterblichkeit aus dem Südharz vergegenwärtigt, kommt zu dem Schluss, dass mehr als 50 Prozent durchkommender Wildkatzen in der Tat kein schlechter Schnitt ist. Die besenderten Pionierkatzen hatten außerdem keine Probleme damit, ausreichend Beute zu machen, und möglicherweise sorgten sie auch für Nachwuchs. Schon in den Jahren zuvor gelang es Forschern, mehrere Nachweise von erfolgreichen – und vermutlich auch sehr mutigen – Wildkatzenmamas sowohl aus dem Spessart als auch aus dem Vorderen Bayerischen Wald zu erbringen.[83]

Ist die Wiederansiedlung damit geglückt? Nicht alle würden das unterschreiben. Kritiker monieren, dass es keine ordentliche Zuchtplanung gegeben habe, dass genetische Proben erst

Anfang der Nullerjahre genommen worden seien und dass vor allem Unklarheit herrsche, wo die Tiere überhaupt herkämen. Bei Auswilderungen ist es wichtig, Tiere für die Nachzucht heranzuziehen, die geografisch dem Gebiet, in das sie freigelassen werden, am nächsten sind.[84] Das war in Bayern der Fall. Etwa 70 Wildkatzen - und damit drei Viertel aller Zuchttiere - waren verletzte Wildfänge aus dem Harz und damit aus Mitteldeutschland. Diese Tiere wurden an die zoologischen Gärten in Magdeburg und Thale abgegeben und bildeten den bayerischen Zuchtstamm.[85] Nur etwa 15 Prozent der nachgezüchteten Tiere dürften ihren Ursprung weiter östlich gehabt haben und kamen aus dem Erzgebirge, aus Tschechien und der Slowakei.[86] Die Abkömmlinge letzterer Gruppe und ihre »fremden« genetischen Anteile lassen sich heute ganz gut auf der Wildkatzenlandkarte Deutschlands abbilden, vor allem im Spessart. Kritiker meinen, dies wären die einzigen, fragmentierten Hinweise auf die einstige Auswilderung. Die genetische Linie aus dem Harz, die sich ebenfalls in Bayern nachweisen lässt, soll dagegen von selbst, unabhängig von der Wiederansiedlung, eingewandert sein.

Günther Worel, der in Bayern den Ruf hat, der »Vater der Wildkatzen« zu sein und das Projekt von Anbeginn leitete, können wir dazu nicht mehr befragen. Im Hauptberuf Schafzüchter, verstarb er bereits 2018 bei einem landwirtschaftlichen Unfall.[87] Zehn Jahre zuvor, im Zuge eines Symposiums über die Zukunft der Wildkatze in Deutschland, resümierte er, dass die Wiederansiedlung geglückt sein dürfte. Er räumte aber auch ein, dass die bisherigen Erfolgskontrollen nicht ausreichend gewesen seien.[88] Fest steht: Die Wildkatze, wenn auch noch vereinzelt, ist zurück in Bayern und die Wiederansiedlung hatte zweifelsohne ihren Anteil daran. Ach ja: Ordentliche Tests zur genetischen Bestimmung von Wildkatzen waren übrigens erst im Laufe der Nullerjahre verfügbar.

Anstatt strukturiert vorzugehen, setzten die Eidgenossen eher auf aktionistische Guerillamethoden. Aber der Reihe nach. Immerhin gab es auch ein paar offizielle Freilassungen in der

Schweiz, in den 1960er-Jahren etwa durch das Jagdinspektorat Bern, das 19 Wildkatzen am Brienzersee freiließ. 1971 folgten vier Wildkatzen aus dem Zoo La Garenne, die bei La Sarraz am Jurasüdfuß in die Natur entlassen wurden, und sieben weitere übersiedelten 1974 und 1975 aus dem Tierpark Dählhölzli ebenfalls in den Jura.[89] Parallel kam es aber auch zu einigen Freestyle-Aktionen. »Es war einfach eine andere Zeit, heute wäre das nicht mehr möglich«, gibt Wildkatzenfachmann Darius Weber zu bedenken. Einige Schweizer Naturschützer, darunter der bereits verstorbene Kunstmaler Robert Hainard, setzten auf Eigeninitiative und machten sich den Umstand zunutze, dass das benachbarte Frankreich Wildkatzen zur damaligen Zeit noch immer als »nuisible«, also als schädlich einstufte und Prämien auf den Fang der Tiere auszahlte.[90] Erst 1979 wurden sie auch in Frankreich unter Schutz gestellt. Davor aber fädelten die Schweizer ein Abkommen mit den Wildhütern im Burgund ein. Sie boten ihnen höhere Prämien, als es der Staat tat, woraufhin rund 30 Tiere in den 70er-Jahren vom Département Côte-d'Or in den Schweizer Jura wechselten.[91] Ob sich die Burgunder Katzen in der neuen Umgebung behaupten konnten, bleibt freilich ungeklärt. Heute ist der Jura – auch unabhängig von den französischen Importen – wieder gut mit Wildkatzen besetzt.

Die beste Wiederansiedlung ist die, die es nicht braucht. Als letzter Ausweg stellt die Methode aber eine hoffnungsvolle Chance dar, der Naturvielfalt, die wir Menschen an den Rand gedrängt haben, wieder auf die Sprünge zu helfen, und sie wird deshalb auch von der IUCN, der Weltnaturschutzunion, als wertvolle Artenschutzmaßnahme anerkannt. Doch selbst gewissenhaft durchgeführte Wiederansiedlungen kämpfen heute noch oft mit Anfeindungen. Ein Argument, das von den Kritikern gerne ins Feld geführt wird, skizziert Richard Zink von der Veterinärmedizinischen Universität Wien, der seit 2009 die Rückkehr des Habichtskauzes in Österreich vorantreibt: »Bei manchen Projekten werden Tiere falsch aufgezogen und zur falschen Zeit ins Freiland entlassen. Im Fall der Habichtskäuze beispielsweise ist es wichtig, die Tiere möglichst früh, um den 90. Lebenstag, freizulassen. Bis dahin müssen sie alle wichtigen Verhaltensweisen, die sie brauchen, um sich in der Natur zu behaupten, erlernt haben.« Dagegen verhält es sich bei Wildkatzen ganz anders. Um den 90. Lebenstag wären sie allein keinesfalls in der Lage zu überleben. Die Schweizerin Marianne Hartmann hat jahrzehntelange Erfahrung in der Aufzucht von Wildkatzen und weiß, worauf es ankommt: »Die Tiere werden im Alter von fünfeinhalb bis sechs Monaten selbstständig und können frühestens zu diesem Zeitpunkt für eine Wiederansiedlung freigelassen werden. Bis dahin müssen sie in der Gehegehaltung alle Reize und Strukturen angeboten bekommen, um ihre Verhaltensentwicklung abschließen und das Jagen erlernen zu können.«

Was viele nicht bedenken: Selbst bei bester Vorbereitung sind Wiederansiedlungen immer Pionierarbeit, es gibt ein Auf und Ab und stets neue Erkenntnisse. Nur wer einen langen Atem hat, gewillt ist, über Jahrzehnte Extrastunden und Wochenenden zu opfern, langfristige finanzielle Mittel und zahlreiche engagierte Helfer mobilisieren kann sowie Expertise und Herzblut gleichermaßen einbringt, erntet am Ende - vielleicht - die Früchte.

Die prinzipielle Entscheidung, ob eine Wiederansiedlung überhaupt infrage kommt, ist bei Weitem keine beliebige, sondern orientiert sich an den konkreten Kriterien der IUCN.[92] Hier die wichtigsten Punkte von deren Checkliste: Die Art muss in dem für die Wiederansiedlung bestimmten Gebiet tatsächlich gelebt haben. Die Ursachen, die einst zum Aussterben führten, müssen beseitigt sein. Und es braucht genügend passenden Lebensraum sowie ausreichende Nahrungsquellen. Sollten Tiere aus wilden Beständen eingefangen werden, um sie andernorts anzusiedeln, darf das außerdem keine bestehende Population gefährden. Alternativ können Zootiere für die Zucht herangezogen werden, wie das etwa bei den Wildkatzen in Bayern der Fall war. Dabei ist es freilich nötig, die genetischen Eigenschaften der Tiere genau im Auge zu behalten.

Wer all das auf dem Radar hat, schafft es schließlich auch, sich selbst erhaltende Bestände von einst ausgerotteten Wildtierarten wiederaufzubauen. Mit den aktuell etwa 30 von Habichtskauzpaaren besetzten Revieren im Norden Österreichs ist das ambitionierte Eulenprojekt auf einem guten Weg. Die Steinböcke sind mit rund 40 000 Tieren quer durch die Alpen wieder repräsentativ vertreten und das Comeback der einst als Kindsräuber verschrienen Bartgeier gilt überhaupt als eines der erfolgreichsten europäischen Artenschutzprojekte. Heute segeln wieder rund 220 Bartgeier in den Alpen durch die Lüfte.

Wenn es jedoch um große Raubtiere geht, begibt man sich leicht auf gesellschaftliches Glatteis. Ein Versuch, Braunbären ab den späten 1980er-Jahren wieder im niederösterreichischen Ötschergebiet anzusiedeln, scheiterte spätestens 2011, als auch der letzte Bär der einst über 30 Individuen starken Population auf mysteriöse Weise verschwand. Ein kleines Raubtier wie die Wildkatze, die sich über die Jahrhunderte vom erbarmungslosen Killer zum Sympathieträger vieler Naturschutzorganisationen gemausert hat, dürfte mit weniger Gegenwind zu rechnen haben. Zumindest denkt man in Österreich bereits darüber nach, den Wildkatzen die Rückkehr ein wenig zu erleichtern. Die Unterstützung durch die Jagd scheint ihr sicher. Oder?

Holt uns die Vergangenheit ein?

»Kein Luchs schafft es in den Bayerischen Wald oder wieder raus«, behaupten böse Zungen. Ein trauriges Beispiel ist Luchs Alus, der von Friaul-Julisch Venetien bis in den Pinzgau gewandert war, ehe er im September 2017 ohne Kopf und Pfoten bei Bad Reichenhall im Berchtesgadener Land auftauchte. Allein zwischen 2010 und 2016 sind im Bayerischen Wald mindestens fünf Luchse illegal getötet worden.[93] Inwiefern auch Wildkatzen ins Fadenkreuz genommen werden, ist ungewiss. »Nach unseren Erfahrungen in den vergangenen 15 Jahren hat sich das Verhältnis der Jägerschaft zur Wildkatze deutlich verbessert. Wir kennen mittlerweile auch einige Jäger, die stolz darauf sind, die Tiere in ihren Revieren nachzuweisen«, berichtet Sabine Jantschke, Freiwilligenkoordinatorin im Wildkatzenprojekt des Bund Naturschutz in Bayern. Aber nicht alle lassen sich gerne in ihre Karten blicken. »Ob sie schon eine Wildkatze gesichtet haben, das lässt sich aus unseren Jägern nur selten herauskitzeln«, sagt Christopher Böck, der Geschäftsführer des Oberösterreichischen Landesjagdverbandes. Auch wenn sämtliche Landesjagdverbände der Alpenrepublik hinter den europäischen Minitigern stehen und sich im Rahmen der Plattform Wildkatze engagieren[94], ist damit freilich nicht in Stein gemeißelt, welche Entscheidung jeder einzelne der rund 130 000 österreichischen Jäger letztlich auf dem Hochsitz trifft.[95] Ganz abgesehen davon, dass es hierzulande überhaupt erst einmal zu einem Zusammentreffen von Grünrock und Wildkatze kommen muss.

Auf dem Balkan ist das kein Problem. Das Strandscha-Gebirge bildet die Grenze zwischen Bulgarien und der Türkei und es sei in Jägerkreisen bekannt für seine großen Wildkatzen, verrät mir Forscherin Diana Zlatanova. »Mit unseren Wildkamera-Ergebnissen aus der Gegend können wir das tatsächlich bestätigen«, sagt sie. Wie in allen EU-Mitgliedsländern ist die Wildkatze auch in Bulgarien geschützt, aber ganz abgeebbt dürfte die einstige Jagdtradition noch nicht sein. In Online-Jagdforen, die als geschlossene Gruppen geführt werden, diskutieren die Waidmänner gelegentlich über unbeabsichtigte Abschüsse oder das explizite Wildern geschützter Arten. »Die großen Strandscha-Wildkatzen sind dort auch ein Thema«, so Zlatanova.

In Rumänien verzichtet man auf Geheimniskrämerei und beruft sich gleich auf antiquarisches Gedankengut, zumindest auf der Website »Hunting in Romania«. Hier wird nicht nur stolz auf einen Wildkatzenschädel von 1967 hingewiesen, der bis heute in seiner Trophäenbewertung weltweit unerreicht sei, sondern auch explizit festgestellt, dass jedes Jahr eine gewisse Anzahl der Tiere geschossen werden müsse, um die verursachten Schäden nicht ausufern zu lassen.[96] Das hatten wir doch schon mal.

In geduckter Haltung, die Ohren angelegt, blickt eine Wildkatze eingeschüchtert aus ihrem viel zu kleinen hölzernen Käfig. Auf einem anderen Foto dösen Wildkatze und Luchs in einem gemeinsamen Gefängnis gerade einmal eine Beinlänge voneinander entfernt. Aleksandër Trajçe, der Leiter der albanischen Naturschutzorganisation PPNEA, hat mir bedrückende Bilder geschickt. Sie sind Zeugnis für die unwürdigen Bedingungen, unter denen auch heute noch viele Wildtiere leiden. »Straßenzoos waren in Albanien vor allem zwischen 2008 und 2012 sehr häufig anzutreffen«, erklärt Trajçe. Wenn auch auf internationalen Druck deutlich zurückgegangen, ganz verschwunden seien sie bis heute nicht. Die Bezeichnung »Zoo« ist dabei alles andere als passend. Restaurant-, Café- oder Barbesitzer pferchen Wildtiere in nackte Käfige, um damit Gäste anzuziehen oder mit Eintrittsgeldern eine kleine Zusatzeinnahme zu generieren. Die Tiergefängnisse liegen meist an Durchzugsstraßen, wo auch Busreisende für eine Pause inklusive Unterhaltungsfaktor leicht Halt machen können. Als Hauptattraktion blicken vor allem Braunbären hinter den Gitterstäben hervor. »Manche Restaurantbesitzer sind überzeugt davon, einen verwaisten Babybären gerettet zu haben. Andere dürften sehr wohl wissen, dass die Jäger, die die Tiere feilbieten, dafür gezielt die Mütter erschießen. Nur so kommen sie an die Jungen heran«, sagt der PPNEA-Leiter. Auch Wölfe und Rehe finden sich unter den unglücklichen Gefangenen und in der Vergangenheit waren unter ihnen sogar Exoten wie Löwen und Zebras. Wildkatzen stellen dagegen eher die Ausnahme dar. »Vermutlich sind sie zufälliger Beifang«, meint Aleksandër Trajçe. Das Fleisch wilder Hasen, obwohl ebenfalls illegal, ist begehrt bei den Restaurants. Gelegentlich dürften aber auch Wildkatzen in die für die Feldhasen ausgelegten Schlingfallen tappen, dann werden sie – vorausgesetzt, sie überleben – ebenfalls an die Straßenzoos verkauft. Trajçe erinnert sich an eine Zoo-Wildkatze, bei der er die typischen Druckmale, wie sie von Schlingfallen herrühren, um den Hals wahrnahm. Während die Hasen zwischen 30 und 40 Euro einbringen, ist eine Wildkatze wohl 50 bis 100 Euro wert. Bei einem durchschnittlichen Monatsgehalt von rund 480 Euro[97] und einer angenommenen Fünftagewoche verdient ein Albaner 24 Euro pro Tag. Während die Zeitgenossen des Ritters Franz von

Kobell ungefähr einen Tageslohn für ein erlegtes Tier einstreiften, lässt sich also im heutigen Albanien locker das Drei- oder Vierfache verdienen. Auf einem Internetmarktplatz verlangt ein Anbieter für eine »mace e egër«, eine wilde Katze, die bei Priština im Kosovo zu haben sei, gar 130 Euro.[98]

Vier Straßenzoo-Wildkatzen sind Aleksandër Trajçe im Zuge der Befreiungsaktionen, die PPNEA und VIER PFOTEN in den letzten Jahren forciert haben, insgesamt untergekommen. Ein Fall brannte sich ihm besonders ein. »In Shkodra, im Norden des Landes, hielt ein Restaurantbesitzer Luchs und Wildkatze im selben Käfig. Wir besuchten die Tiere 2016 und ein Jahr später nochmal. Beide schliefen auf der gleichen Plattform und zeigten keinerlei Reaktion aufeinander oder auf die Menschen, die sie beäugten«, erzählt er verblüfft. Dergleichen wäre in der freien Natur undenkbar. Der Luchs würde nicht zögern, die Wildkatze zu töten. Sie kommen zwar, wie man mittlerweile weiß, in gleichen Gebieten vor, dennoch gehen sich Luchs und Wildkatze möglichst aus dem Weg. Bis es zur Befreiung und Umsiedlung der beiden Tiere in artgerechte Gehege kam, lebten sie über mehrere Jahre in dieser beengten Schicksalsgemeinschaft. Fast scheint es, als hätten sie einen Pakt geschlossen, sich unter diesen unwürdigen Verhältnissen miteinander zu arrangieren. Der Restaurantbesitzer meinte nur, er hätte nicht gewusst, dass es sich um unterschiedliche Arten handeln würde, für ihn wären es einfach Wildkatzen. Verwechslungen dieser Art sind uns schon aus den Jahren um 1400 bekannt. 600 Jahre später kämpfen wir offenbar noch immer mit den gleichen Missverständnissen. Das Restaurant existiert weiter, aber die Käfige sind nun leer. Immerhin. Bisher gibt es auch keine weiteren Indizien für Wildkatzen oder Luchse in albanischen Straßenzoos. Gebannt ist die Gefahr damit aber noch lange nicht. »An den Hauptstraßen sind die Zoos verschwunden, aber an versteckten Plätzen dürfte es nach wie vor welche geben«, seufzt Aleksandër Trajçe. Und Ulrike Wüstner, die für die Bärenrettungen bei VIER PFOTEN zuständig ist, hat auch keine beruhigenden Nachrichten: »Es gibt noch viele weitere dieser ›Zoos‹. Im Sommer 2020 haben uns etliche Zuschriften erreicht, die uns auf zur Schau gestellte Affen im Umkreis von albanischen Restaurants aufmerksam gemacht haben.«

Fallen aufstellen – einmal anders

Fotofalle klingt – vor allem, wenn man noch die Schlingfalle im Kopf hat – irgendwie martialisch. Außerdem treffen wir – mein Partner Marc begleitet mich – auch noch einen Jäger. Doch nichts von dem muss für Beunruhigung sorgen. Klemen ist die Art von Jäger, die viel lieber beobachtet, als zu schießen, und stolz darauf ist, wenn Tierarten wie die Wildkatze sein Revier durchstreifen. Er holt uns vom Jagdhaus seines Arbeitgebers, am Rande von Kočevje, ab. Es ist Mitte Juli, der erste Corona-Lockdown ist mittlerweile vorbei und es ist höchst an der Zeit, die Mission »Fotofalle« zu starten.

Ich weiß nur zu gut, wie zermürbend es manchmal sein kann, auf ein Foto hinzuarbeiten und sich Monat für Monat nur mit der Fehlerbewältigung herumzuschlagen. Mal fällt die Technik aus, mal setzt der Regen die Blitzgeräte unter Wasser, ein andermal gibt der Akku der Kamera w.o. oder der Bewegungsauslöser feuert wegen eines Sturms auf Dauerschleife und füllt die Speicherkarte gleich in einer Nacht. Jetzt kommt noch hinzu, dass Südslowenien, von meiner steirischen Wahlheimat Mürzzuschlag aus gesehen, nicht gerade ums Eck liegt und Kontrollen der Ausrüstung maximal im Monatsrhythmus möglich sind.

Wir folgen Klemen mit unserem Auto, lassen die 16000-Einwohner-Stadt Kočevje hinter uns und sind schon nach wenigen Minuten umgeben von Buchenwäldern. Die schmäler werdende Straße schraubt sich über mehrere Kehren ein paar Höhenmeter nach oben, genug, um im Rückspiegel das sich ausbreitende Waldmeer der Region zu erspähen. Gleichzeitig entfaltet sich in meinem Kopf die Landkarte, die mir Urša Fležar Anfang des Jahres geschickt hat. Als Klemen unvorhersehbar von der Schotterstraße – auf der wir mittlerweile unterwegs sind – in eine hochstehende Wiese abbiegt, ist mir klar, dass der schwarze Kartenpunkt schon recht nahe sein muss. Mit unserem Jeep schlurfen wir langsam hinterher, bis uns ein Feld voll mannshoher Farne stoppt.

»Am besten, ihr nehmt gleich alles mit, es geht steil bergauf«, rät uns Klemen. Wir schultern die ganze Ausrüstung, inklusive Hammer, Machete und Holzpflöcke - man muss für jede Eventualität gerüstet sein - und stapfen hinterher, vorbei an knorrigen Rotbuchen, über umgestürzte Stämme, durch raschelndes Laub, immer bergauf, bis wir den karstdurchfurchten Kamm erreichen. Mit unzähligen Spalten, kleinen Höhlen und Überhängen bietet sich hier nicht nur der Wildkatze eine verschwenderische Auswahl an Unterschlüpfen.

Normalerweise hat Klemen seine Wildkameras an diesem Platz positioniert. »Zu manchen Zeiten waren schon drei Stück parallel im Einsatz, um alle möglichen Winkel einzusehen«, erzählt er uns und fährt fort: »Hier geht kein Mensch, das sind alles Tierpfade.« Überall dort, wo sich Erde und Laub zwischen den Karstfurchen verdichtet haben, verlaufen Miniaturautobahnen für Hirsche, Füchse, Bären und natürlich Wildkatzen. »Im Winter, während der Paarungszeit, ist mehr los, aber es kann immer klappen«, macht uns Klemen Mut. 30 bis 40 Mal im Jahr würde die Wildkatze bei seinen Kameras vorbeilaufen, im Winter sogar mehrmals im Monat. »Und was ist deine Erfahrung im Sommer?«, wollen wir wissen. »Da bekomme ich sie im Schnitt nur einmal monatlich zu sehen«, antwortet Klemen. Wir wissen, der Juli ist alles andere als optimal. Egal, einen Versuch ist es immer wert, also legen wir los.

Die Zeiten ändern sich

Frank Bohlem aus Nordrhein-Westfalen ist hauptberuflich Industriekaufmann. Seine Freizeit verbringt er aber am liebsten in der Natur, als Jäger: »Ich habe 2010 meinen Jagdschein gemacht«, erzählt er mir. Die Motivation dafür war die Wildkatze. »Wie sollte ich die scheuen Tiere denn sonst zu sehen bekommen?«, erklärt er die Logik. Wenn er nachts zum Ansitz fahre, begegne er ihr öfters, achtmal habe er im letzten Jahr Glück gehabt. »Es ist spannend zu beobachten, wie vorsichtig sie sich bewegt, ganz ähnlich wie das Rotwild.«

Ob Freizeit- oder Berufsjäger, die Wildkatze ist für viele mittlerweile mehr Faszination als Schrecken, das bestätigt auch Miroslav Vodnansky, der am Mitteleuropäischen Institut für Wildtierökologie in Wien forscht. »Viele Jäger, die einen breiteren Blickwinkel haben, sind sehr angetan von der Art, finden sie faszinierend oder zumindest interessant. Die meisten aber stehen ihr einfach neutral gegenüber.« So tönt es auch von Christopher Böck: »Sie ist eine Randwildart, die für uns kein großes Thema ist.« Die Hauskatze sei dagegen ein anderes Kaliber. Der Chef der oberösterreichischen Jäger steht mit dieser Einschätzung nicht allein da. Die IUCN listet die Hauskatze unter den 100 *Worst Invasive Species*, also den schlimmsten invasiven Arten[99], die weltweit eine Bedrohung für viele andere Tierarten darstellen. Dass Jäger in manchen (Bundes-)Ländern gesetzlich dazu berechtigt sind, streunende Katzen, die sich mehr als 300 Meter vom nächsten bewohnten Haus entfernt haben, abzuschießen, wird an diesem Umstand allerdings nicht viel ändern.[100] Ganz abgesehen davon, dass der massive Rückgang von Singvögeln, Reptilien oder Amphibien wohl kaum allein den Hauskatzen in die Schuhe geschoben werden kann, wenn gleichzeitig rasenrobotergepflegte Gärten und ausgeräumte Kulturlandschaften dominieren.[101]

Den Waidmännern selbst geht es auch viel eher um den Schutz des freilebenden Wildes, für das Hauskatzen eine Gefahr darstellen würden.[102] Diese in Österreich, der Schweiz oder Bayern[103] übliche Abschusspraxis ist aber vor allem auch eine Gefahr für die Wildkatze, die sich von einer getigerten Hauskatze nur schwer unterscheiden lässt, insbesondere im Dämmerlicht. Böck betont: »Wir versuchen, unsere Jäger für die Wildkatze, ihr Verhalten und ihre Lebensweise zu sensibilisieren, und appellieren an alle, nicht von dem Gesetz Gebrauch zu machen, wenn ihr Revier in einem dezidierten Wildkatzengebiet liegt.« Aber reicht das aus? Aktuell ist die Wildkatze quer durch Mitteleuropa, auch in Österreich, in Ausbreitung begriffen. Wo sie als Nächstes auftaucht, lässt sich nur ungefähr prognostizieren. Versehentliche Abschüsse könnten Neubesiedlungen einen gravierenden Dämpfer verpassen.

Während sich die Jägerschaft in vorsichtiger Toleranz übt, tun sich viele Förster von Haus aus leichter damit, der Wildkatze unvoreingenommen entgegenzutreten. Markus Wunsch ist trotzdem ein bemerkenswerter Vertreter seiner Zunft. »Ich versuche so naturverträglich wie möglich zu arbeiten, damit alle Tiere, nicht nur die Wildkatze, einen Lebensraum haben.« Für ihn lassen sich Ökologie und Ökonomie verbinden, zur gleichen Zeit und auf derselben Fläche. »Ich mache gelegentlich Femelhiebe, d.h. ich fälle alle 100 Meter zehn Bäume, damit wieder mehr Licht auf den Boden kommt«, sagt Wunsch. Das Holz kann er verkaufen, viele Waldtiere profitieren von der entstandenen Lichtung und der Wald verjüngt sich. 4800 Hektar Wald betreut er südlich des Nationalparks Eifel im deutsch-belgischen Grenzgebiet, dort, wo die Wildkatze selbst in der Zeit der größten Verfolgung nie ganz verschwunden war. Mindestens vier verschiedene Wildkatzen, die er zum Teil auch regelmäßig sieht, streifen durch sein Revier. Damit das so bleibt, schafft er nicht nur Lichtlöcher im ansonsten dunklen Wald, sondern legt auch Reisighaufen oder dauerhafte Holzstapel an, die sich genauso gut als Verstecke eignen wie umgestürzte Wurzelteller, vermodernde Baumstämme oder verbuschte Waldränder voller Hartriegel, Schlehen, Berberitzen und Haselnüsse. Manche Ecken dürfen sich sogar weitgehend selbstbestimmt entwickeln.

Markus Wunsch lässt aber auch für sich arbeiten. »Fuchs und Wildkatze sind meine Mitarbeiter, sie fangen Mäuse, die sonst überhandnehmen und sämtliche Samen und damit Bäume wegfressen würden. Wenn die beiden da sind, brauche ich keine Chemie!«

Erkenntnisse wie diese teilt er glücklicherweise nicht nur mit mir, sondern auch mit vielen anderen. Er ist einer von rund 100 Wildkatzenbotschaftern, die seit 2014 auf Impuls des BUND, des Bundes für Umwelt und Naturschutz Deutschland, quer durchs Land aktiv sind.[104] Warum er dafür bzw. überhaupt als Naturbotschafter die ideale Besetzung ist, lässt sich erahnen, als er mir eine Antwort auf die Frage gibt, inwiefern Wildkatzen, auch unabhängig von der Ökologie, wichtig für uns sind: »Wenn ein kleines Kind die Wahl hat, eine Maus oder einen Löwen als Spielfigur auszusuchen, nimmt es zu 99 Prozent den Löwen. Raubtiere sind größer, anmutig und ein Stück weit identitätsstiftend, für unsere Wälder und für uns selbst.« Ohne die Raubtiere, die großen wie die kleinen, fehlt etwas. Dieses Gefühl kenne ich nur allzu gut. Der Wald erscheint ohne sie leer. Doch die meisten Menschen, sobald sie dem Spielzeugalter entwachsen sind, sehnen sich heutzutage vor allem nach einem: Sicherheit. Raubtiere passen schlecht in dieses Schema.

Darüber hinaus fungieren Tiere ja nicht nur als Dekogegenstände. »Nehmen wir den menschlichen Körper als Beispiel. Wenn wir zu wenig trinken, dehydrieren wir, bis irgendwann unsere Organe versagen. Wenn ich Tiere aus dem Wald nehme, dem Wald sinnbildlich sein Wasser entziehe, verhält es sich ganz ähnlich«, gibt Förster Wunsch zu bedenken. Unser Handeln zieht jeden Tag Konsequenzen nach sich. Sichtbar werden diese aber oft erst zeitversetzt, sodass wir die Folgeerscheinungen gar nicht mehr mit unseren ursprünglichen Handlungen in Verbindung bringen. Stichwort Klima- und Biodiversitätskrise. »Wenn die Tiere fehlen, wissen wir nicht, was mit dem Ökosystem Wald passiert, wie es sich weiterentwickelt«, bringt es der Förster aus Nordrhein-Westfalen auf den Punkt.

Alle zwei Wochen diskutiert er über Themen wie diese, über Wolf, Luchs und Wildkatze mit bis zu 40 Schülern des Stiftischen Gymnasiums Düren in der Eifel, er macht Führungen für Kinder und Erwachsene, hält pro Woche zwei bis drei Vorträge für Naturschutzverbände oder an der Volkshochschule und natürlich ist er auch noch Förster. Fast fragt man sich, wie sich Frau und drei Kinder da ausgehen, gleichzeitig wünscht man sich mehr von diesen engagierten Waldmännern. Übrigens, auch einige Jäger, wie etwa Frank Bohlem, sind als Wildkatzenbotschafter aktiv. Die Zeiten ändern sich, langsam, aber doch.

Die Falle steht

Bevor uns Klemen im slowenischen Hornwald allein lässt, erwähnt er noch beiläufig, dass es immer wieder Probleme mit Bären gebe. Wir wissen sofort, was er meint, aus eigener Erfahrung.[105] Auch wenn es unglaublich erscheint, der Süden Sloweniens verfügt tatsächlich über eine der dichtesten Braunbärenpopulationen der Welt.[106] Für uns selbst stellen sie keine Gefahr dar, aber Klemens Wildkameras und unsere Fotofallen müssen sich vor den zotteligen Tieren in Acht nehmen. Daher gilt es alles bombenfest zu sichern, will man bei der nächsten Kontrolle keine unangenehme Überraschung erleben. Mit Spanngurten schnallen wir die Ausrüstung an Bäume, die selbst ein Bär nicht zu entwurzeln vermag. Die Kamera selbst sitzt in einer Hartschalenbox, die Bärenbissen standhält. Nur die Linse - als einziges verletzliches Teil - lugt vorne aus der Box heraus. Die meisten Bären halten einen Respektabstand zu unseren Geräten oder huschen rasch daran vorbei. Hie und da taucht aber ein neugieriges Individuum auf und will es genauer wissen. Zerkaute Blitze, abgeschleckte Linsen oder »umgebaute« Installationen haben uns vorsichtig werden lassen.

Machete, Hammer und Holzpflöcke haben wir diesmal umsonst mitgeschleppt. Es finden sich genügend geeignete Bäume und Äste, um die »Falle« einzurichten. Dennoch: Der einmal gewählte Platz muss wohl überlegt sein, zumal unser Aufbau für mehrere Wochen sich selbst - und auch den Bären - überlassen bleibt. Eine Buche passt aber genau für die Box und der Winkel eines Auslegerastes scheint wie geschaffen für einen der beiden Blitze. Wir brauchen knapp vier Stunden, bis alles an Ort und Stelle ist, der Bewegungsauslöser im richtigen Moment detektiert und nichts mehr nachgibt, rutscht oder ruckelt. Die Wildkatze kann kommen. Per SMS lasse ich Klemen wissen, dass wir fertig sind und Bescheid geben, wenn wir das nächste Mal vorbeischauen. Etwas später antwortet er: »Okay, I hope we have success!« Fein, wenn sich ein Jäger genauso auf ein Foto freut.

Kapitel 3
Wildkatze oder Hauskatze?

Der Portier lässt mich einen grünen Passierschein ausfüllen. Datum, Eintrittszeit, alles muss genau vermerkt werden. »Durch beide Innenhöfe, bis ganz ans Ende und dann mit dem Lift in den zweiten Stock«, instruiert er mich. Ich werde bereits erwartet. Frank Zachos, der Kurator der Säugetiersammlung am Naturhistorischen Museum in Wien (NHM) und seine Kollegin Katharina Stefke nehmen mich in Empfang. Sie führen mich in einen der Ehrfurcht einflößenden Räume hinter den Kulissen des Museumsbetriebs, dessen hochaufragende Wände mit wuchtigen, nackten Tierschädeln - von Bison, Wisent über Hausrind bis hin zu Kaffernbüffel, Yak und Gaur - bedeckt sind. Der Grund meines Besuchs ist wesentlich kleinerer und haarigerer Natur.

Das Binokular steht schon bereit und auf dem Tisch liegen etliche durchsichtige Plastikbeutel. Aufschriften wie »9.3.2020, Lockstock 21« oder »27.5.2020, Lockstock 10« deklarieren den Inhalt der kleinen Säckchen, die auf den ersten Blick leer wirken, bei genauerer Inspektion aber ihr wertvolles Gut offenbaren: feine Haare, möglicherweise von Wildkatzen. »Die Proben sind erst letzte Woche aus der Wachau gekommen«, sagt Zoologin Katharina Stefke und ergänzt euphorisch: »So viele und so gute Proben wie jetzt hatte ich noch nie.« Sie zählt für mich nach. Es sind 33 Stück. Normalerweise sieht das Material, das bei ihr landet, weniger vielversprechend aus. »Oft bekomme ich nur einzelne Haare oder überhaupt nur Fragmente davon. Hin und wieder sind auch schon Pflanzenfasern auf meinem Tisch gelandet und einmal ein Spinnenbein«, erzählt sie schmunzelnd. Um auf Nummer sicher zu gehen, würden die Forscher im Feld lieber mehr einpacken als zu wenig. Die Wachau-Proben aber seien top: »Da stimmt die Färbung und es sind auffallend viele Haare. Peter muss sich eventuell überlegen, welche Proben er genetisch analysieren lässt, denn das könnte teuer werden.«

Peter Gerngross ist nicht nur in die IUCN Cat Specialist Group involviert und kennt sich mit Wildkatzen von Schottland bis zum Kaukasus aus, sondern betätigt sich auch feldforschend in der Wachau. Dort ist er auf der Suche nach sich vermehrenden Wildkatzen, die in Österreich zwar schon lange vermutet werden, sich bis dato aber nicht zwingend bestätigen ließen. Die Haarproben, die er von den Lockstöcken in der Wachau abgesammelt hat und die gerade als kleines Häufchen auf Katharina Stefkes Arbeitstisch im Naturhistorischen Museum liegen, könnten bereits die begehrten Informationen in sich bergen. Zunächst aber gilt es zu selektieren, welche der Proben tatsächlich von Katzen stammen.

»Einmal hat man mir Wildkatzenhaare von Gehegetieren untergejubelt, einfach um zu testen, ob ich sie erkenne, ob sich Katzenhaare aus verschiedenen anderen Tierhaaren herausfiltern lassen«, erzählt die NHM-Zoologin und stellt fest: »Ich hab's geschafft.« Die Haare sind hier also in guten Händen. Für einen Laien schaut dagegen fast jeder Keratinfaden wie der andere aus. »Da gibt es definitiv Unterschiede«, klärt mich die Expertin auf und zeigt mir ihre kleine Schatzkiste, eine Vergleichssammlung mit diversen Haarproben von Kaninchen, Fuchs, bis hin zu Fischotter und Marder. Sogar Schimpanse ist dabei. Wildschweinhaar ist dicker – nicht umsonst spricht man von Borsten – und an der Spitze ist es ausgefranst. Auch Rehhaare weisen ein unverwechselbares Aussehen auf, im Sommerfell sind sie rot mit dunkler Basis, im Winter graubraun mit einem helleren Bereich vor der Spitze, in jedem Fall aber dicker und kürzer als Katzenhaare.

Stefke identifiziert aber nicht jedes Haar auf Artniveau, das ist gar nicht nötig, sondern filtert die Proben gezielt nach Katzenhaaren. Diese verfügen nämlich über ein einzigartiges Merkmal:

»Sie weisen einen speziellen Glanz auf, als wären sie mit farblosem Nagellack überzogen«, erklärt mir die Zoologin und lässt mich selbst einen Blick durchs Binokular werfen. Ein wenig mutet es an, als hätten die Haare eine zart schillernde Aura. Diesen Glanz besitzen allerdings nur die Primärhaare. »Das sind die Deckhaare, also das, was man im Prinzip sieht, wenn man von Fell spricht«, wirft Säugetierkurator Frank Zachos ein. Bei Wildkatzen, aber auch bei getigerten Hauskatzen, sind die Spitzen der langen Deckhaare schwarz. Darunter haben sie einen weißlichen, helleren Streifen und werden zur Basis hin wieder dunkler.[1] Ein rotes Katzenhaar wird auf jeden Fall ausselektiert. »Das ist definitiv keine Wildkatze«, sagen die beiden unisono, zumindest gehen sie nicht davon aus, dass sich Wildkatzen ihre Haare färben würden. Abgesehen von eindeutigen Farbabweichungen lassen herkömmliche mikroskopische Methoden keine eindeutige Unterscheidung zwischen den Haaren von Wild- und Hauskatze zu.

Wenn man zwischen die robusteren, größeren Deckhaare blickt, kommen die Wollhaare zum Vorschein. Sie sind feiner, können leicht gekräuselt sein und bilden in großen Zahlen den isolierenden Unterbau des Haarkleides.[2] »Sie einzuordnen fällt schwerer. Nur wenn das Wollhaar extrem stark gekraust ist, kann ich sagen, dass es sich definitiv nicht um eine Wildkatze handelt«, erklärt Stefke.

Wildkatzen besitzen auf jeden Fall eine ganze Menge davon, nicht umsonst war ihr Fell in Mantelform auf dem Balkan einst so beliebt. Ausgewachsene Tiere verfügen im Sommer im Schnitt über 15000 und im Winter durchschnittlich über 20000 Haare pro Quadratzentimeter. Bis zu 30000 Haare sind möglich.[3] Zum Vergleich: Seeotter, die das dichteste Fell aller Säugetiere haben, legen mit rund 150000 Haaren pro Quadratzentimeter noch eine ordentliche Schippe drauf.

Katharina Stefke pickt sich ein weiteres Säckchen aus dem Wachau-Stapel heraus, sieht nur kurz hin und sagt sofort: »Bei dieser Probe bin ich mir sicher, dass das eine Katze sein muss. Diese brauche ich erst gar nicht zu öffnen.« Je weniger die Haare gehandhabt werden, auch wenn es nur der vorsichtige Griff der zuvor in Alkohol getränkten Pinzette ist, desto besser für die spätere Genanalyse. Letztlich kann nur diese entscheiden, ob es sich um Stubentiger oder Wildkatze handelt. Vorerst müssen wir uns mit der Diagnose »Katze« zufriedengeben.

»Meine ist auch so wild«

Entzückt intonierte Ausrufe wie »Ach, die schaut ja aus wie meine!« oder mit Nachdruck formulierte Behauptungen à la »Meine ist auch so wild!«, sind nicht nur mir schon wiederholt zu Ohren gekommen, sondern gehören für all jene, die beruflich intensiv mit Wildkatzen zu tun haben, quasi zum Alltag. Sarah Friembichler, die heute als Biologielehrerin arbeitet, erinnert sich zurück an ihre Zeit bei der Meldestelle der Plattform Wildkatze in Österreich: »Es gab immer wieder Leute, die beharrlich darauf bestanden, ihre Katzen wären Wildkatzen. Und dann stellt sich raus, das Tier ist weiß gefärbt.« Fälle wie diese kennt auch Genetiker Carsten Nowak vom Senckenberg Forschungsinstitut: »Wir bekommen jedes Jahr Haarproben mit Verdacht auf Wildkatze von Privatpersonen geschickt. Meist bitten wir dann gleich um ein Foto und schon ist schlagartig klar, dass es sich um eine Hauskatze handelt. Das ist praktisch immer so.« Auch Stefanie Huck, die in Bad Honnef in Nordrhein-Westfalen in Not geratene und aufgefundene oder verletzte Wildkatzen pflegt und wieder freilässt (mehr dazu in Kapitel 7), ist damit oft konfrontiert. »Immer wieder hinterlassen Leute auf unserem Facebook-Kanal Kommentare, in denen sie behaupten, dass sie eine Wildkatze hätten, die nur im Freigang[4] leben würde.« Auch das stellt sich – sobald ein Foto mitgeschickt wird – in 99 Prozent der Fälle als falsch heraus. Wie aufs Stichwort stoße ich bei einer kurzen Internetrecherche auf entsprechende Einträge. Auf der Facebook-Seite »Wildkatzen retten« des BUND schreibt etwa Thorsten, er und seine Familie hätten eine Wildkatze im Alter von acht Monaten bekommen: »Sie ist jetzt 9 Jahre bei uns, erste Streichelkontakte waren nach 1 Jahr möglich … sie ist Freigänger und bleibt trotzdem immer bei uns.« Obwohl in Deutschland so viel über *Felis silvestris* geforscht, berichtet und aufgeklärt wird wie in kaum einem anderen Land, gibt es selbst dort Verständnismankos. »Dass es zwischen den beiden Arten einen großen Unterschied gibt, ist bei vielen immer noch nicht angekommen«, betont auch Stefanie Huck. Selbst wenn eine getigerte Hauskatze verblüffend stark an eine Wildkatze erinnert, sind das zwei Paar Schuhe, denn evolutionär haben sie verschiedene Wege eingeschlagen.

Unterschiedliche Wege

Während Ritter Franz von Kobell zur Mitte des 19. Jahrhunderts in seinen bayerischen Jagdgeschichten noch davon ausging, dass die »zahme nützliche Hauskatze« von der Wildkatze abstammen würde[5], meldete Alfred Brehm zur gleichen Zeit bereits Bedenken an, denn laut ihm dürften »genauere Beobachtungen und Untersuchungen« diese Theorie nicht mehr unterstützen.[6] Weitere 150 Jahre mussten verstreichen, ehe ein Doktorand von der Universität Oxford Gewissheit lieferte. Carlos Driscoll sammelte DNA-Proben von insgesamt 979 Wild- und Hauskatzen quer über den Globus und kam zu dem Schluss, dass der gemeine Stubentiger weder von der Europäischen Wildkatze noch von einem genetischen Mix verschiedener Arten abstammt, sondern – Trommelwirbel – von der im Nahen Osten und in Afrika verbreiteten Afrikanischen Falbkatze *(Felis lybica)*. Dieser Stammbaum gilt nicht nur für elitäre Perser-, Siam- oder Ragdoll-Katzen, sondern auch für jeden noch so verfilzten Streuner.[7] Fragt sich nur, wie es die kleinen Raubtiere vom Wüstensand bis auf unsere Sofas geschafft haben. Lange Zeit gingen Experten davon aus, dass die alten Ägypter, vor rund 3600 Jahren, die Ersten gewesen seien, die sich Katzen als Haustiere hielten.[8] Mittlerweile weiß man aber, dass unsere gemeinsame Geschichte schon vor 10 000 oder sogar 12 000 Jahren begann, nicht bei den Ägyptern, sondern bei den ersten Bauern der Menschheitsgeschichte, die sich im

Fruchtbaren Halbmond niedergelassen hatten. Dort, im heutigen Syrien, Libanon, Jordanien und Israel, verorten genetische Erkenntnisse den Beginn unseres artübergreifenden Tête-à-Tête mit der Katze.[9] Gestützt werden diese auch von fossilen Funden. 2004 legten Archäologen auf Zypern die Grabstätte eines erwachsenen Menschen frei. Neben Steinwerkzeugen, einem Stück Eisenoxid und einer Handvoll Muschelschalen fand sich nur 40 Zentimeter von den menschlichen Überresten entfernt ein weiteres kleines Grab. Es beherbergte eine junge Katze. Das geschätzte Alter der Funde beträgt 9500 Jahre.[10] Einige Jahre später wurde dies sogar noch getoppt. Überreste von *Felis lybica*, die aus einer jungsteinzeitlichen Siedlung, ebenfalls aus Zypern, stammen, sollen mindestens 10600 Jahre alt sein.[11] Da auf keiner der mediterranen Inseln – mit Ausnahme von Sizilien – Katzen ursprünglich vorgekommen sind, müssen sie den Weg nach Zypern per Boot zurückgelegt haben. Sehr wahrscheinlich stammten sie aus den umliegenden Ländern des östlichen Mittelmeerraumes bzw. des Fruchtbaren Halbmondes. Katzen, die extra verschifft und gemeinsam mit Menschen begraben wurden, dürfen wohl als untrügliches Zeichen dafür gewertet werden, dass Mensch und Katze schon vor vielen Tausend Jahren ein spezielles Verhältnis zueinander pflegten.[12] Gleichzeitig könnten das auch weit zurückreichende Indizien dafür sein, dass es sich bei den zypriotischen Katzen der Gegenwart wohl eher um Abkömmlinge der Falbkatze als der Europäischen Wildkatze handelt.

Seefahrende Völker wie die Phönizier, aber auch die Griechen und schließlich die Legionen der Römer waren maßgeblich an der späteren Verbreitung der Hauskatzen im gesamten Mittelmeerraum beteiligt.[13] Ungefähr um Christi Geburt, also vor rund 2000 Jahren, beginnt die felide Eroberung auch in Mitteleuropa und sie gewinnt ungefähr ab der Mitte des ersten nachchristlichen Jahrtausends zunehmend an Fahrt.[14] Sogar die Wikinger fanden Gefallen an den haarigen Zeitgenossen – vor allem an den orange gefärbten Exemplaren – und verschifften sie u.a. nach Schottland.[15] Ob es ein Zufall ist, dass die meisten rothaarigen Menschen dort leben und sich gleichzeitig besonders viele rot gefärbte Katzen auf der Insel herumtreiben? Vermutlich. Die Mitschuld der Wikinger am aktuell desaströsen Zustand der schottischen Wildkatzenpopulation lässt sich aufgrund ihrer eingeführten Garfields nicht so leicht wegdiskutieren.

Wie passen aber die unlängst in Südpolen aufgetauchten Überreste von Falbkatzen in dieses Konzept? 6200 Jahre sollen sie alt sein und damit so antik wie kein vergleichbarer Fund zuvor in Europa.[16] Es ist aber unwahrscheinlich, dass es sich bei ihnen schon um Hauskatzen handelte. Hervé Bocherens, einer der an der Untersuchung beteiligten Forscher, erklärt: »Die Analyse der Knochen ergab, dass die Katzen Nagetiere fraßen, die sich wiederum von dem angebauten Getreide der frühen Siedler ernährten.« Als Trittbrettfahrer dürften die Falbkatzen auf den Ausbreitungswellen der landwirtschaftlichen Revolution mitgeritten sein, ausgehend vom Fruchtbaren Halbmond bis nach Europa. In der Nähe früher Siedlungen gingen sie auf Mäusefang und halfen gleichzeitig – und wohl ungeplant – die Getreidespeicher der Menschen vor überbordenden Nagerplagen zu bewahren.

Während die von den Römern mitgebrachten Katzen schon häusliche Qualitäten aufwiesen, waren die südpolnischen Falbkatzen und jene vergleichbar alten und noch älteren Individuen rings um Euphrat und Tigris noch weit davon entfernt. Aber sie standen jeweils am Anfang eines schwer zu rekonstruierenden Prozesses, der über lange Zeiträume und an mehreren Orten parallel erfolgt sein dürfte: der Transformation vom Wildtier zum Haustier.[17]

Diese Beschreibung trifft es bei der herausragenden Beziehung zwischen Menschen und Katzen wohl am besten, denn bis auf ihre mäusejagenden Qualitäten haben Katzen mit den klassischen Nutztieren wie Schweinen und Rindern nichts gemein. Selbst Hunde, die etwa nach Lawinenopfern suchen, Blinde über die Straße begleiten oder Drogenschmuggler entlarven, haben mehr zu bieten. Dennoch: Die Katzen schafften es in unser Heim und verwandelten sich dabei letztlich genauso irreversibel wie Hunde, Schweine oder Rinder. Domestizierung ist eine Einbahnstraße ohne Umkehrmöglichkeit. Über Jahrhunderte und Jahrtausende kommt es dabei zu sukzessiven Anpassungen an das Leben in Menschennähe, die auch mit konkreten genetischen Veränderungen verknüpft sind. Deshalb kann selbst eine verwilderte Hauskatze oder deren Nachwuchs nie mehr zu einem Wildtier werden. Umgekehrt lässt sich ein Wildtier im Laufe seines Lebens vielleicht zähmen, aber freilich nicht domestizieren.[18] Rein äußerlich mögen sich Hausschweine, Rinder oder Hunde stark von ihren wilden Vorfahren unterscheiden, die effektiven genetischen Unterschiede, die domestiziert von wild trennen, sind aber oft erstaunlich klein. »Haushunde sind ganz andere Lebewesen als Wölfe, aber der Grad an genetischer Trennung zwischen Wolf und Hund liegt lediglich im Promillebereich«, veranschaulicht das Carsten Nowak vom Senckenberg Forschungsinstitut. Anders als Chihuahuas, Windhunde oder Chow-Chows haben sich Hauskatzen im Vergleich zu ihren Vorfahren kaum physisch verändert. Die Zahl der Genabschnitte mit eindeutigen Hinweisen auf Selektionsprozesse seit Beginn der Domestizierung fällt im Vergleich zu Haushunden bescheiden aus.[19] Insofern muss der genetische Unterschied zwischen Haus- und Falbkatze sogar noch einen Tick kleiner sein als dies zwischen Hund und Wolf der Fall ist. Eindeutiger verhält es sich dagegen zwischen Hauskatze und Europäischer Wildkatze. »Hauskatzen sind von Wildkatzen genetisch viel weiter entfernt als der Haushund vom Wolf«, erklärt Nowak. Getigerte Hauskatzen und Wildkatzen rein vom Hinschauen treffsicher zu benennen, damit haben aber gelegentlich sogar Experten zu kämpften.[20]

Die Europäische Wildkatze

Die Europäische Wildkatze *(Felis silvestris)* ist vermutlich als Einwanderin aus Asien[21] erstmals vor ungefähr 450 000 bis 200 000 Jahren in Europa aufgetaucht.[22] Zumindest datieren aus dieser Periode, dem mittleren Pleistozän, die ältesten fossilen Funde der Art. Es war eine herausfordernde Periode, geprägt von intensiven

Kaltzeiten, die viele Tiere dazu zwang, vor den sich ausbreitenden Eismassen in warme Refugien auf der Iberischen Halbinsel, in Italien und auf dem Balkan zu flüchten.[23] Während in unseren Breiten Tundra-artige Vegetation vorherrschte, »sonnten« sich Buchen oder Eichen an der Costa Brava, der Adriaküste oder am Schwarzen Meer.[24] Dort dürften sich auch Wildkatzen wohlgefühlt haben, die dann in den Warmzeiten – so wie viele andere Tierarten – wieder in Richtung Mittel- und Nordeuropa ausschwärmten.[25]

Auf Indizien ihres urzeitlichen Treibens stießen Archäologen mit ihren Meißeln und Pinseln an den Lagerplätzen eiszeitlicher Jäger quer durch Europa – von Großbritannien bis Bulgarien und von Portugal bis in die Slowakei genauso wie im gesamten deutschsprachigen Raum.[26] Mit quasi kriminalistischen Methoden rekonstruieren Forscher oft nur anhand weniger Knochen, welche Dramen sich einst an den Lagerfeuern unserer Ahnen und weitschichtigen Verwandten abspielten. Einer dieser prähistorischen Tatorte findet sich in der Stadt Capellades in der spanischen Region Katalonien. Der Abric Romaní ist eine 17 Meter starke Ablagerung, dessen älteste Schichten auf ein Alter von 56000 Jahre geschätzt werden und damit in die Zeit der Neandertaler fallen.[27] Auf einer Ebene, die rund 1000 Jahre jünger ist, tauchten neben mehr als 23000 Werkzeugen und knapp 9300 tierischen Überresten auch 100 Knochenstücke von *Felis silvestris* auf. Sie fanden sich verstreut auf einer Fläche von fünf Quadratmetern, ließen sich einem einzigen erwachsenen Tier zuordnen und auf ein einzelnes Ereignis zurückführen. Demzufolge saßen wohl einige Neandertaler beieinander, zogen dem Tier das Fell ab – worauf Schnittstellen an Zehenknochen, Schienbein und Unterkiefer hindeuten – und verspeisten das Fleisch sowie das nahrhafte Knochenmark. Gebrochene Schien- und Oberschenkelknochen, die das meiste Knochenmark enthalten und den größten Fleischanteil aufweisen, lagen am weitesten verbreitet im Raum. Vielleicht war es ein Festmahl für mehrere unserer ausgestorbenen Verwandten, die fairerweise alle etwas abbekommen haben? Und möglicherweise handelte es sich sogar um eine Grillparty, denn einige der Knochen lassen leichte Verbrennungsspuren erkennen.[28]

Während es die Neandertaler, die noch als Jäger und Sammler lebten, rein auf Fell und Fleisch der Tiere abgesehen hatten, kam bei jungsteinzeitlichen Siedlern, die sich mittlerweile als Bauern und Viehhalter betätigten, noch ein anderes Motiv hinzu. Sie jagten auch, um ihre Nutztiere zu schützen. In der Ufersiedlung Twann, die einst am Bielersee in der Schweiz – am Fuße des Jura – lag, entdeckten Archäologen rund 40 000 Wildtierknochen, darunter auch Karnivore, die zwar mengenmäßig nicht so massiv vertreten waren, aber eine große Artenbandbreite abdeckten. Diese reichte von Braunbär, Wolf und 13 rekonstruierbaren Luchsen bis hin zu Fuchs, Dachs, Baummarder, 16 Fischottern, 18 Iltissen und 176 Wildkatzen.[29] Rinder, Schweine und Schafe mussten wohl eher Wolf und Luchs fürchten, aber zumindest kleine Ferkel könnten für Wildkatzen interessant gewesen sein – vergleichbar mit einem Fall im heutigen Albanien[30] –, was den Zorn der frühen Bauern geschürt haben dürfte. Oder die Bauern hielten es ähnlich wie die Jäger ab der Barockzeit und erlegten prinzipiell alle Tiere mit Reißzähnen. Fleisch und Fell konnten sie ja sowieso nutzen.

Eine ähnlich ergiebige Fundstelle mit 486 gut erhaltenen Katzenknochen aus der Frühgeschichte Mitteleuropas ließ sich am Südhang des deutschen Kyffhäusergebirges freilegen[31] und auch in Gebieten, die heute wildkatzenfrei sind, stieß man auf felide Überreste. In Mecklenburg-Vorpommern etwa war *Felis silvestris* bis vor rund 3000 Jahren noch heimisch.[32]

Zwischen den Menschen der Vorzeit und der Wildkatze gab es zwar keine Annäherung, die vergleichbar wäre mit dem 9500 Jahre alten Katzengrab auf Zypern, aber unbedeutend war *Felis silvestris* für die damalige Zeit trotzdem nicht, wie ein Totenhaus der spätjungsteinzeitlichen Havelländischen Kultur in Brandenburg verdeutlicht. Das rund 5000 Jahre alte Totenhaus, das zur Aufbahrung der Verstorbenen diente und später verbrannt wurde, barg – aus archäologischer Sicht – einen kleinen Schatz, nämlich 24 Fundstücke, die sich mindestens sechs Wildkatzen zurechnen ließen und eine Überraschung parat hatten: einen durchbohrten Mittelhandknochen und einige gleichermaßen behandelte Eckzähne.

Schmuckanhänger wie diese sowie Ketten mit Zähnen von Bär, Wolf, Fuchs, Dachs, Iltis oder Fischotter tauchten auch andernorts als Grabbeigaben auf und galten offenbar als Statussymbol. Die Wohlhabendsten wurden mit Bärenzähnen, durchschnittlich Angesehene mit Biber- oder Elchzähnen begraben. Die ärmsten Angehörigen einer Sippe gingen hingegen leer aus. Wie hoch die Eckzähne von Wildkatzen im Kurs standen, bleibt allerdings das Geheimnis der Havelländischen und anderer früher Kulturen.[33]

Den Jackpot in puncto Grabbeigaben haben drei Vertreter der Lausitzer Kultur in Sachsen gelandet. In ihrem rund 3000 Jahre alten, spätbronzezeitlichen Hügelgrab fand sich die Tonfigur eines Katers. Die neuneinhalb Zentimeter lange und vier Zentimeter breite Plastik weist eine rötliche Brandfarbe auf und gilt in Mitteleuropa bislang als einmaliger Fund.[34] Die Katzenversion der Venus von Willendorf könnte Kinderspielzeug, nachgebildete Jagdtrophäe oder auch eine symbolische Opfergabe an eine überirdische Macht gewesen sein. In jedem Fall soll die Figur aber eine Wildkatze gewesen sein, zumal diese zur damaligen Zeit in Sachsen häufig vorkam und die Hauskatze erst ihren Siegeszug quer durch Mitteleuropa antreten musste. Mit angelegten Ohren, emporgestrecktem Schwanz und leicht nach oben gekrümmtem Rücken - typisch katzenhaft - verharrt das Tier in einer Verteidigungsstellung. Ohne dem Künstler zu nahe treten zu wollen, würde ich meinen, dass es zumindest für den Laien eines gewissen Abstraktionsvermögens bedarf, um in der plumpen Form eine aparte Wildkatze zu erkennen. Wer sich selbst ein Bild machen möchte, kann das gute Stück im Landesmuseum für Vorgeschichte in Halle begutachten.[35]

Katzen-Verwandtschaft

Wie Forscher die beiden Katzen systematisch einteilen, hierarchisch gliedern und zueinander in Beziehung stellen, hängt davon ab, wie sie den vorhandenen Wissensstand interpretieren. In den letzten Jahrzehnten schwankten ihre Ansichten darüber, wie

Haus- und Wildkatze am besten einzuordnen seien. Mal wurden sie auf Artniveau betrachtet, mal als Unterarten gesehen. *Felis silvestris* bezeichnete vor einigen Jahren nicht dezidiert die Europäische Wildkatze, sondern Wildkatzen in Europa, Afrika und Asien, die als drei Unterarten geführt wurden: die Asiatische Wildkatze *(Felis silvestris ornata)*, die Afrikanische Falbkatze *(Felis silvestris lybica)* und die Europäische Wildkatze *(Felis silvestris silvestris)*.[36] Die Hauskatze galt ebenfalls als Unterart *(Felis silvestris catus)*.[37]

Seit 2017 gibt es jedoch eine neue Systematik der Katzenfamilie, die sich darum bemüht, die Verzweigungen zu vereinfachen. Die Europäische Wildkatze wird nun als eigene Art, *Felis silvestris*, gelistet.[38] Separat als Unterarten angeführt werden *Felis silvestris silvestris*, die alle Wildkatzen von Spanien bis Osteuropa inklusive der schottischen Population umfasst, und *Felis silvestris caucasica*, die Wildkatzen im Kaukasus und in der Türkei bezeichnet.[39] Auch die Afrikanische Falbkatze ist durch die Neuinterpretation in den Stand einer Art versetzt worden und wird als *Felis lybica* ebenfalls in mehrere Unterarten untergliedert.[40] *Felis lybica lybica* ist die aktuell gängige Bezeichnung für die Vorfahrin der heutigen Hauskatze *(Felis catus)*, die nun ihrerseits als eigenständige Art bezeichnet wird.[41]

Wer kurz davor steht, die Übersicht zu verlieren, darf aufatmen. Taxonomische Überlegungen sind zwar wichtig für die wissenschaftliche Praxis, aber ob es sich nun um eine Art oder doch eine Unterart handelt, mutet ein wenig wie spitzfindige Haarspalterei an. »*Felis silvestris* und *Felis lybica* sind unterschiedlich, aber das sind Schweden und Italiener auch«, kommentiert Säugetierkurator Frank Zachos die Thematik und schickt nach: »Die Frage ist, wie unterschiedlich Populationen sein müssen, um als verschiedene Arten zu gelten. Wir Menschen sind natürlich alle dieselbe Art, aber bei der Wild- und Falbkatze gehen die Meinungen auseinander.«

Das Finden von scharfen Ecken und Kanten, wo fließende Formen und kontinuierliche Weiterentwicklung vorherrschen, stellt die Biologie seit jeher vor Schwierigkeiten. Lange Zeit dachte man, dass die Reproduktionsbarriere ein guter Indikator für die

Abgrenzung von Arten sei. Dieser zufolge könnten Individuen einer Art nicht mit Individuen einer anderen Art fortpflanzungsfähige Nachkommen zeugen. Heute weiß man längst, dass das Konzept überholt ist. Viele Tier- und Pflanzenarten können sich miteinander kreuzen. Das ist auch bei *Felis silvestris* und *Felis catus* möglich und verwundert nicht weiter, wenn man bedenkt, dass es sogar zwischen unterschiedlichen Gattungen zu Mischformen kommt. Ein gutes Beispiel dafür stellt die gattungsübergreifende Liaison zwischen Auerhahn *(Tetrao urogallus)* und Fasanhenne *(Phasianus colchicus)* dar.[42]

Sogar familienübergreifend treiben es die Hühnervögel bunt, bzw. gibt es von Menschen forcierte Züchtungen zwischen Helmperlhuhn aus der Familie der Perlhühner und Haushuhn aus der Familie der Fasanenartigen.[43] Für die Taxonomen ist das zum Haareraufen. Der Artbegriff wird dadurch immer schwammiger, gleichzeitig auch nicht, denn Durchmischung ist ein natürlicher Prozess. »Es gibt in der Natur keine Reinheit der Arten«, betont Wildbiologin Beatrice Nussberger von der Universität Zürich. Insofern spricht sie auch lieber von »evolutiv signifikanten Einheiten« statt von Arten und Unterarten.[44] Wie immer man Wild- und Hauskatze nun einordnen möchte, entwicklungsgeschichtlich handelt es sich bei den beiden um eindeutig unterschiedliche Linien. Die Auftrennung zwischen *Felis silvestris* und der Hauskatzenahnin *Felis lybica* soll vor mehr als 100 000 Jahren stattgefunden haben.[45]

Die Unterschiede liegen im Detail

Haben die verschiedenen Entwicklungswege und die menschliche Einflussnahme auch zu effektiven Differenzierungen geführt? Immerhin hat es die Evolution auf drei markante Abweichungen in der Morphologie gebracht. Eine davon ist die Darmlänge. »Wildkatzen haben einen kürzeren Darm, weil sie reine Fleischfresser sind«, erklärt Frank Zachos vom Naturhistorischen Museum Wien. Ihr Verdauungstrakt kann etwa die dreifache Körperlänge erreichen und misst konkret 1,2 bis 1,5 Meter.[46] Unsere domestizierten Katzen sind dagegen zu Mischköstlern erzogen worden. Klassisches Katzenfutter enthält nur einen geringen Anteil reines Fleisch, ein Großteil besteht aus tierischen Nebenerzeugnissen wie Innereien, Fell und Knochen, Haut, Federn, Hufen und Schnäbeln. Hinzu kommen pflanzliche Bestandteile, Geschmacksverstärker, Zucker und Verdickungsmittel. All das bewirkt, dass Katzenfutter schwerer verdaulich ist. Das schlägt sich in den Darmwindungen nieder, weshalb es Hauskatzen auf einen durchschnittlich zwei Meter langen Darm bringen.[47]

Die zweite Abweichung betrifft das Hirnvolumen, das zugunsten der Wildkatzen ausfällt.[48] »Generell«, meint Zachos, »kann man sich merken, dass Haustiere meist kleinere Gehirne haben.« Rund ein Drittel Hirnmasse haben Hauskatzen im Vergleich zu ihren wild lebenden Pendants eingebüßt.[49] Per se dumm sind sie deswegen aber nicht. Betroffen von der Grips-Reduktion sind nämlich vor allem jene Hirnareale, die das Angstempfinden steuern und Kampf- oder Flucht-Reaktionen auslösen. Bei domestizierten Tieren fallen diese nicht so stark aus, weshalb sie weniger Stress empfinden und das Leben in Menschennähe quasi entspannter »ertragen«.[50]

»Der Unterkiefer ist besonders beeindruckend«, meint Frank Zachos schließlich. Da bin ich aber gespannt. Abgesehen vom größeren Wildkatzenschädel scheint sich jeder Knochen der beiden »evolutiv signifikanten Einheiten« spiegelbildlich zu gleichen. Nur einer der drei Gelenkfortsätze am Unterkiefer tanzt aus der Reihe. »Bei der Hauskatze liegt der *Processus angularis* nicht in einer Ebene mit den darüberliegenden Gelenkfortsätzen, er ist klein und wirkt ein wenig verkümmert. Das klingt jetzt nicht sonderlich spektakulär, aber das Ergebnis ist es sehr wohl«, kündigt der Kurator der NHM-Säugetiersammlung verheißungsvoll an und lässt Taten folgen. Er stellt die Unterkiefer der beiden Arten senkrecht auf die Fortsätze. Als er loslässt, bleibt aber nur einer stehen, jener der Wildkatze. Der Kiefer der Hauskatze kippt sofort um. Ein kleines Knöchelchen verursacht einen großen Unterschied, zumindest morphologisch. Effektive Auswirkungen – etwa auf die Beißkraft – scheint die Mini-Abweichung aber nicht zu haben. Noch nicht. Vielleicht braucht es noch Zigtausende weitere Jahre an Evolution, ehe sich dazu eine Tendenz abzeichnet.

Dass die anonym wirkenden Kieferknochen, die ich näher in Augenschein nehmen darf, einst auch kräftig zubissen, wirkt schwer vorstellbar, zumal sie schon seit den 1960er- und 1970er-Jahren im Naturhistorischen Museum lagern. Es scheint, als würden sie seit eh und je zum Inventar des Hauses zählen. Beiläufig frage ich nach, was denn mit der Wachau-Wildkatze passiert sei, mit jener Wildkatze, die dafür verantwortlich zeichnet, dass sich heute viele Bemühungen in der österreichischen Wildkatzenforschung auf die Marillenhochburg entlang der Donau konzentrieren. »Das Skelett haben wir hier«, antwortet Zachos wie selbstverständlich. Damit habe ich nicht gerechnet und bin schlagartig hellhörig, denn immerhin handelt es sich bei dem Individuum um eine Wildkatze mit wegweisendem Charakter. Schon entsteht vor meinem inneren Auge das Bild des detailgetreu aufgebauten Skeletts. Es bleibt aber bei dieser gedanklichen Vorstellung. »Für die wissenschaftliche Nutzung sind zusammengesetzte Skelette wie die der Dinosaurier in den Schausälen unpraktisch. Man kann die einzelnen Teile dann nicht mehr untersuchen. Deswegen eignen sich Aufbauten nur für Schauzwecke«, desillusioniert mich der Säugetierkurator.

Die Realität kommt banal in einer kleinen, quadratischen Pappschachtel daher, auf der »Herbst 2013« und »adult« zu lesen stehen. Portionsweise sind die Überreste zusammengefasst und erinnern mich spontan an Hühnchenknochen, obwohl das einem maximalen taxonomischen Fehltritt gleichkommt. Vogelknochen, weil innen hohl beziehungsweise luftgefüllt, wären wesentlich leichter. Fein säuberlich ist jeder einzelne von den im Schnitt 244 Knochen, aus denen eine Wildkatze besteht[51], beschriftet, mit der gleichen fünfstelligen Zahl: 68227. So sieht also ein Puzzle für Erwachsene aus.

Der Katze aufs Fell geschaut

Am lebenden Tier sind Einblicke in Darmwindungen, Gelenkfortsätze oder Grips-Volumen zugegebenermaßen kompliziert. Aber auch ohne diese Kenntnis, und so sich beim Spazieren, Wandern oder Waldbaden eine zufällige Begegnung ergibt, lassen sich Wild- und Hauskatze relativ treffsicher benennen. Wildkatzen sind generell einen Tick größer und gedrungener als Hauskatzen, ihr Fell ist auffallend dicht und weist auf der ocker- bis gelblich grauen Grundfarbe zahlreiche stärker oder schwächer ausgeprägte schwarze Streifen auf. Besonders markant sind der Aalstrich, der entlang des Rückens verlaufend an der Schwanzwurzel endet, und das Tigermuster an den Flanken. Letzteres wirkt eher wie ein schwach ausgeprägtes, verlaufenes Aquarell, während die Streifung bei Hauskatzen auf ihrem mehr blaugrau gefärbten Fell wesentlich deutlicher und stärker ausfällt. Bei ihnen erstreckt sich der Aalstrich fast immer über den ganzen Schwanz. Dieser gibt übrigens am deutlichsten Aufschluss darüber, ob es sich um ein wildes oder ein domestiziertes Tier handelt. Bei *Felis silvestris* sticht sofort ein buschiger, breiter Schwanz ins Auge, mit in der Regel zwei bis drei abgesetzten, schwarzen Ringen und einem stumpfen, schwarz gefärbten Ende. Hauskatzen haben dagegen einen deutlich schmäleren, am Ende spitz auslaufenden Schwanz, der oft mehr Ringe aufweist, die miteinander verbunden sein können. Gewährt einem das fragliche Tier eine Frontalansicht, könnte einem sogar ein gelblich weißer Fleck an der Kehle auffallen, ein weiteres Indiz für die Wildkatze.[52]

Ein wenig einfacher bei der Beurteilung haben es die Forscher. Für ihre Untersuchungen setzen sie häufig Kamerafallen ein. Statt aber mit Hartschalenboxen, Bewegungsauslösern, Hammer, Säge, Blitzen und Co auszurücken, nutzen sie handelsübliche Wildkameras, wie sie etwa Jäger zum Observieren ihres Reviers einsetzen. Diese liefern zwar eine kleinere Auflösung als die Spiegelreflexkameras in den festgezurrten Boxen, die im slowenischen Hornwald vielleicht schon erfolgreich waren, aber sie liefern genug Information, um eine erste Diagnose zu stellen. »Ein gutes Wildkamerabild, das mehrere relevante Fellmerkmale erkennen lässt, erlaubt mir mit großer Wahrscheinlichkeit zu sagen, ob das Tier darauf eine Wildkatze ist oder nicht«, sagt dazu Genetiker Carsten Nowak und ergänzt: »In Mitteleuropa kommen genetisch reine Hauskatzen, die morphologisch wie waschechte Wildkatzen aussehen, nur sehr selten vor. Insofern funktioniert die Fotobestimmung recht gut, aber eine Restunsicherheit bleibt freilich.«

Eine Diplomandin von der Universität Zürich wollte es genau wissen und legte Experten aus Deutschland, der Schweiz und Frankreich sowie Wildhütern und Jägern aus dem Schweizer Jura eine Auswahl an Bildern vor, mit der Bitte, sie zu bestimmen. Das Ergebnis fiel ernüchternd aus, vor allem was das Erkennen der fließenden Übergänge in der Natur betraf. Obwohl die Treffsichersten unter ihnen alle Wildkatzen und 80 Prozent der Hauskatzen richtig identifizierten, erkannten sie keine der unter den Bildern befindlichen Mischformen aus den beiden Arten.[53] Fazit: Als alleinige Methode fällt die Fotobegutachtung durch, für eine rasche Einschätzung und überall dort, wo Kreuzungen von *Felis silvestris* und *Felis catus* selten sind, ist und bleibt sie ein wesentliches Werkzeug.

Manchmal können einen die Tiere aber auch ganz schön ins Bockshorn jagen und zeigen einmal mehr, dass Regelmäßigkeiten in der Natur ohne Abweichungen nicht existieren. Stefanie Huck, die in ihrer nordrhein-westfälischen Wildtierstation in den vergangenen Jahren schon viele Wildkatzen betreut hat, kann davon ein Lied singen. »Weißfüßchen kamen bei uns bereits öfters vor«, sagt sie. Eigentlich sollte das – laut dem, was wir über *Felis silvestris* wissen – nicht der Fall sein. Für gewöhnlich prangt an ihren Hinterfüßen ein schwarzer Sohlenfleck, der unterschiedlich stark ausgeprägt sein kann.[54] Weiße Flecken sind dagegen untypisch. Auch bei der Fellzeichnung fielen Stefanie Huck schon alternative Auslegungen zum Standardmodell auf: »Bei einer Wildkatze verlief der Aalstrich durchgehend und endete nicht wie üblich vor dem Schwanzansatz, bei einer anderen waren die schwarzen Ringe am Schwanz nicht gegeneinander abgesetzt, sondern verliefen eher wie in einer Spirale.« Selbst sie zweifelte manchmal, ob es sich bei diesen Exemplaren wirklich um Wildkatzen handelte oder nicht. »Eine hatte das Aussehen einer silbergrauen Maine-Coon, eine andere ging bei der Fellfarbe auffällig ins Rötliche. Vom Verhalten her waren sie aber eindeutig Wildkatzen.« Letztlich bewies das auch die genetische Kontrolle: Sie stufte die Normabweichler allesamt als Europäische Wildkatzen ein.

Verhaltensauffällig

Es ist jedoch nicht nur das Aussehen, das Wild- von Hauskatze unterscheidet, sondern freilich auch die Art und Weise, wie sich die einzelnen Individuen der beiden Arten in bestimmten Situationen verhalten. Wasser ist für Hauskatzen alles andere als ein vertrautes Medium, vielleicht deswegen, weil ihre Vorfahren aus trockeneren Gebieten stammten und sie physiologisch an wasserarme Bedingungen angepasst sind. Das könnte auch erklären, warum sie so wenig trinken. Außerdem bedeutet Wasser in Wüstenregionen Gefahr. Nach einem seltenen Regenguss schießen reißende Sturzfluten durch gerade noch trockene Flussbetten.[55] Vielleicht veranlasst also ihr genetisches Erbe Hauskatzen dazu, auf dem Trockenen zu bleiben.

Ganz anders dagegen Wildkatzen, für sie stellt Wasser – sofern es sich nicht um einen reißenden Strom handelt – kein Hindernis dar. Ein Teich mit Fischen versteht sich geradezu als Einladung für die versierten Jägerinnen. Genetiker Carsten Nowak erinnert sich an die eine Ausnahme von der Regel: »Ein einziges Mal stellte sich bei den Haarproben und Fotos, die uns Privatpersonen schickten, heraus, dass es sich tatsächlich um eine Wildkatze handelte.« Der Sohn der Familie entdeckte das damals noch kleine Kätzchen auf einem waldnahen Parkplatz und brachte das Tier nach Hause. Die Wildkatze blieb ein knappes Jahr und zeigte eine große Affinität fürs Fischen. Sie hatte keine Scheu, komplett ins Wasser zu gehen, und ließ von ihrem Jagdeifer erst ab, als sie alle Goldfische aus dem Teich geangelt hatte.[56] Auch Förster Harald Zollner berichtet von einem ähnlich verwegenen Verhalten. In der Garnitzenklamm im Kärntner Gailtal beobachtete er zu Beginn der Nullerjahre eine Katze, von der er mit ziemlicher Sicherheit sagen kann, dass es eine Wildkatze gewesen ist. Aufgefallen ist sie ihm nicht nur wegen der Fellfärbung und weil sie recht groß wirkte, sondern auch wegen ihres hauskatzenuntypischen Verhaltens: »Sie stand bis zum Bauch im Wasser und marschierte einfach quer durch den an dieser Stelle gut 15 Meter breiten Wildbach.«

Eine Wildkatze, die im privaten Hausteich fischt, klingt konträr zu allem, was wir bisher über die Tiere wissen. Fakt ist, von selbst haben sie keine Ambition, sich in unsere Nähe zu begeben: »Wildkatzen meiden Menschen, wo immer sie dies können«, betont Zoologin Marianne Hartmann, die Zoos und Tierparks quer durch Europa zur artgerechten Haltung von Feliden berät.[57] Eine junge Wildkatze, die vom Waldspaziergang mitgenommen wird, hat sich diesen Nahkontakt nicht selbst ausgesucht. Einzelne Individuen der Afrikanischen Falbkatze sind dagegen eher geneigt, sich auf eigene Faust in das Umfeld der Menschen vorzuwagen.[58] Ihnen scheint ein gewisses Draufgängertum angeboren zu sein. Und die Wagemutigsten bzw. am wenigsten Ängstlichen von ihnen, die beim Anblick von Menschen nicht sofort mit panischer Flucht oder Attacke reagierten, ebneten letztlich den Weg für jene, die heute zusammengerollt auf dem Sofa schnurren und sich selbst von einer knallenden Tür nicht aus der Reserve locken lassen. Persönlichkeitsmerkmale, wie ein kühnes Wesen, lassen sich genauso vererben wie die Augenfarbe oder die Prädisposition für eine bestimmte Krankheit.[59] Jahrtausendelange Selektion hat dafür gesorgt, dass Angst und Gehirnmasse abnahmen, im Tausch für ein Heim mit Vollpension. Dennoch: Selbst die besonders kratzbürstigen und unnahbaren Zeitgenossen unter den Stubentigern sind und bleiben domestizierte Tiere.

Ich sehe das Aufeinandertreffen noch deutlich vor mir. Frieda beäugt interessiert die kleinere Hauskatze, die ebenso neugierig zurückspäht. Getrennt sind die beiden einzig durch eine Glasscheibe, die wohl auch der Grund dafür sein dürfte, warum sie einander so unvoreingenommen und neutral »begegnen«. Frieda ist eine von zwei Gehegewildkatzen, die im Zentrum des Nationalparks Thayatal in Niederösterreich leben und als Botschafter für ihre Artgenossen in den umliegenden Wäldern fungieren. Hätte sich zwischen Frieda und der Hauskatze nur ein Maschendrahtzaun befunden, wäre die Reaktion womöglich eine andere gewesen. Und was würde wohl passieren, wenn die Hauskatze bei Frieda einzöge?

Von einem Experiment dieser Art aus dem Jahr 1990 erzählt mir der ungarische Zoologe Zsolt Biró: »Wir wollten herausfinden, wie sich Wild- und Hauskatze in einem gemeinsamen Gehege verhalten, ob sie sich paaren oder einfach ignorieren würden.« Dafür setzten er und sein Team ein Wildkatzenweibchen und einen Hauskatzenkater in eine ungefähr vier mal fünf Meter große und drei Meter hohe Anlage und harrten der Dinge. Doch anstatt vorsichtiger Annäherungen passierte etwas ganz anderes. Nach einigen Tagen des scheinbar friedlichen Miteinanders machte die Wildkatze kurzen Prozess, tötete den Kater und fraß ihn auf. Die Wissenschaftler waren schockiert, wussten nun aber, dass die beiden Arten nicht dafür geschaffen waren, in Gefangenschaft zu koexistieren. Ob ein Wildkatzenkater gleichermaßen mit einer Hauskatzendame verfahren wäre, frage ich nach. Zsolt Biró winkt ab: »Es gab nur diesen einen Versuch.«

Tatsächlich ist es nicht unüblich, dass größere Katzenarten kleinere Katzen töten.[60] Geparde müssen sich vor Löwen in Acht nehmen, Wildkatzen vor Luchsen. Aber auch hier bestätigen Ausnahmen die Regel, wie etwa die erzwungene Zimmergenossenschaft von Luchs und Wildkatze, die sich einen Käfig im Norden Albaniens teilten und einander stillschweigend akzeptierten. Die Hauskatze steht in der Hackordnung definitiv unter der Wildkatze und zieht nicht nur in Gefangenschaft den Kürzeren. In Ungarn und der Slowakei dokumentierten Forscher ein paar Fälle in der freien Natur, in denen Hauskatzen zum Futter von Wildkatzen wurden.[61]

Nicht einmal die eigenen Artgenossen sind gefeit vor Übergriffen. Während es von Löwen bekannt ist, dass neue Rudelführer oft den Nachwuchs des Vorgängers töten, kann über vergleichbare Infantizidfälle bei Wildkatzen nur spekuliert werden. Malte Götz, der im Südharz seit vielen Jahren zu *Felis silvestris* forscht, hat dafür zumindest einen Hinweis: »Von einem Wurf entdeckte ich nur ein Jungtier, das durch einen gezielten Biss getötet worden war. Deswegen ging ich davon aus, dass auch seine Geschwister den Tod fanden. Die Mutter zeigte keine enge Bindung mehr an das Jungtierversteck und zog einige Tage mit einem Kater umher.« Eindeutig ist es nicht, dennoch steht der Kater unter Tatverdacht.

Erstaunlich, dass sich Hauskatzen bei diesem Gefahrenpotenzial dennoch in die Nähe von Wildkatzen trauen. Das müssen sie nämlich, denn wie sonst ließen sich die artübergreifenden Liebschaften, die es zwischen den beiden gelegentlich gibt, erklären? Ob das gut gehen kann und welche Auswirkungen diese Seitensprünge für Europas kleine Tiger haben, dazu später mehr. Vorerst gilt es den gesammelten Haaren weitere Informationen zu entlocken, sprich den genetischen Code zu knacken. Die Proben aus der Wachau begeben sich dafür auf eine Reise vom Naturhistorischen Museum Wien ins deutsche Hessen, genauer gesagt in die Barbarossastadt Gelnhausen. Erst dort lässt sich mit Sicherheit sagen, ob wir es mit Haus- oder Wildkatze zu tun haben.

Eines interessiert mich aber noch. Es heißt, die Wildkatze soll nicht zahmzukriegen sein. Wie sehen das die Säugtierexperten vom NHM? »Es gibt immer wieder Wildtiere, gleich welcher Art, die zutraulich sind oder werden. Das hängt sicher nicht nur von der Art, sondern auch von der Persönlichkeit des jeweiligen Tieres ab«, meint Katharina Stefke. Und Frank Zachos ergänzt: »Bestimmte Arten wie etwa Tiger werden vermutlich zutraulicher als Wildkatzen, wenn man sie mit der Flasche aufzieht.« Aber hundertprozentig könne er das nicht sagen. Ich retourniere meinen NHM-Passierschein und weiß, was ich zu tun habe: noch tiefer schürfen.

Kapitel 4

Mit CSI-Methoden auf Spurensuche

Christa und Hermann Friembichler beschließen im Juli 2013, für ein paar Tage zum Radeln in die Wachau zu fahren. Als sie ihrer Tochter Sarah Bescheid geben, lässt diese ihre Eltern nicht ohne einen kleinen Auftrag ziehen: »Haltet die Augen offen nach Wildkatzen!« Obwohl es damals noch keine handfesten Indizien für ein Vorkommen von *Felis silvestris* in den Hangwäldern der Wachau gibt, ist die junge Biologin zuversichtlich. In ihrer Diplomarbeit, ein paar Jahre zuvor, suchte sie nach potenziellen Wildkatzenlebensräumen in Österreich und fand diese auch. Vor allem im Südosten der Steiermark, im Burgenland, im oberösterreichischen Mühlviertel und im niederösterreichischen Waldviertel, wo auch die Wachau liegt, gibt es noch ausreichenden und geeigneten Platz für die Tiere.[1]

»Wir haben uns in Weißenkirchen einquartiert und sind von dort aus ins Hinterland geradelt. Mein Mann fuhr immer voraus, weil er schneller unterwegs war, an den höchsten Punkten haben wir uns dann wieder getroffen«, erzählt Christa Friembichler. Vielleicht war es ihrer gemächlicheren Fahrweise geschuldet, dass sie etwas wahrnahm, das ihrem Mann entgangen war. »An einer Stelle roch es intensiv nach Aas. Ich blickte über die Schulter zurück zum Straßenrand und sah dort eine tote Katze liegen. Zunächst radelte ich weiter, ein paar Tritte später erinnerte ich mich aber an Sarah und worum sie uns gebeten hatte.« Sie machte kehrt und nahm den Kadaver genauer in Augenschein. Er war relativ groß, leicht getigert und hatte eine gelblichgraue Grundfärbung. »Das könnte tatsächlich eine Wildkatze sein«, dachte sie sich im Weiterfahren. Ein paar Kehren später traf sie auf ihren Mann und tauschte sich mit ihm aus. Hermann Friembichler war die Katze zwar entgangen, jetzt zeigte er aber Einsatz, radelte kurzerhand den ganzen Weg wieder bergab, schoss ein paar Fotos und speicherte die Koordinaten des Fundortes in seinem GPS-Gerät – was tut man nicht alles für seine Kinder. »Wirklich daran geglaubt, dass es eine Wildkatze ist, haben wir nicht, wir wollten Sarah einfach eine Freude machen«, erzählt seine Frau schmunzelnd.

Sie sollten nicht nur Sarah eine Freude machen, sondern insbesondere auch Peter Gerngross. Der Experte der IUCN Cat Specialist Group war es nämlich, der das Vergnügen hatte, das Tier zu bergen. »Das war nicht besonders angenehm, weil die Verwesung schon sehr fortgeschritten war und sich diverse aasfressende Insekten an dem Tier gütlich taten. Die Katze bestand im Prinzip nur mehr aus Fell, Knochen und vielen Krabblern«, erinnert er sich. Anhand von Schädelgröße und Unterkiefer entpuppte sich der Zufallsfund anatomisch tatsächlich als Europäische Wildkatze. Der unumstößliche genetische Beweis folgte schließlich auch noch, und damit war klar, wo sich die Forschungsbemühungen ab sofort konzentrieren sollten. Den Anstoß dazu gab ein beiläufiger Hinweis: »Hätte Sarah nichts gesagt, hätten wir das Tier wohl gar nicht bemerkt oder wären davon ausgegangen, dass es sich einfach um eine Hauskatze handelt«, resümiert Christa Friembichler.

Am Wildkatzen-Hotspot

Am Abend des 3. August 2020 gießt es bei uns in der Obersteiermark wie aus Kübeln, selbst um Mitternacht noch. Die Wetterradars für die Wachau schauen auch nicht viel besser aus und mehrere Flüsse melden bereits Hochwasserstände. Die Donau zu überqueren wird nicht das Problem sein, aber der Dauerregen bereitet uns Sorgen. Selbst wenn es nicht schüttet, bietet feuchtnasses Wetter die denkbar ungünstigsten Bedingungen zum Aufstellen einer Fotofalle. Die Klebebänder wollen nicht halten, Feuchtigkeit dringt in die Elektronik, Box und Gurte rutschen. Ob das morgen funktionieren kann? Wir lassen es auf einen Versuch ankommen. Gemeinsam mit Marc, der mir wie schon in Slowenien bei der Montage zur Seite steht, treffe ich am nächsten Tag Peter Gerngross in der kleinen Wachau-Ortschaft Aggsbach Markt. Die Wolken hängen drohend über uns, aber zumindest macht der Regen eine Pause und Peter hat auch gleich Neuigkeiten, die mein Interesse wecken. Ein Jäger habe vor nicht allzu langer Zeit in den umliegenden Wäldern eine Katze mit Nachwuchs gesichtet. Wir sind an einem verheißungsvollen Platz.

Seit dem Fund der Friembichlers sucht Peter Gerngross im Auftrag des Naturschutzbundes nach weiteren Hinweisen auf Wildkatzen in der Wachau. Seine Hilfsmittel dafür sind Lockstöcke und Wildkameras. »Das erste Bild von einer Katze, bei der es sich mit großer Wahrscheinlichkeit um eine Wildkatze handeln dürfte, entstand ein Jahr nach dem Radausflug von Sarahs Eltern, und zwar im gleichen Gebiet«, erzählt er. Seither gelangen nicht nur weitere Bilder, sondern auch ein zweiter genetischer Nachweis und einige Male klappte es sogar mit Wildkameraschnappschüssen im Dunkelsteinerwald, der am rechten Donauufer liegt.

Peter entfaltet eine Karte und zeigt uns, wo es heute hingehen soll. Er hat für uns einen seiner ergiebigsten Plätze ausgesucht, einen Trockenhang mit Donaublick am linksseitigen Ufer. Nicht nur die Aussicht dürfte den kleinen Raubtieren dort gefallen, sondern auch die Ruhe. »Der Wald ist wegen des kargen Bodens für forstwirtschaftliche Zwecke nicht geeignet, deswegen findet dort keine Nutzung statt«, erklärt Martina Keilbach von den Österreichischen Bundesforsten, die den Forscher aus Wien heute bei der Kontrolle unterstützt. Außerdem sei das Gebiet schwer zugänglich und steil. »Am besten, ihr nehmt eure Ausrüstung gleich mit«, schickt Peter Gerngross hinterher. Das kommt uns irgendwie bekannt vor.

Was aus wirtschaftlicher Perspektive nicht geeignet ist, ist für Wildtiere optimal. Rund 250 Meter über der Donau stapfen wir den steilen Kamm bergab, vorbei an knorrigen Hainbuchen und ausladenden Traubeneichen, an moosbedeckten Steinen und aufeinandergeschichteten Granitfelsen, die wie kleine Türme aus den Flanken des Kamms ragen. Nebelschwaden streifen durch die Äste und feines Nieseln setzt ein, als wir den unscheinbaren Holzpflock und die vis-à-vis positionierte Wildkamera erreichen. Ob sich seit der letzten Kontrolle Anfang Juni etwas getan hat? Zur Erinnerung: Von Jänner bis Mai ließen sich die Wachau-Katzen heuer rund 40 Mal ablichten. Und prompt hat es wieder geklappt, allein diese Wildkamera hat fünf weitere Bilder aufgenommen, möglicherweise von zwei verschiedenen Wildkatzen. Haare finden sich diesmal aber keine am Holz. Mitten im Sommer ist dafür auch nicht gerade die beste Jahreszeit. Der Winter und das Frühjahr eignen sich viel besser, um den Tieren ein paar Haare abzuluchsen. Die zahlreichen Proben der vergangenen Sammelsaison sorgten im Naturhistorischen Museum bereits für Hochstimmung, hoffentlich tun sie das auch im Genetiklabor.

Peter Gerngross justiert die Wildkamera, seine Kollegin zückt die mitgebrachte Sprühflasche und benetzt den Holzstock mit Baldriantinktur. Der Duft soll die Katzen anlocken. Während die beiden selbiges Prozedere an fünf weiteren Lockstock-Standorten wiederholen, beginnen wir im stärker werdenden Nieselregen mit dem Aufbau unserer Fotofalle und bringen tatsächlich Kamera, Bewegungsauslöser und Blitze rechtzeitig in Position, ehe die Tropfen größer und zahlreicher werden. Der Versuch hat sich gelohnt. »Wie lief es an den anderen Plätzen?«, frage ich später bei Peter nach. »In Summe gab es nur ein weiteres Foto«, lässt er mich wissen. Wir sind in der Tat an einem Hotspot. Die Wildkatze kann kommen.

Die Lockstock-Methode

Schon seit geraumer Zeit wissen Kräuterkundler um das eine oder andere Katzenkraut Bescheid. Im 13. Jahrhundert erwähnte ein gewisser Albertus Magnus als Erster die Vorliebe von Katzen für die Katzenmelisse bzw. die Echte Katzenminze *(Nepeta cata-*

ria). Im Mittelmeerraum findet man den bei Katzen ebenfalls hoch im Kurs stehenden Katzengamander *(Teucrium marum)*. Am bekanntesten aber dürfte der Baldrian *(Valeriana officinalis)* sein. »Du streichst dich wie die Katz um den Baldrian«, formuliert es eine alte schwäbische Redensart.[2] Während das Geißblattgewächs bei Menschen aber Nervosität und Schlafstörungen lindert, hat es auf Katzen eine stimulierende Wirkung. Verantwortlich dafür sind die sogenannten Pyridin-Alkaloide. Ein bekannter Vertreter dieser Stoffgruppe ist das im Tabak vorkommende Nicotin. Auf Katzen – egal ob wild oder domestiziert – wirken diese Moleküle wie Sexuallockstoffe.[3]

Menschen springen weniger darauf an. Ob er Baldriantee möge, frage ich Thomas Mölich, Wildkatzenforscher der ersten Stunde aus Thüringen: »Überhaupt nicht, mein Auto hat jahrelang penetrant danach gerochen.« Der für den BUND, den Bund für Umwelt und Naturschutz Deutschland, arbeitende Forscher trug maßgeblich zur Entwicklung der heute gängigen Lockstock-Methode bei.[4] Mitte der 1990er-Jahre zerbrachen er und seine Kollegen sich den Kopf darüber, wie Wildkatzen im Solling, einem Mittelgebirge in Niedersachsen, in Holzkastenfallen zu locken wären. »Um die Tiere zu besendern und mehr über ihre Aufenthaltsorte und Wanderrouten zu lernen, mussten wir sie lebend fangen. Auf Fleischköder reagieren sie aber nicht, damit lockt man nur Fuchs und Waschbär an«, erzählt Mölich. Die Forscher brauchten etwas Katzenselektives. »Der Baldrian war die Lösung und es war erstaunlich, wie gut es damit funktionierte. Das half uns dann in weiterer Folge auch bei den Lockstöcken«, betont er. Viele Jahre wurde getüftelt und fein abgestimmt, um die richtige Kombination für eine bestmögliche Aussagekraft zu erzielen, ehe der BUND gemeinsam mit dem Senckenberg Forschungsinstitut ab 2004 damit begann, die Methode großflächig in der Praxis anzuwenden. »Wenn ich innerhalb von zwei Jahren, in denen ich zehn Lockstöcke auf einer Fläche von 100 Quadratkilometern kontrolliere, keine Wildkatze nachweise, kann ich mit hoher Wahrscheinlichkeit sagen, dass sie in diesem Gebiet nicht vorkommt«, erklärt Mölich die Herangehensweise.

Holzpflöcke oder Dachlatten, etwa 50 bis 60 Zentimeter lang und aufgeraut – damit die Haare auch gut hängen bleiben –, werden dafür in den Erdboden geschlagen. In ein vorgebohrtes Loch am oberen Ende des Stocks setzt man ein Röhrchen ein, das mit zerstoßenen Stücken der Baldrianwurzel befüllt wird. Der Vorteil davon ist, dass die Wurzelstücke relativ trocken bleiben und länger ihren betörenden Duft verströmen. Das obere Drittel des Stocks wird zusätzlich mit Baldriantee oder -tinktur eingesprüht.[5] Heutzutage verzichten die meisten auf die Röhrchen und verlassen sich rein auf Tee oder Tinktur. »Für wissenschaftliche Zwecke braucht es eine standardisierte Flüssigkeit, deswegen nutzen wir eine Baldriantinktur, die deutschlandweit vom selben Hersteller produziert wird«, sagt Thomas Mölich.

Am besten funktioniert die Methode von Jänner bis März, in der Ranzzeit, wie die Paarungszeit bei den Wildkatzen genannt wird. In diesen Monaten rennen die Pyridin-Alkaloide bei den auf Partnersuche befindlichen Tieren offene Türen ein.[6] Ernüchternderweise finden sie am Ende der Duftspur nur den Lockstock, aber statt enttäuscht kehrtzumachen, nutzen ihn viele der Katzen als Massagestock und reiben sich intensiv an ihm. Gut für die Forschung, denn so lassen sich die begehrten Haare gewinnen. Um diese rechtzeitig zu sichern, sollten die Stöcke im Idealfall alle sieben bis maximal 14 Tage inspiziert werden.[7] »Wir haben die Erfahrung gemacht, dass die Lockstöcke am Anfang intensiver frequentiert werden, mit der Zeit aber das Interesse der Tiere nachlässt«, berichtet Christian Übl aus dem Nationalpark Thayatal. Tests an Zootieren mit alternativen Lockmitteln wie Bibergeil oder künstlichem Luchsurin schnitten stets schlechter ab als der Baldrian. Dieser behält die Poleposition.

Wildkatzenforscherin Despina Migli kostet das ein müdes Lächeln. 2014 ließ sie sich mit großen Ambitionen auf die Methode ein, brachte sämtliche Details dazu von Kollegen aus Deutschland in Erfahrung, probierte jede erdenkliche Kombination des Lockstoffs, von der Tinktur über ganze Wurzeln bis hin zu zerkleinerten Wurzelstücken, prüfte alle drei Tage selber nach und montierte Wildkameras zur zusätzlichen Kontrolle, nur um festzustellen, dass griechische Wildkatzen anders ticken. »Gleich die erste Wildkatze, die an einer unserer Kameras vorbeilief, interessierte sich nicht im Geringsten für den Lockstock«, erzählt Migli perplex. An 79 Holzpflöcken entstanden lediglich zwölf Bilder und nur zwei Katzen ließen sich zu einem halbherzigen Kopfreiber hinreißen. »Dafür veranstalteten die Marder eine regelrechte Party rund um die Stöcke«, erzählt die Forscherin.

Ähnliches höre ich aus Bulgarien, Spanien und Italien. Außerhalb Mitteleuropas versiegt die Strahlkraft des Baldrians ähnlich schnell wie Supermans Kräfte in Anwesenheit von Kryptonit. Der Grund dafür ist vermutlich weniger außerirdisch. Stefano Anile, der ebenfalls vergeblich versucht hat, sizilianischen Wildkatzen seine Lockstöcke schmackhaft zu machen, ahnt, woran es liegen könnte: »Die Reaktion von Hauskatzen auf Baldrian ist genetisch festgelegt. Zwei Drittel sind dafür prädisponiert. Der Rest macht sich nichts aus dem verführerischen Pheromon-Imitat.«[8] Bei Wildkatzen, scheint der Fall ähnlich gelagert zu sein.[9] Gewissheit hat man darüber aber noch nicht.

»Amphibien kann man über die Straße tragen, Vögel beobachten, aber wie bringen wir die Wildkatze den Menschen näher? Das war für uns die Herausforderung«, betont Andrea Andersen, die beim BUND für die Freiwilligeneinbindung zuständig ist. Die Antwort liegt in der Lockstock-Methode. Dort, wo sie funktioniert, spielt sie nämlich ihren größten Trumpf aus. Sie macht Artenschutz erlebbar, indem sie die Menschen als sogenannte Citizen Scientists einbindet. Citizen Science, also Wissenschaftsprojekte mit Beteiligung der Bevölkerung, erfreuen sich immer größerer Beliebtheit, sammeln in kurzer Zeit enorme Datenmengen und hinterlassen bei den teilnehmenden Menschen Wirkung. Wer kann schon so schnell von sich behaupten, sein Scherflein zur Wildkatzenforschung beizutragen?

Immerhin mehr als 800 vom BUND geschulte Amateurforscherinnen und -forscher zogen im Dienst der Wissenschaft bereits aus und absolvierten quer durch Deutschland über 52 000 Kontrollgänge.[10] Dabei sammelten sie allein bis 2016 über

5000 Haarproben, wovon sich 3000 bei der genetischen Analyse als Wildkatzennachweise entpuppten und sich rund 900 Exemplare individuell identifizieren ließen.[11] Das ist einmalig und entspricht dem umfassendsten genetischen Monitoring, das bislang europaweit zur Wildkatze durchgeführt wurde. Gemeinsam mit dem Senckenberg Forschungsinstitut hat der BUND – im Rahmen des Projekts »Wildkatzensprung« – die Erhebungen vor allem in den Jahren 2012 bis 2015 forciert und Standards für die Beprobung von 16 Flächen in zehn deutschen Bundesländern gesetzt, u. a. mit dem Ziel, eine bundesweite Gendatenbank für die Wildkatze aufzubauen.[12] »Auch wenn unsere Citizen Scientists in bestimmten Gegenden nicht fündig geworden sind, sind das wichtige Ergebnisse. Beim nächsten Monitoring, in ein paar Jahren, stoßen wir vielleicht genau in diesen Gebieten auf Nachweise und können dann sagen, dass sich die Wildkatze ausgebreitet hat«, erklärt Andersen. Jeder und jede Freiwillige macht einen Unterschied.

Trotz dieser Bemühungen wissen viele Europäer nach wie vor nur unzulänglich oder gar nicht über die geheimnisvollen Jägerinnen im Tigerkleid Bescheid. Despina Migli, die gerade damit beschäftigt ist, die klaffenden Wissenslücken über die Wildkatze in Griechenland zu schließen, stellt fest: »Bis zu meinem Studium hat niemand diese Tierart mir gegenüber je erwähnt.« Ich selbst habe das erste Mal mehr über Wildkatzen in Erfahrung gebracht, als ich 2011 dazu im Nationalpark Thayatal recherchierte. Das war zwei Jahre nach Beendigung meines Biologiestudiums. Die Curricula in Schule und Uni täten gut daran, der europäischen Makrotierwelt und ihrer Bedeutung für hiesige Ökosysteme ein wenig mehr Platz einzuräumen.

Zu Besuch im »CSI-Labor«

Ähnlich wie bei der Wachau-Wildkatze im Naturhistorischen Museum Wien, die ich mir Knochen für Knochen perfekt aufgebaut vorgestellt hatte, ging ich beim Senckenberg Forschungsinstitut davon aus, einen ehrwürdigen alten Bau anzutreffen. Nichts da. Das Gebäude, in dem das Zentrum für Wildtiergenetik lokalisiert ist, nimmt sich als unscheinbarer Neubau aus, der auch eine Schule oder ein Vereinshaus beherbergen könnte. Der Wildtiergenetik-Ableger stellt allerdings nur einen der vielen Arme der Senckenberg Gesellschaft für Naturforschung dar, die schon 1817 gegründet wurde. Sieben Forschungsinstitute – von der Meeresforschung über Biodiversität, Klima, Humanevolution und Urgeschichte bis hin zur Insektenkunde – sowie drei Naturkundemuseen vereint die Gesellschaft unter ihrem Dach. Heute gilt sie als eine der wichtigsten Forschungseinrichtungen rund um die biologische Vielfalt und verfügt mit dem Senckenberg Museum Frankfurt, das dafür genug Stattlichkeit verströmt, über eines der größten Naturkundemuseen Europas.

Eine halbe Autostunde davon entfernt, in der Barbarossastadt Gelnhausen, wird der nüchterne Bau dem nicht gerecht, was sich hinter seinen Mauern verbirgt. Die Wildtiergenetiker des Senckenberg Instituts vollbringen hier bahnbrechende Forschung und sind damit in Sachen Wildkatze europaweit führend. »Wahrscheinlich werden nirgendwo sonst so viele Wildkatzenproben analysiert wie hier in Gelnhausen, zumal auch die meisten Haarfallenuntersuchungen bisher in Deutschland durchgeführt wurden«, formuliert es Carsten Nowak wissenschaftlich pragmatisch. Er ist nicht nur der Leiter des Wildtiergenetik-Zentrums, sondern auch die erste Adresse, wenn es darum geht, mehr über die Geheimnisse der Wildkatzengenetik in Erfahrung zu bringen. Er ist aber auch schwer zu erreichen, wie man mir wiederholt versichert. Dennoch sitze ich nun in seinem Büro, mit Bob-Dylan-Poster an der Tür, ein paar Zimmerpflanzen, vollgepacktem Bücherregal und zwei großen topografischen Karten von Deutschland und Europa, die auf den ersten Blick deutlich machen, welche Berge zu hoch und welche gerade richtig für *Felis silvestris* sind. Ein bisschen fühle ich mich wie bei der Genetikvorlesung im ersten Studienabschnitt. Nicht ganz in meinem Element. Egal, auf ins kalte Wasser.

»Für die Wildkatzenanalyse braucht es nicht nur viel Erfahrung, sondern auch viele Referenzproben, und zwar aus dem gesamten Verbreitungsgebiet. Dafür haben wir eine große Vergleichsdatenbank aufgebaut, die ständig erweitert wird«, erzählt Nowak. Konkret lagert in den Gefrierschränken und Computern des Instituts die größte Wildkatzen-Gendatenbank, die es bis dato gibt. Der Weg dorthin war arbeitsintensiv. Das liegt am Untersuchungsgegenstand, wie Carsten Nowak erklärt: »Katzen haben sehr wenig DNA in den Haarwurzeln und davon baut sich ein Teil ab, während die Haare in feuchter Witterung am Holzstock auf das Absammeln warten.«

Er und sein Team mussten deshalb viel Entwicklungs- und Optimierungsarbeit leisten, um letztlich jene genetischen Markersysteme zu etablieren, mit denen sich Wildkatzen und sogar einzelne Individuen sicher nachweisen lassen.[13] Das funktionierte bereits zuverlässig bei den ersten Haarproben, die im Zuge des BUND-Naturschutzprojekts »Ein Rettungsnetz für die Wildkatze« eintrudelten,[14] und wurde in der Folge Tausende weitere Male angewandt. Das BUND-Nachfolgeprojekt »Wildkatzensprung« lieferte aus zehn deutschen Bundesländern einen gewichtigen Teil der bisher untersuchten Proben. Parallel wurden aber auch viele Haar- und Gewebeproben aus der Schweiz analysiert, es gab Projekte in Rumänien und europaweit angelegte Studien. Die Wendlwiesen-Haare aus dem Thayatal landeten genauso im Senckenberg-Labor wie die aktuellen Proben aus der Wachau.

Die Wildkatzenhaare selbst machen es schon knifflig. Noch komplizierter wird es, wenn es darum geht, Wild- und Hauskatze genetisch voneinander zu unterscheiden. Mit herkömmlichen Methoden, wie dem DNA-Barcoding, kommt man nicht zurande. Zur Artbestimmung vieler Säugetierarten können dafür gezielte DNA-Abschnitte einfach ausgelesen, das heißt sequenziert werden, ähnlich wie der Strichcode auf Handelsgütern. Auch gibt es keine vergleichbaren Laborschnelltests, die etwa zum Nachweis eines Krankheitserregers jene Stelle im Genom analysieren, die für den Erreger einzigartig ist. »Man muss viel feiner schauen und sich mit der genetischen Struktur schon relativ gut auskennen, um die beiden eng verwandten Arten sicher voneinander zu trennen«, erklärt der Leiter der Senckenberg Wildtiergenetik.

Die Arbeit in seinem Labor erinnert an die Verbrechensaufklärung in einem Kriminalfall, bei dem es den Täter anhand von mickrigen Speichelspuren auf einem Zigarettenstummel zu überführen gilt. Haar- und Kotproben – egal ob von Wildkatze oder einem anderen Tier – stellen im Vergleich ähnlich schlechtes Ausgangsmaterial dar und eignen sich nur mäßig für DNA-Analysen.[15] Da es aber unwahrscheinlich ist, dass Täter respektive Wildkatze kurzerhand eine Blut- oder Gewebeprobe spenden, die wesentlich leichter zu analysieren wäre, müssen die Forscher mit dem Vorlieb nehmen, was sie kriegen.

Natürlich ist es von Vorteil, wenn eine Probe aus möglichst vielen Haaren besteht, aber nur weil sie zahlreich sind und optisch gut aussehen, lässt das nicht postwendend auf gut verwertbare DNA schließen. Fehlen die Haarwurzeln, in denen das meiste Erbgut steckt, wird es schwierig, auf den notwendigen DNA-Gehalt für brauchbare und vor allem detaillierte Ergebnisse zu kommen. Sind aber viele Haarwurzelzellen vorhanden oder haften gar Speichel oder winzige Hautreste an den Haaren – Katzen lecken den Lockstock gerne ab –, kann das die Probe deutlich aufwerten. Die Proben trocken und lichtgeschützt zu lagern, hilft außerdem eine frühzeitige Degeneration des Erbguts zu verhindern.[16]

»Es bringt nichts, vage zu mutmaßen, ob es sich vielleicht um eine Wildkatze handeln könnte. Wir schauen uns die Qualität des Materials an, entscheiden, ob es reicht, und wiederholen die Untersuchungen standardmäßig dreimal, um auf Nummer sicher zu gehen«, sagt Carsten Nowak. So lässt sich mit hoher Wahrscheinlichkeit sagen: Wildkatze – ja oder nein. Und vielleicht noch ein bisschen mehr.

Eben noch am Lockstock, jetzt schon im Labor

»Vom Lockstock ins Labor« – klingt fast wie eine Neuauflage der »Rudi Carrell Show«, zumindest für all jene, die sich noch an den niederländischen TV-Moderator erinnern können. Ganz so spektakulär wie im Fernsehen fällt das Format allerdings nicht aus, denn die einzelnen Schritte, die das Erbgut aus den mutmaßlichen Wildkatzenhaaren herauskitzeln, zeichnen sich vor allem durch eines aus: lange Wartezeiten. Zunächst wandern die Haare mit einem Chemiecocktail versetzt in ein Röhrchen, um den Lösungsprozess einzuleiten. Nach mehreren Stunden des »Abliegens« wechselt die Probe in den sogenannten Überkopfmischer, wo sie bei konstanten 56 Grad Celsius gedreht und komplett aufgelöst wird, das dauert wieder einige Stunden. Schließlich extrahiert ein weiteres Gerät, das von außen unspektakulär wirkt, im Inneren aber über alle erdenklichen technologischen Finessen verfügt, die DNA aus dem noch vorhandenen Zellgemisch. Das geht sogar recht flott, innerhalb einer guten Stunde. Übrig bleibt am Ende lediglich ein sehr kleiner Wasserrest, ein Zehntel eines Milliliters, der die aus der Probe gelöste und gereinigte DNA enthält.

Jetzt folgt der entscheidende Schritt, die Polymerase-Kettenreaktion, kurz PCR. Dafür, dass dieser Prozess so wichtig ist, nimmt sich das dazugehörige Gerät geradezu unscheinbar aus. Ein kleiner, roter Kasten im Format einer alten Schreibmaschine sorgt dafür, dass aus wenig viel wird. Das ist die Aufgabe der PCR. Sie vervielfältigt wie ein Kopiergerät auf Dauerschleife die ausgewählten »Seiten« bzw. – um es mit dem Fachvokabular zu betiteln – die ausgewählten DNA-Abschnitte, die von den Forschern als »Marker« bezeichnet werden. Dabei handelt es sich um eindeutig identifizierbare, kurze DNA-Stücke, die sich an unterschiedlichen Stellen im Genom finden. Je besser die Qualität der Probe, desto besser funktioniert die Vervielfältigung der DNA-Schnipsel und desto aussagekräftiger fallen die Ergebnisse aus.

Könnte man nicht gleich das ganze Genom sequenzieren, um ein Maximum an Information zu sammeln? Vorausgesetzt, die Probe ist gut, wäre das möglich, aber für die Wildtierforschung, die stets knapp bei Kasse ist und bei der es oft große Mengen zu analysieren gilt, scheidet dieses aufwendige und teure Prozedere in vielen Fällen aus. Obendrein ist es gar nicht nötig, denn die etablierten Methoden sind selektiv genug und daran angepasst, dass die Haarproben häufig gar nicht mehr das komplette Genom enthalten, sondern nur einen bestimmten DNA-Typ. Richtig gehört, Tier- und selbstverständlich auch Pflanzenzellen enthalten zwei Typen von Erbgut, die DNA im Zellkern und die DNA in den Mitochondrien.

Mitochondrien sind Zellbestandteile, die in großer Zahl vorkommen; eine typische Tierzelle verfügt über 1000 bis 2000 Stück.[17] Als Mini-Energiekraftwerke sorgen sie dafür, dass genug »Treibstoff« für alle Zellprozesse vorhanden ist. Dafür können sie sogar Proteine mit ihrer eigenen kreisförmig angelegten Erbsubstanz, der mitochondrialen DNA, herstellen. Diese lässt sich selbst bei schlechten Ausgangsproben recht leicht gewinnen, weshalb sich die Wildtierforschung lange Zeit vor allem auf sie konzentrierte. Für eine grobe Artbestimmung, die Wild- und Hauskatze prinzipiell unterscheidet, kann man auch gut mit ihr arbeiten. Ein einzelner Marker - konkret ein 111 Basenpaare[18] langer Abschnitt der mitochondrialen DNA - wird via PCR kopiert und anschließend sequenziert.[19]

»Leider hat es bei unseren Proben bisher immer nur für mitochondriale DNA gereicht«, erzählt Christian Übl, der Direktor des Nationalparks Thayatal. Zu wenige Haare, fehlende Haarwurzeln oder ein Mangel an anderweitig biogenem Material, das den Haaren anhaftet, sind dafür mögliche Ursachen. Im Haarschaft selbst finden sich lediglich Spuren von Erbgut, damit lässt sich wenig anfangen. Deswegen weiß man im niederösterreichischen Nationalpark bisher nur, dass Wildkatzen da sind. Zwölf Mal gelang es bis dato, sie eindeutig nachzuweisen und - was besonders spannend ist, weil mittels mitochondrialer DNA in der Regel nicht möglich - mindestens drei Individuen ließen sich voneinander unterscheiden. »Die Analyse ergab genau drei Arten von mitochondrialer DNA, deswegen können wir in diesem Fall auch ohne tiefergehende Analysen von mindestens drei Individuen ausgehen«, erklärt Carsten Nowak. Mehr Informationen konnten die Genetiker über die Thayatal-Wildkatzen, die vielleicht in einem versteckten Refugium überdauert oder sich als Zuwanderer aus der bayerischen Wiederansiedlung im österreichisch-tschechischen Grenzgebiet niedergelassen haben, aber nicht in Erfahrung bringen. Noch nicht. Damit dies gelingt, braucht es mehr Daten, und die stecken im Zellkern.

Die Kern-DNA, die im Inneren des Zellkerns in Chromosomenform vorliegt, ist den meisten Menschen geläufiger als die mitochondriale DNA und sie verrät auch mehr. Zuvor aber ein kleiner Ausflug in die Welt der Desoxyribonukleinsäure, wie die DNA korrekt angesprochen wird. Nukleotide sind ihre Grundbausteine, die sich jeweils aus einem Phosphatrest, einem Zuckeranteil und einer von vier organischen Basen – Adenin (A), Thymin (T), Guanin (G) und Cytosin (C) – zusammensetzen. Verstreut über das ganze Genom finden sich kurze nicht-codierende DNA-Sequenzen[20], die aus zwei bis sechs Nukleotiden bestehen (Bsp.: TAG) und viele Male wiederholt werden (Bsp.: TAGTAGTAGTAG ...). Sequenzen, auf die diese Beschreibung zutrifft, nennen sich Mikrosatelliten.[21] Wildkatzen verfügen in ihrer Kern-DNA über Hunderte solcher Stellen. Die Genetiker machen sich das zunutze, indem sie ein paar dieser Mikrosatelliten auswählen – am Senckenberg Forschungsinstitut sind das standardmäßig 14 Stück sowie zwei weitere geschlechtsspezifische Marker[22] – und erneut via PCR zu einem auslesbaren Ergebnis vervielfältigen lassen. Von jeder potenziellen Wildkatze entsteht auf diese Weise ein Täterprofil, genauer gesagt ein einzigartiges Muster aus unterschiedlich langen bzw. unterschiedlich oft wiederholten Mikrosatelliten.[23]

An diesem Punkt spielt die Vergleichsdatenbank ihre ganze Stärke aus. Sie hat Zighunderte Mikrosatellitenmuster von Haus- und Wildkatzen aus verschiedenen Regionen Europas gespeichert, die sich mit den Testergebnissen abgleichen lassen. Kriminalisten verfahren ganz ähnlich, wenn sie einen Fingerabdruck vom Tatort durch die Datenbank jagen, um nach einem Treffer zu suchen. In der Tat produziert die Mikrosatellitenanalyse das, was gemeinhin als genetischer Fingerabdruck bekannt ist und auch beim Menschen, etwa beim Vaterschaftstest, zur Anwendung kommt.[24] »Die einzelnen Nukleotide, also die Buchstaben der DNA, sind gar nicht bekannt, man misst lediglich die Längen der wiederholt vorliegenden Marker«, erklärt Carsten Nowak. Als deklarierter Desoxyribonukleinsäure-Laie bin ich automatisch davon ausgegangen, dass Genetiker mit nichts anderem beschäftigt sind als dem Auslesen von ATGC-Buchstabencodes. Weit gefehlt. Was zählt, sind die Längen, zumindest bei den Mikrosatelliten. Warum das so ist, darauf hat Carsten Nowak ebenfalls eine Antwort: »Das ist einfach ein Kompromiss, der bei geringerem Aufwand schnell gute Ergebnisse liefert. Außerdem versagt die DNA-Sequenzierung bei so kurzen, mehrfach hintereinander wiederholten Sequenzelementen oft.«

Die Ergebnisse der Mikrosatellitenanalyse sagen einem nicht nur, ob sich hinter der getesteten Haarprobe eine Wildkatze verbirgt, sondern auch, ob es ein Männchen oder ein Weibchen ist, ob es sich um unterschiedliche Individuen handelt, ob es einen kürzlich zurückliegenden Seitensprung mit einer Hauskatze gab und wie es um die verwandtschaftlichen Beziehungen steht.[25]

»Viele glauben, die Genetik könne alles erklären. Das stimmt aber nicht, wir können zum Beispiel nicht das Alter der Tiere herauslesen. Auch die Bestimmung von Verwandtschaftsverhältnissen ist viel schwieriger, als jeder glaubt. Die DNA verrät per se nicht, wer der Elternteil ist und wer der Nachkomme«, entzaubert Nowak die Vorstellung von der allwissenden Doppelhelix.

Während beim klassischen Vaterschaftstest die Fronten insofern geklärt sind, als die genetischen Profile von Mutter und Kind feststehen und sich der Vater in Relation dazu ermitteln lässt, handelt es sich bei der Wildkatze um die Suche nach der Nadel im Haarhaufen. Es fehlt der Fixpunkt, von dem aus Vergleiche angestellt werden könnten. Mit Sicherheit lässt sich nur sagen, wer sich von den untersuchten Haarproben wie viele Merkmale mit wem teilt.

Die Forscher haben aber ein Ass im Ärmel. Wenn eine Wildkamera gleichzeitig ein Foto von einer Wildkatze am Lockstock aufnimmt und es sich dabei zum Beispiel um eine Mutter mit Jungtieren handelt, kann ihre Haarprobe und das daraus resultierende genetische Profil als Fixpunkt herangezogen werden. »Dann kann ich die anderen verwandten Profile als Nachkommen zuordnen und weiß auch, wie der Vater aussehen muss«, erklärt Carsten Nowak die wissenschaftliche Detektivarbeit und fügt hinzu: »Auf ähnliche Weise arbeiten wir mit Wolfsrudeln in Deutschland oder in Österreich, wir fügen die Mosaiksteine Stück für Stück zusammen.«

Situationen wie diese, wo sich Wildkamerabild und Haarprobe eng führen lassen, stellen bei der Wildkatze eher die Ausnahme dar. Im Gegensatz zu Wölfen leben sie nicht in Familienverbänden und ziehen ihren Nachwuchs nur im Verborgenen auf. Was allerdings machbar ist und worauf Naturschutzbund und Plattform Wildkatze in Österreich intensiv hoffen, ist die Feststellung von Verwandtschaftsgraden. Wenn der Nachweis einer Verwandtschaft erster Ordnung, also eine Eltern-Kind- oder eine Geschwisterbeziehung, gelingt, dann muss es auch Fortpflanzung geben.

Was den Erfolg ausmacht

Drei Wochen nach unserem regnerischen Fotofallenstart in der Wachau sind wir zurück, marschieren den Kamm entlang, bis wir den baldriangetränkten Lockstock von Peter Gerngross erspähen, steigen noch ein Stück weiter bergab und stoßen schließlich auf unsere schwarze Hartschalenbox. »Sollen wir testen, ob noch alles funktioniert?«, frage ich Marc mehr rhetorisch als ernsthaft, denn wir führen die Probe aufs Exempel jedes Mal durch. Auf quasi ritualisierte Weise – in der leicht abergläubischen Hoffnung, es hilft bei der Erfolgsquote – nähern wir uns bei jeder Kontrolle unseren Fotofallen, die schon in den Florida Everglades auf Pumas, in Slowenien auf Bären und in den österreichischen Kalkalpen auf Luchse gewartet haben. Ich ducke mich, um auf Katzengröße zu schrumpfen, und tapse auf allen Vieren los. Als ich in das Feld des Bewegungsauslösers eintauche, höre ich postwendend das Klicken der Kamera. Tak, tak, tak. Drei Fotos werden gemacht. So soll es sein. Lediglich die Gurte an einer Blitzröhre haben sich gelockert, weswegen die Ausleuchtung nicht mehr optimal ist. Ich blicke Marc erwartungsvoll an, er grinst verschmitzt. Die Vorzeichen stehen gut, gleichzeitig bemühen wir uns beide um gespielte Gleichgültigkeit, weil wir denken, auch das würde die Erfolgsquote steigern. Letztendlich hilft nur eines: das Schloss aufsperren, den Deckel aufklappen und den Wiedergabeknopf an der Kamera drücken.

Ich blättere mich in gestürzter Reihenfolge durch die Bilder: »Was haben wir da. Ein Reh, ein Dachs, ein Fuchs oder zumindest seine Rute, hier sind ein paar Fehlauslösungen, eine Amsel, noch ein paar Fehlauslösungen – vielleicht hat es gestürmt –, hm, noch keine Wildkatze, aber hier ist ein Hund«, rufe ich erstaunt aus und frage mich, wo er wohl herkommt. Herrchen oder Frauchen ließ sich keines ablichten. Der Hund trägt eine Warnweste und einen Sender um den Hals. Mysteriös. Ich habe alle gespeicherten Bilder gesehen. Keine Wildkatze. Nach drei Wochen gibt es aber noch keinen Grund zu verzagen. Auf so manches Braunbärenfoto haben wir schon deutlich länger gewartet, ein, zwei oder sogar drei Jahre bzw. Bärensaisonen. Wir tauschen Kameraakku, Speicherkarte und Batterien, reinigen die Objektivlinse und bringen den verrutschten Blitz wieder in Position. Vielleicht müssen wir uns außerdem noch ein optimiertes Kontrollritual überlegen, damit es beim nächsten Mal auch wirklich klappt?

Zum Glück hängt die Erfolgsquote im Genetiklabor nicht davon ab, ob der Überkopfmischer mit stoischem Gleichmut oder Vorfreude bedient bzw. der Startknopf an der PCR-Maschine fester oder sanfter gedrückt wird. Entscheidend für das Ergebnis – wenn auch nicht alleinig ausschlaggebend – ist die Anzahl der gesammelten Haare. Bei der Sequenzierung des mitochondrialen Markers steigen die Erfolgschancen für brauchbare Resultate fast um das Dreifache, wenn nicht nur ein Haar, sondern mindestens zehn Haare pro Probe zur Verfügung stehen. Und bei der Mikrosatellitenanalyse, die sowieso mehr Ausgangshaare braucht, lässt sich bei 20 Haaren im Vergleich zu fünf bis zehn Haaren fast ein Drittel mehr Ausbeute erzielen.[26] Gut zu wissen, dass die Wachau-Proben reichlich Keratinmaterial enthalten.

Eine gewisse Ausschussquote bringt die Arbeit mit sogenannten nicht invasiven Proben – das sind klassischerweise Haare und Kot –, die von Forschern ohne direkte Intervention gesammelt werden, aber immer mit sich. »Es ist normal, dass ein Viertel, manchmal sogar die Hälfte aller Proben kein auswertbares Ergebnis liefert«, erklärt der Senckenberg-Wildtiergenetik-Leiter Carsten Nowak. Zu wenig, zu altes Material, aber auch – im Fall der Haare – ein Mix mit anderen Arten können sich als Spielverderber erweisen. Prinzipiell besteht auch die Möglichkeit, dass sich zwei Wildkatzen an einem Lockstock reiben, was dazu führt, dass ein nicht auseinanderzuhaltendes Mischergebnis aus dem PCR-Kopierdurchlauf resultiert. Je nach Lebensraumbedingungen und Nahrungsverfügbarkeit besetzen Wildkatzen unterschiedlich große Reviere, die aber nicht immer akkurat voneinander abgegrenzt sind. Männchen nutzen im Schnitt 15 bis 30 Quadratkilometer große Streifgebiete, die mit zwei bis drei kleineren Weibchenrevieren überlappen.[27] Genetische Mischmaschproben von mehr als einer Wildkatze kommen dennoch eher selten vor. »Nur bei wenigen Prozent aller Proben stellen wir DNA von mehr als einem Individuum fest«, betont Nowak.

Nichtsdestotrotz finden auch andere Tiere die Lockstöcke im wahrsten Sinne des Wortes verlockend. Hauskatzen, die wie mitteleuropäische Wildkatzen eine Schwäche für Baldrian haben, hinterlassen an dem sägerauen Holz manchmal genauso ihre Haare wie Füchse, Marder, Hunde, Wildschweine, Rehe oder Rothirsche.[28] Beim großangelegten BUND-Projekt »Wildkatzensprung« sind auch schon Haare von Waschbären aufgetaucht[29] und einmal ergab die Artbestimmung gar »Kamel«. Anita Bitterlich, die als Koordinatorin für das Lockstock-Monitoring im Nürnberger Land in Bayern unter Beteiligung zahlreicher Amateurforscherinnen und -forscher verantwortlich ist, erinnert sich an das Hoppala: »Bei der mikroskopischen Vorselektion muss das Haar durchgerutscht sein und landete so im Genetiklabor. Es stammte von einer Kamelhaarjacke.« Seither werden alle Lockstock-Betreuerinnen und -Betreuer gebeten, nur mit glatten Regenjacken zum Haaresammeln aufzubrechen. Zoologin Katharina Stefke hat in der

Zwischenzeit am Naturhistorischen Museum Wien hoffentlich alle Kamel- oder Schimpansenhaare vorsorglich aus den Proben entfernt.

Viele Erkenntnisse

Manche Wildkatzen sind so angetan von den Baldrianduftspendern, dass sie zu Wiederholungstätern werden. Dazu zählt auch jenes Wildkatzenmännchen aus dem Harz, das über mehr als vier Jahre insgesamt 15 Mal seinen genetischen Fingerabdruck an den Lockstöcken hinterlassen hat.[30] Er und Hunderte weiterer Wildkatzen haben die Grundlage für die umfassende Gendatenbank des Senckenberg Forschungsinstituts geschaffen, die eine Reihe von brandneuen Erkenntnissen lieferte.

Eine davon kann ich von der großen topografischen Karte in Carsten Nowaks Büro ablesen. Auf ihr sieht man besonders gut, was für eine markante Schneise der Rhein quer durch den Westen Deutschlands zieht. Hauptsächlich links des mächtigen Stroms, aber auch im Taunus rechter Hand findet sich die westdeutsche Wildkatzenpopulation. Davon unterscheidet sich, relativ deutlich, die mitteldeutsche Population, die vor allem in Nordhessen und Thüringen, im Bereich des Hainich, angesiedelt ist.[31] Dieses Verteilungsmuster begann sich offenbar erst nach der Fast-Ausrottung der Tiere in den 1920er-Jahren auszubilden – seit 1934 steht die Wildkatze in Deutschland unter Schutz. »Wir haben Museumsproben – vor allem Schädel- und Zahnmaterial – aus dem 19. und frühen 20. Jahrhundert analysiert und keinerlei Hinweise auf eine derartige Trennung gefunden«, sagt Nowak. Die Zweiteilung verschmilzt aber langsam, denn an den Überlappungszonen, rings um das Rothaargebirge, finden sich Wildkatzen beider Populationen und solche mit gemischter Abstammung. Die Tiere streifen auch dort wieder umher, wo sie lange Zeit verschwunden waren: Das verbindet die Rhön im Grenzgebiet von Bayern, Hessen und Thüringen mit dem Weser-Leine-Bergland im südlichen Niedersachsen und den Rheinauen in Baden-Württemberg.[32]

Abseits wenig aussagekräftiger Sichtbeobachtungen lassen sich Wildkatzen nun auch quantitativ erfassen, wodurch fundierte Dichteschätzungen abgeben werden können. Die Experten gehen davon aus, dass in den geeignetsten Gebieten Deutschlands bis zu fünf Katzen pro zehn Quadratkilometen vorkommen. Das würde auf gesättigte Bestände hindeuten, also auf eine mancherorts komplette Besetzung der verfügbaren Lebensräume, meint der Senckenberg-Genetiker. Dass es auch nach dem nächsten bundesweiten Monitoring ab 2021 bei der aktuellen Schätzung von 5000 bis 7000 Tieren[33] bleibt, ist dennoch anzuzweifeln. Die Wildkatze taucht nämlich vielerorts wieder auf, selbst dort, wo man sie gar nicht vermutet hätte, und das nicht nur in Deutschland.

Wachau

In Österreich sind die Zahlen noch überschaubar, aber das könnte sich in Zukunft ändern. Ende Oktober 2020 trifft endlich die erlösende Antwort aus Gelnhausen ein. »Die Analysen zeigen eindeutig, dass mindestens sechs Individuen in der Wachau leben«, teilt Carsten Nowak feierlich mit. Die Marillen bekommen damit ernsthafte Konkurrenz. »W« wie Wildkatze, »W« wie Wachau, das passt geradezu perfekt. Aus den knapp 70 analysierten Proben – darunter auch jene Haare, auf die ich im Naturhistorischen Museum einen Blick werfen durfte, sowie ein paar Kotproben – ließ sich genügend Kern-DNA extrahieren, um festzustellen, dass es sich um vier Weibchen, ein Männchen und ein weiteres Tier, dessen Geschlecht nicht zu eruieren war, handeln muss. Und die wichtigste Nachricht: Aus den Mustern der Mikrosatellitenlängen kristallisierten sich zwei Verwandtschaften ersten Grades heraus, also eine Eltern-Kind- oder Geschwisterbeziehung. Das ist ein umstößlicher Beweis für ein kleines Wildkatzengrüppchen, das in den steilen Hangwäldern der Wachau nicht nur lebt, sondern sich dort auch vermehrt.

Laut den Untersuchungen stammen die Tiere von der mitteldeutschen Wildkatzenpopulation ab. Wann und wie sie es in die

Wachau schafften, darüber kann aktuell nur spekuliert werden. Es gibt mehrere Hypothesen dazu, die zurzeit wahrscheinlichste nimmt an, dass die Tiere aus Deutschland oder über Tschechien zugewandert sind. Voraussetzung dafür wären Trittsteinpopulationen entlang des Weges mit bisher unbekannten Vorkommen. Carsten Nowak würde das nicht wundern: »Es war nur eine Frage der Zeit, wann sie es nach Österreich schaffen.«

Jetzt sind sie hier und trotz aller Widrigkeiten, mit denen eine so kleine Population freilich zu kämpfen hat, stehen die Vorzeichen für eine langfristige Besiedelung gut. »Wenn Wildkatzen neue Gebiete erschließen, tauchen in der Regel zuerst die Männchen auf, weil sie eher dazu tendieren, sich auszubreiten«, erklärt der Genetiker und ergänzt: »Wenn einmal Weibchen da sind, kommt es über kurz oder lang auch zur Fortpflanzung.« Endlich, man hört die Naturschutzszene Österreichs regelrecht aufatmen und auch Peter Gerngross zeigt sich erleichtert: »Das ist ein großer Durchbruch!« Und natürlich wird jetzt erst recht weitergeforscht.

Wenige Tage vor der frohen Botschaft stapfen wir bereits zum wiederholten Mal den Kamm in der Wachau entlang. Ritual hin oder her, vor unserer Kameralinse gab es noch keinen »Cat Walk«. Wir intensivieren unsere Bemühungen und stellen noch eine weitere Fotofalle auf. Irgendwann muss es doch klappen. Schon vor Jahren habe ich manchmal darüber nachgesonnen, wie ein hochauflösendes Foto von einer Wildkatze in Österreich gelingen könnte. Jetzt ist die Chance zum Greifen nah, vielleicht sogar einen Nachkommen jener Wildkatze abzulichten, die einst Christa Friembichler zufällig am Straßenrand entdeckt hat. Wer hätte gedacht, dass ein Radausflug so weite Kreise zieht? Deswegen: Eltern, hört auf eure Kinder!

Kapitel 5

Seitensprünge mit Folgen

In Schottland sei »eine der größten je beobachteten Wildkatzen« auf Video gebannt worden, berichtete im August 2018 eine Online-Zeitungsmeldung.[1] Von der Nase bis zur Schwanzspitze würde das Tier aus dem Clashindarroch Forest in den nordöstlichen Highlands gut 1,2 Meter messen. Seine enorme Größe wäre Indiz genug, um von einer echten Wildkatze sprechen zu können.

Dabei schadet es nicht zu wissen, dass es männliche Festlandwildkatzen, die etwas größer sind als Weibchen, von Kopf bis Rumpfende auf 48 bis 65 Zentimeter bringen. Mit dem Schwanz wachsen sie noch einmal um 25 bis 32 Zentimeter.[2] Es stimmt zwar, dass die Exemplare in Kontinentaleuropa einen Tick kleiner und jene in Schottland einen Tick größer geraten sind – das trifft auf Säugetiere für höhere Breitengrade generell zu[3] –, aber die maximal 97 Zentimeter, die für Wildkatzen am Festland verbrieft sind, gleich um mehr als 20 Zentimeter zu übertreffen, schafft weder das kolportierte »Clashindarroch Beast« noch ein anderer Hochlandtiger. Die Inselmythen von besonders großen, besonders schweren und besonders grimmigen schottischen Wildkatzen, die wohl tatsächlich auch Whisky trinken, halten sich wacker. Doch genauso wenig, wie die überbordenden Längenangaben zutreffen, tut es die Behauptung, das aufgenommene Video wäre ein Beleg für Wildkatzenpopulationen, die der Vermischung mit Hauskatzen bisher entgangen seien. Mit Sicherheit lässt sich lediglich eines feststellen: Es ist eine Katze. Ob es sich aber um eine »echte« Wildkatze handelt oder um einen Hybriden, wie Wissenschaftler die Mischlinge aus Wild- und Hauskatze bezeichnen, verrät das Video nicht. Letztere Annahme erscheint aber plausibler, zumal sich die beiden »evolutiv signifikanten Einheiten«[4] auf der rauen Insel besonders gerne miteinander paaren.

Stubentiger regieren die Welt

Die europäische Haustierfutterindustrie schätzt die Anzahl der Hauskatzen quer durch Europa auf aktuell über 106 Millionen.[5] Wie viele der Stubentiger über eine Katzenklappe ins Freie schlüpfen dürfen, wo sie potenziell einer Wildkatze über den Weg laufen könnten, offenbart die Statistik allerdings nicht. Und freilich gibt es auch keine Angaben zu den herrenlosen Streunern, die für die Futtermittelhersteller nicht interessant sind. Für Wildkatzen sind sie das schon, denn mit verwilderten Hauskatzen beziehungsweise Streunern kommt es vermutlich noch eher zu artübergreifenden Kontakten. Wie viele von ihnen tatsächlich auf Straßen, in Hinterhöfen oder stillgelegten Industriegebäuden leben oder durch Wälder und Felder streifen, weiß allerdings kaum jemand. Der Deutsche Tierschutzbund mutmaßt, dass es allein in Deutschland rund zwei Millionen verwilderte Hauskatzen geben dürfte.[6] Dem gegenüber stehen 5000 bis 7000 Europäische Wildkatzen, ein mengenmäßiges David gegen Goliath.

Dass es in Schottland nicht rosig um die Wildkatze steht, ist schon seit längerer Zeit bekannt. Doch in den letzten Jahren häuften sich die Hiobsbotschaften. Zwischen 2010 und 2013 montierten Forscher eine ganze Armada von Wildkameras in den schottischen Highlands, um nach den »kleinen Tigern« Ausschau zu halten. Von 546 verschiedenen Standorten sammelten sie Tausende Fotos, die sie auf Basis einer eigens für und in Schottland etablierten Methode auswerteten.[7] Anhand von sieben charakteristischen Fellmerkmalen – von den Streifen am Kopf und im Nacken über potenzielle Flecken an den Flanken bis hin zum buschigen oder weniger buschigen Schwanz – dürfen maximal 21 Punkte vergeben werden. Je mehr, desto wahrscheinlicher handelt es sich um eine Wildkatze.[8] Die Hochlandtiger schnitten dabei aber nicht besonders gut ab. Während sich Hauskatzen auf 193 Fotos und Mischlingskatzen auf 145 Fotos identifizieren ließen, erzielten nur 87 Bilder die nötigen 19 oder mehr Punkte, um als »echte« Wildkatze zu gelten – inklusive der Restunsicherheiten, die eine Fotoanalyse immer mit sich bringt.[9] Als zusätzliches Alarmsignal werteten die Forscher, dass sie an der Hälfte der Standorte, wo sie Wildkatzen nachwiesen, auch auf Hauskatzen oder Hybride stießen. Für die letzten vielleicht 100 bis maximal 300 Hochlandtiger – so die Schätzung – wurde die Luft damit immer dünner.[10]

Parallel liefen die Hilfsmaßnahmen aber bereits an. Gut drei Dutzend schottische Naturschutz- und Forschungsorganisationen riefen 2013 den »Scottish Wildcat Conservation Action Plan«[11] ins Leben, einen Aktionsplan zum Schutz der Wildkatze, der seine Aktivitäten auf sechs Gebiete im Norden Schottlands fokussierte, die den Experten zufolge die geeignetsten Lebensräume für Wildkatzen bieten würden. Wenn es noch gute Populationen von *Felis silvestris* geben sollte, dann müssten sie in diesen Ecken zu finden sein. Doch nach drei Jahren intensiver Feldarbeit, vielen weiteren Wildkamerafotos und lebend gefangenen Tieren gab es einen weiteren Rückschlag: »Bei den Tieren, die wir fanden, handelte es sich um Streuner oder Mischlinge und sogar jene, die uns als eindeutige Wildkatzen erschienen, erwiesen sich bei der genetischen Analyse als Mischlinge«, stellt die schottische Genetikerin Helen Senn enttäuscht fest. Statt eindeutig voneinander unterscheidbare Arten lieferten die DNA-Analysen ein ineinander verschwimmendes genetisches Kontinuum, einen Hybridschwarm, wie es die Experten nennen.[12]

Tiefrot blinken mittlerweile die Warnleuchten am Artenschutzradar und die Schotten fordern zusätzliche Hilfe an. Die IUCN Cat Specialist Group führt Anfang 2019 eine unabhängige Begutachtung durch und schlussfolgert das, was viele bereits befürchtet haben: Die schottische Wildkatze ist funktional ausgestorben. In anderen Worten heißt das, es gibt zu wenige Tiere, um eine lebensfähige Population in der Zukunft zu garantieren. Die

Hochlandtiger sind dem Untergang geweiht.[13] Doch anstatt über der fatalen Diagnose zu resignieren, formiert sich ein Rettungsteam. Experten im ganzen Land engagieren sich seither im Projekt »Saving Wildcats«, das weit mehr ist als nur ein neues Artenschutzprojekt – es ist ein Überlebenskampf.

Umtriebige Hauskatzen

Welcher Katzenbesitzer hat sich nicht schon einmal gefragt, wohin es den eigenen Stubentiger immer wieder zieht, wie weit er umherstreift und was er dabei erlebt? Das interessierte auch Stefanie Wimmer-Schmidt. Die Wildbiologin wollte u. a. wissen, inwiefern sich das Verhalten von kastrierten und unkastrierten Tieren unterscheidet. Dafür erhielt sie im Winter und Frühjahr 2020 Unterstützung von Koda und Felix, Carlos und Flauschi, Jack und Ricky sowie Elliot und Einstein. Fünf Monate lang liefen die acht Hauskatzen aus den niederösterreichischen Ortschaften Mallersbach, Hardegg und Merkersdorf mit GPS-Sendern ausgestattet ihre Runden. Vier der Tiere nutzen regelmäßig ihre Katzenklappe und sechs sind kastriert, darunter auch der rot-weiß gefärbte Kater Einstein. »Der ist besonders viel unterwegs«, erzählen die Ortsansässigen der Biologin. Insofern empfiehlt sich der auffällige Kater als heißer Kandidat für spannende Erkenntnisse. Er und seine Kumpane treiben sich nämlich nicht irgendwo in Niederösterreich herum, sondern in nächster Nähe des Nationalparks Thayatal, der mit dem direkt angrenzenden tschechischen Nationalpark Podyjí ein großes, grenzüberschreitendes Schutzgebiet bildet. Seit 2007 gibt es von dort Hinweise auf vereinzelt vorkommende Wildkatzen, möglicherweise beherbergen die Wälder rings um die Grenze sogar eine kleine, verborgen lebende Population.

Einstein, der nicht mehr aktiv in das Fortpflanzungsgeschehen eingreifen kann, stellt dafür keine Bedrohung dar, dennoch wäre es interessant zu wissen, wie tief er ins Wildkatzenhoheitsgebiet vordringt. Der GPS-Sender verrät, dass er – wie angekündigt – tatsächlich ein umtriebiger Kerl ist, das Ortsgebiet selbst verlässt er aber nicht gerne. Dass er jemals (Sicht-)Kontakt mit einer Wildkatze hatte, ist unwahrscheinlich. Eine Überraschung lieferten aber die beiden unkastrierten Kater. Während Koda oft tagelang durch die umliegenden Felder streifte und sich bis zu 870 Meter von seinem Heim entfernte, begnügte sich Flauschi – nomen est omen – mit dem Garten rings um sein Zuhause.[14] Abgesehen davon, dass es die beiden in dieser Form gar nicht mehr geben dürfte, weil das österreichische Tierschutzgesetz seit 2005 die verpflichtende Kastration von Katzen mit Zugang ins Freie vorschreibt[15], lässt sich also nur bedingt ablesen, dass sich unkastrierte Tiere umtriebiger geben. Der individuelle Charakter hat ein Wörtchen mitzureden.

Generell weiß man über die Vertreter von *Felis catus* – ohne in Streuner, kastrierte oder unkastrierte Hauskatzen zu differenzieren –, dass sie ordentliche Strecken zurücklegen können. Für das Gebiet des Bayerischen Waldes fand eine Studie heraus, dass zwar mehr als drei Viertel aller Hauskatzen im näheren Umkreis der Ortschaften blieben, sich einige aber auch deutlich wagemutiger präsentierten. Haare von Lockstöcken und Fotos aus den Wildkameras zeigen, dass es immer wieder Exemplare gibt, die fast drei Kilometer weit in den Nationalpark einmarschieren.[16] In einem Naturschutzgebiet an der spanisch-portugiesischen Grenze entfernte sich ein besonderer Kater einmal sogar über sechs Kilometer von der nächstgelegenen Siedlung.[17] Am ausgeprägtesten fallen diese Expeditionen während der Paarungszeit im Winter aus, zu der sowohl Haus- als auch Wildkatzen größere Runden als gewöhnlich ziehen.[18]

Um mehr darüber herauszufinden, wie Wild- und Hauskatzen in der Natur koexistieren, radelte Wildtierökologe Matthias Hertach am Nordostufer des Neuenburgersees in der Schweiz von Haus zu Haus, mit der Konsequenz, dass er elf Haustierbesitzer und ihre Stubentiger für seine Studie gewinnen konnte.[19] Mit Sendern verfolgte er im Herbst 2019 die Spuren der Tiere und verglich sie mit jenen von sieben Wildkatzen, die seine Kollegin Lea Maronde, ihres Zeichens Wildkatzenexpertin, besendert hatte. Es bestätigte sich – was auch andere Forscher schon entdeckt hatten[20] –, dass *Felis silvestris* deutlich größere Streifgebiete in Anspruch nimmt, nämlich konkret acht- bis zehnmal so große wie jene von *Felis catus*. Die beiden wandeln aber auf denselben Pfaden. »Es gibt eine räumliche Überschneidung, insofern als wir Hauskatzen in Wildkatzenstreifgebieten verorten konnten und umgekehrt«, erzählt Hertach. »Haben sie sich vielleicht sogar getroffen?«, frage ich nach. Das verneint er. »Treffen, also zeitliche Überschneidungen, haben wir nicht festgestellt.« Einziger Haken in puncto Aussagekraft: Alle senderbestückten Hauskatzen waren kastriert, was umso verblüffender ist, weil es in der Schweiz, im Gegensatz zu Österreich, bis dato (noch) keine Kastrationspflicht gibt.

Gleich ob mit oder ohne Sexualtrieb, Hauskatzen nutzen auch andernorts in Europa mitunter dasselbe Terrain wie Wildkatzen.[21] »Es passiert immer wieder, dass Lockstöcke in der Nähe von Siedlungen und im Offenland Besuch von beiden Arten bekommen, wenn auch zu anderen Zeiten«, betont Genetiker Carsten Nowak. In Wäldern mit stabilen Wildkatzenvorkommen reiben sich in der Regel nur Wildkatzen an Baldrianstöcken oder tappen in Lebendfallen. »Möglicherweise reichen ihre Duftmarkierungen aus, damit Hauskatzen auf Abstand bleiben«, mutmaßt Wildkatzenforscher Malte Götz, der im Harz aktiv ist.

Aber was wäre die Katzenwelt ohne Ausnahmen und schräge Charaktere? Der ungarische Forscher Zsolt Biró berichtet mir von einer besonders verwegenen Hauskatze. »Ende der 1980er- und zu Beginn der 1990er-Jahre beobachteten mein Team und ich einige Hauskatzen, denen wir Sender verpasst hatten. Bei einer handelte es sich um eine waschechte Streunerin, die ohne irgendeinen Bezug zu Menschen unter den Wildkatzen in den Wäldern in der Nähe von Gödöllő lebte, als wäre es das Normalste auf der Welt.«[22] Aber es wird noch bunter. »Als ein Wildkatzenweibchen aus der Umgebung starb, übernahm die kleine Streunerin deren Streifgebiet, und die anderen Wildkatzen akzeptierten sie«, erzählt Wildbiologe Zsolt Biró auch Jahre später noch immer verblüfft.

Wer den Ton angibt

Bei Wölfen ist die Sache relativ klar. Die Spermatogenese, also die Entwicklung der Spermien, ist ein komplexer Prozess, der unter anderem von Saison und Tageslicht beeinflusst wird. Zudem werden Wolfsrüden nur einmal im Jahr, im Winter, zeugungsfähig. Und da es bei Wölfen in der Regel so ist, dass die Partner länger zusammenleben müssen, bevor es zur erfolgreichen Paarung kommt, gibt es für männliche Wölfe kaum Gelegenheit für spontane One-Night-Stands mit Haushündinnen. »Deshalb ist es bei Wölfen fast immer der weibliche Wolf, der sich mit dem männlichen Haushund paart«, erklärt Carsten Nowak. Vorausgesetzt, es findet sich weit und breit kein Artgenosse als Paarungspartner.

Bei Wildkatzen dürften es aber eher die Männchen sein, die sich an Hauskatzendamen heranmachen. Gewichtige Indizien dafür liefert Zsolt Biró: »Unsere besenderten Wildkatzenmännchen grasten während der Paarungszeit im Jänner und Februar alle Weibchenreviere ab, sowohl jene der Wildkatzen als auch jene der Hauskatzen. So loten sie ihre reproduktiven Optionen aus und paaren sich, mangels Alternativen, auch mit domestizierten Kätzinnen.«

Das mag die Norm sein, es gibt aber auch Nachweise für Seitensprünge unter umgekehrten Vorzeichen – zwischen weiblicher Wildkatze und Hauskatzenkater.[23] Jede Kombination scheint möglich, der Impuls, sich mit artfremden Tieren zu verpaaren, dürfte jedoch hauptsächlich von den Wildkatzen ausgehen.[24] Das ist auch verständlich, wenn man bedenkt, dass Hauskatzen bei direkter Konfrontation leicht den Kürzeren ziehen können.

Entscheidend für die Integrität der Wildkatzenpopulation ist, wo der Nachwuchs aus dem artübergreifenden Seitensprung großgezogen wird. Eine Kätzin, die gelegentlich für eine

Abenteuertour durch ihre Katzenklappe ins Freie schlüpft, wird sich um ihren Hybridnachwuchs sehr wahrscheinlich zwischen Wohnzimmer und Garten kümmern. Eine Streunerin, wie jene wagemutige Kätzin, die wie selbstverständlich in den Gödöllő-Wäldern lebte, bringt ihre Hybridjungen dagegen mitten im Wildkatzengebiet zur Welt.

Durch schottische Haushalte und Gärten streifen etwa 785000 Hauskatzen.[25] »Diese gilt es im Auge zu behalten«, sagt David Barclay, einer der am Rettungsprojekt »Saving Wildcats« beteiligten Forscher. »Ausschlaggebender sind aber Streuner und Mischlinge. Selbst wenn nur wenige von ihnen umherstreifen, stellen sie die größere Gefahr dar, denn sie teilen sich oft den Lebensraum mit der Wildkatze.«

Die Schotten wollen ihre Wildkatze nicht verlieren. Der Tiger der Highlands ist tief mit der Geschichte des Landes verbunden. »Die Wildkatze ist sehr wichtig für uns«, betont auch David Barclay. Seit dem 13. Jahrhundert taucht sie in den Wappen der schottischen Clans auf. Der Anführer der Familie Sutherland, einer der mächtigsten Clans, trug den Titel »Morair Chat«, also »Großer Mann der Katzen«, und im Wappen des Clans findet sich nicht nur das Abbild einer Katze, sondern auch das Motto »Sans Pier«, was so viel bedeutet wie »furchtlos«.[26] Früher wurde die Wildkatze vor allem als »legendäre Jägerin mit einem kühnen und feurigen Geist« verehrt[27], heute sieht man in ihr das Sinnbild für einen selbstbewussten Lebensstil, der von Zähigkeit und Eigenwilligkeit geprägt ist. Sie ziert die Etiketten von Whisky- und Bierflaschen, taucht im Logo von Golfklubs oder Vereinen auf, verleiht Ortsnamen einen besonderen Klang und fungiert wie kein anderes Tier in Schottland als Symbol für die Wildnis.

Wie vermischt sind die Bestände?

Gewebe-, Blut- und Zahnproben, Kot, Speichel und Haare von mehr als 900 Wildkatzen aus 13 europäischen Ländern offenbarten nach der genetischen Analyse, dass Mitteleuropa von den schottischen Verhältnissen Lichtjahre entfernt ist. Zwischen drei und fünf Prozent liegt in unseren Breiten aktuell die Hybridisierungsrate, also der Grad der Vermischung mit Hauskatzen.[28] Das bedeutet konkret, dass nur wenige der untersuchten Tiere eine Hauskatze als einen Eltern- oder Großelternteil hatten. Besonders gering ist dieser Anteil in Deutschland und Luxemburg, wo die Rate aktuell bei 3,5 Prozent liegt.[29] »In den meisten Regionen Mitteleuropas gibt es nur sehr wenige Hybride, das trifft auch auf Hund und Wolf zu. Das Thema wird aber oft künstlich aufgebauscht«, sagt dazu der Genetiker Carsten Nowak. Vielleicht liegt es daran, dass wir uns unbewusst vor bedrohlichen Mischwesen wie mythologischen Chimären fürchten. Oder wir sind verunsichert wegen widersprüchlicher Informationen, die für Wissenschaftslaien kaum zu durchblicken sind.

Eine Studie aus dem Jahr 2009 kam fälschlicherweise zu dem Schluss, dass rund 43 Prozent der westdeutschen Wildkatzenpopulation aus Hybriden bestünde.[30] Eine andere Untersuchung, die an Gehegetieren aus skandinavischen, deutschen und osteuropäischen Zoos durchgeführt wurde, folgerte ebenfalls fehlerhaft, dass es sich nur bei sechs von 80 untersuchten Individuen um »echte« Wildkatzen handeln würde und von weiteren Züchtungen aufgrund der starken Vermischung mit Hauskatzen dringend abzuraten sei.[31] In diesem Zusammenhang ist es wichtig zu wissen, dass sich Wildkatzenpopulationen regional unterscheiden, sprich: für den genetischen Vergleich lassen sich Individuen aus dem Taunus nicht einfach mit jenen aus dem Harz, der Eifel, aus Österreich oder der Schweiz in einen Topf werfen. »Um belastbare Aussagen tätigen zu können«, erklärt Carsten Nowak, »muss man die richtigen Referenzproben heranziehen. Fehlen diese, weist man viel mehr Hybride nach, als eigentlich vorhanden sind.« Das ist eine nicht zu unterschätzende Fehlerquelle, vor der selbst Experten nicht gefeit sind und die zu massiven Überschätzungen bei den artübergreifenden Seitensprüngen führt.

Auf lokaler Ebene kann es aber durchaus zu Diskrepanzen kommen, wie etwa Wildkatzenforscher Sébastien Devillard für Frankreich beschreibt: »Zu Beginn der 2010er-Jahre deuteten zuverlässige Schätzungen auf eine landesweite Hybridisierungsrate von fast 20 Prozent hin, im schlimmsten Fall. Lokale Untersuchungen im Osten Frankreichs zeigten dagegen extrem niedrige Raten um die zwei Prozent.«[32] Die Vermischung quer durch Frankreich scheint daher sehr unterschiedlich ausgeprägt zu sein.

Generell stellt es kein leichtes Unterfangen dar, den Grad der Vermischung von *Felis silvestris* und *Felis catus* akkurat zu bestimmen. Die Probenqualität und -anzahl spielt dabei genauso eine Rolle wie die Art und Menge der gewählten genetischen Marker.[33] Am besten eignen sich dafür spezifische SNP-Marker. Dabei handelt es sich um DNA-Abschnitte, die sich innerhalb der Hauskatzen beziehungsweise innerhalb der Wildkatzen nicht sehr unterscheiden, zwischen Haus- und Wildkatze aber besonders stark. Dafür werden einzelne Nukleotide, standardmäßig 96 Stück, herangezogen. So lässt sich ein potenzieller Hauskatzeneinfluss bis zurück zu den Großeltern feststellen.[34] Mit der uns schon bekannten Mikrosatellitenmethode klappt das zwar auch, allerdings nur bis auf Elternniveau. Möglich ist dieser Blick in die genetische Vergangenheit so oder so nur auf Basis gewonnener Kern-DNA. Die mitochondriale DNA wird fast ausschließlich von der Eizelle, also von der Mutter, an die Nachkommen vererbt.[35] Falls es keine Mutationen gab, besitzt der Vater genau die gleiche mitochondriale DNA wie seine Mutter und seine Großmutter mütterlicherseits. War der Vater eine Hauskatze, bleibt dies in der mitochondrialen DNA unerkannt, weil die entsprechende Information dazu nur im Zellkern steckt.

Wildkatzenforscher Hubert Potočnik von der Universität Ljubljana analysiert gerade mit Kollegen aus Slowenien, Kroatien, Serbien und Mazedonien Gewebeproben von tot aufgefundenen Wildkatzen. Auch für Slowenien und Nordkroatien, den Bereich der nordwestlichen Dinariden, zeigten sich kaum Indizien für eine Vermischung mit Hauskatzen. »Wir fanden dagegen eine scharfe Trennung der beiden Arten«, erzählt Potočnik. Der genaue Grund dafür ist noch unbekannt, der Forscher hat aber eine schlüssige Theorie als Erklärung dafür: »Es dürfte eine Kombination aus drei Faktoren sein. Die Lebensräume in den Dinariden sind zu gefährlich für Hauskatzen, hier müssen sie sich vor Wölfen, Luchsen, Füchsen und auch Wildkatzen in Acht nehmen. Hinzu kommt, dass es noch große, zusammenhängende Waldflächen gibt und damit wenig fragmentierten Lebensraum. Der wichtigste Faktor aber ist das harsche Klima im Winter«, betont Potočnik. In der Zeit, wenn Wildkatzen gerade in reproduktiver Hochstimmung sind, liegt auch der meiste Schnee in den Dinariden. Das hält die Hauskatzen in der Nähe ihres Zuhauses, während Wildkatzen den Winter – noch stärker isoliert als sonst übers Jahr – in Bereichen mit geringeren Schneelagen überdauern. Speziell an steilen, sonnigen und südexponierten Hängen schmilzt der Schnee schneller.

Die geringen Hybridisierungsraten in Deutschland und Luxemburg passen dagegen schlecht bis gar nicht in dieses Erklärungsmodell. Dicht bevölkerte Landstriche, stark zerschnittene Lebensräume und wenig ergiebige Winter außerhalb der Alpen stellen das komplette Kontrastprogramm zu den Dinariden dar. Es wundert ein wenig, warum gerade unter solchen Vorzeichen und bei gleichzeitig enormer Hauskatzendichte – über zehn Millionen Stubentiger gibt es in Deutschland[36] und kolportierte zwei Millionen Streuner – die Vermischung minimal ausfällt.[37] »Wir wissen zudem, dass es Überlappung bei den Lebensräumen gibt«, ergänzt Genetiker Carsten Nowak und folgert: »Es muss einen Mechanismus geben, der die Hybridisierung weitgehend verhindert. Dieser ist uns aber noch nicht bekannt.«

Während die Thematik in Mitteleuropa fast vernachlässigbar ist und auch für viele Bereiche in Südosteuropa als geringe Bedrohung eingestuft wird, kann sie für einzelne Länder und Regionen sehr wohl von Relevanz sein. Die gegenwärtigen Analysen, an denen Hubert Potočnik beteiligt ist, deuten etwa für Serbien, Mazedonien und einen Teil Kroatiens auf »erhebliche Hybridisierung« hin. Konkrete Zahlen stehen allerdings noch aus. In Bezug auf Bulgarien erzählt mir Forscherin Diana Zlatanova, dass vermeintliche Mischlinge häufig von Wildkameras dokumentiert würden. Bis auf einige Untersuchungen anhand von Proben aus Museumsbeständen in den späten 1990er-Jahren gibt es aber keine aktuellen Feldstudien, die die Einkreuzung von Hauskatzen systematisch analysieren.[38] Dafür fehle es vor allem an finanziellen Mitteln. Solange es an eindeutigen Ergebnissen mangelt, die von der »Scientific Community«, wie man die Wissenschaftsgemeinschaft gerne nennt, auch überprüft werden können, bleibt es bei den Wildkamerahinweisen bei Spekulationen.

Der Iberischen Halbinsel werden laut einer aktuellen Studie »moderate Hybridisierungsraten« attestiert.[39] Pedro Monterroso forscht in Portugal zu Wildkatzen und warnt: »Die Verbreitung der Tiere ist viel fragmentierter, als wir ursprünglich annahmen, und die Gefahr von verstärkten Hybridisierungen muss deshalb ernst genommen werden.« Der Versuch, weitere Arbeiten in diese Richtung voranzutreiben, scheitert – ähnlich wie in Bulgarien – an mangelnden finanziellen Mitteln: »Die Wildkatze gilt auf der Iberischen Halbinsel als häufige Art, deswegen rutscht sie, auch was Fördermittel betrifft, durch den Rost«, sagt Monterroso. Hinzu kommt, dass *Felis silvestris* meist ein Dasein im Schatten ihres »großen Bruders«, des Iberischen Luchses, fristet. Dieser liegt nicht nur im Brennpunkt vieler Artenschutzbemühungen, sondern ist auf der Iberischen Halbinsel auch ein direkter Konkurrent für die Wildkatze. Mit maximal neun bis 16 Kilogramm Gewicht sind Iberische Luchse nicht nur deutlich kleiner als die im Rest Europas vorkommenden Eurasischen Luchse, sondern auch auf andere Beute spezialisiert. Statt Rehen stellen sie hauptsächlich Wildkaninchen nach und auf diese haben es – zumindest in den mediterranen Gebieten der Halbinsel – auch die Wildkatzen abgesehen. Letztere können sich in Gebieten, wo Iberische Luchse vorkommen, kaum behaupten.[40]

Bedrohlich ist die Lage schon seit einiger Zeit in Ungarn, wo mindestens 25 Prozent der Wildkatzen, möglicherweise auch weit mehr, schon näheren Kontakt mit Hauskatzen pflegten.[41] Und auch die verheerende Situation in Schottland ist uns bereits bekannt.[42]

Sonderfall Schottland

»Schottland hat den perfekten Sturm erlebt, alles, was schieflaufen konnte, lief schief«, sagt Royal-Zoological-Society-Forscherin Keri Langridge, die im »Saving Wildcats«-Projekt als leitende Feldbiologin tätig ist. Aber der Reihe nach. Der Hauptfaktor für den Untergang der Wildkatzen war die direkte Verfolgung. Die Jagd auf verschiedene Vogelarten hat lange Tradition in Schottland und Raubtiere wie Füchse oder Wildkatzen dürfen da nicht dazwischenfunken. »Entscheidend ist nicht, ob Wildkatzen Vögel jagen, entscheidend ist, ob die Menschen denken, dass sie es tun«, erklärt Naturschutzfachmann David Barclay die vertrackte Situation.

Der Beginn des exzessiv zelebrierten Jagdsports geht zurück auf das Viktorianische Zeitalter. Ab dem frühen 18. Jahrhundert reisten vor allem begüterte Städter auf den neu gebauten Eisenbahnstrecken in die Highlands, um Rothirsche und Federwild ins Visier zu nehmen. Neben Enten, Gänsen, Tauben und Schnepfen waren bei den Jägern vor allem Moorschneehühner und Rebhühner sowie Fasane, die auch heute noch jedes Jahr zu Hunderttausenden extra für die Jagd freigelassen werden, begehrt. Was für die einen ein »sportliches« Vergnügen darstellte, war für die anderen eine lukrative Einkommensquelle. Tausende Wildhüter wurden daher rekrutiert, um den Bestand des jagbaren Wildes so hoch wie möglich zu halten. Die Denkweise, die uns auch vom Festland Europas aus dieser Zeit bekannt ist, schlug einmal mehr zu. Je weniger Raubtiere, desto besser, lautete das Credo. Das systematische Töten von Raubtieren und Greifvögeln, die sogenannte »Prädatorenkontrolle«, wurde Usus. Vergiften, Fangen, Schießen sowie das Zerstören von Horsten standen lange

Zeit unhinterfragt an der Tagesordnung.[43] So schrumpfte das Hoheitsgebiet der Wildkatze, das einst ganz Großbritannien abdeckte, immer weiter zusammen, bis es nur mehr die Highlands im Nordwesten Schottlands umfasste. Erst zur Zeit des Ersten Weltkrieges, als viele Wildhüter einrücken und Jagdanbieter schließen mussten, konnten Wildkatzen und andere drangsalierte Raubtiere etwas aufatmen. Die Bestände erholten sich ein wenig, die Tiere eroberten verlorenes Terrain zurück, was zu einem gewissen Grad auch an den Aufforstungen nach dem Krieg lag, die wieder mehr Unterschlupf boten. Doch der Aufwärtstrend sollte nicht von Dauer sein. In den 1950er-Jahren gab es im Vergleich zu früheren Jahrhunderten zwar deutlich weniger Wildhüter, ihre Jagdmethoden hatten aber beträchtlich an Effizienz gewonnen und Hunderte von Katzen kamen in den kommenden Jahrzehnten in Schlingfallen, durch Feuerwaffen oder vergiftete Köder ums Leben.[44]

1988 wurden die in die Ecke getriebenen Hochlandtiger endlich unter Schutz gestellt, allerdings mit wenig Durchschlagskraft und bereits mit gewichtigen Hybridisierungsproblemen, wie das Stonehaven-Gerichtsverfahren vom Mai 1990 beweist. Ein Bauer wurde beschuldigt, drei Wildkatzen erschossen zu haben. Er kam ungeschoren davon, weil niemand beweisen konnte, ob es sich um »echte« Wildkatzen oder »nur« um Hybride handelte.[45] Letztere genießen in Schottland keinen Schutz. »Das statuierte einen Präzedenzfall, der der Verfolgung Tür und Tor öffnete, denn nun konnte man munter drauflosschießen, ohne Konsequenzen befürchten zu müssen«, erklärt Keri Langridge.

Gleichzeitig trat der Gerichtsbeschluss einen Forschungsschub los. Die Wissenschaftler wollten wissen, wie sich Wildkatze, Hybrid und Hauskatze auch ohne aufwendige Analysemethoden möglichst treffsicher unterscheiden lassen. »Ein Wildhüter, der eine Katze in seiner Lebendfalle sitzen hat, wird keinen genetischen Test durchführen, um zu entscheiden, ob er sie tötet oder nicht«, meint dazu die Expertin von der Royal Zoological Society. Vor diesem Hintergrund entwickelte Andrew

Kitchener gemeinsam mit einigen Kollegen das 21 Punkte starke Fellbewertungsschema. Der bei National Museums Scotland tätige Wirbeltierkurator untersuchte dafür 135 aus Museumssammlungen stammende Katzenfelle, aus denen sich sieben Schlüsselmerkmale herauskristallisierten, um Wildkatze, Hauskatze und Hybride möglichst verlässlich voneinander zu unterscheiden. Das geht auch am lebenden Tier und ganz ohne Haarprobe. »Mehr als andere Länder«, betont Langridge, »nutzen und brauchen wir diese Bestimmungsmethode. Das erfordert die spezielle Situation in Schottland.«

Neben der Verfolgung litten und leiden die schottischen Wildkatzen auch am Verlust ihrer ursprünglichen Lebensräume. Die meisten mit Eichen, Birken und Schottischen Kiefern bestandenen Wälder sind längst verschwunden, stattdessen dominieren heute einheitliche Nadelholzplantagen mit eingeführten Fichten und Drehkiefern, die keinen Unterwuchs und kaum geeignete Beutetiere in petto haben. Die Menschen und ihre Siedlungen dehnen kontinuierlich ihren Platzbedarf aus. Und zu allem Überfluss kam den Wildkatzen auch noch ihre Hauptbeute abhanden. 1953 gelangte das zu den Pockenviren zählende Myxomatosevirus auf die Insel und verbreitete die gefürchtete »Kaninchenpest«, was zur Folge hatte, dass die Wildkaninchenbestände etwa zehn Jahre später komplett einbrachen. Schließlich gesellte sich auch noch die Hämorrhagische Krankheit dazu, auch bekannt als »Kaninchen-Ebola«.[46] So kam es bis in die 2010er-Jahre zu wiederholten Krankheitsausbrüchen. Nicht nur die Kaninchenzahlen schrumpften, sondern auch die Wildkatzenzahlen gingen damit weiter zurück. Die überlebenden Katzen haben sich angepasst und stellen nun hauptsächlich Wühlmäusen und Echten Mäuse[47] nach, wie ihre Kollegen am europäischen Festland. Ob die Ersatzkost die ergiebigen Kaninchen aufwiegen kann, ist aber noch fraglich.

Dieser Mix aus Ereignissen und Umständen hat den »kühnen und feurigen Geist« der Hochlandtiger letztlich gebrochen. Die am weitesten im Norden lebende Wildkatzenpopulation wurde zunehmend in die Nähe von Gehöften und Menschen gedrängt und damit auch in die Nähe von Hauskatzen.

Hotspots für Mischehen

Wildkatzenweibchen wählen im Vergleich zu den Männchen - auch weil sie die Jungen aufziehen - in der Regel ruhigere Plätze, weiter weg von menschlichen Störfaktoren, mit ausreichend Deckung und größerem Nahrungsangebot. Während also die Weibchen sich zum Beispiel tiefer in den Wald zurückziehen, bleiben die Männchen in der »Außenzone« und schaffen - so zumindest die Annahme - eine Art Banngürtel, der Hauskatzenkater gar nicht erst in die Nähe von Wildkatzendamen lässt.[48] Vorausgesetzt, Koda, Flauschi und Co wären überhaupt so verwegen, eine Annäherung zu versuchen. Durch Verfolgung, Lebensraumverlust und das Vorrücken der Menschen bekommt dieser Banngürtel jedoch Löcher wie ein Schweizer Käse. Oder mit den Worten des portugiesischen Wildkatzenforschers Pedro Monterroso gesprochen: »Die Populationen werden durchlässiger für Hauskatzen.«

Abgesehen von Schottland, wo Hybride quasi überall auftauchen, stößt man auf Mischlinge vor allem dort, wo die Wildkatzendichte gering ist. Das ist dann der Fall, wenn eine Population schrumpft - und ihren imaginären Banngürtel verliert - oder wenn sich eine Population ausdehnt.[49] Anders formuliert: Die Randzonen sind die Hotspots für Mischehen. Das trifft nicht nur auf Wildkatzen zu, sondern beispielsweise auch auf Wölfe[50] oder Goldschakale[51].

Forscher gehen davon aus, dass unter solchen Umständen der sogenannte Allee-Effekt zum Tragen kommt.[52] Mangelt es an Fortpflanzungspartnern aus den eigenen Reihen, kann es zu Verhaltensveränderungen kommen, die eine alternative Partnerwahl begünstigen. Hauskatzen füllen dann diese Lücke. Der Drang, sich zu vermehren, sprengt also konventionelle Artgrenzen. Das zeigt sich an aktuellen Ausbreitungsbewegungen etwa in der Schweiz oder in Frankreich, die jeweils mit erhöhten Hybridisierungsraten einhergehen.[53] Die einzige Region in Deutschland, wo bisher relativ viele Mischlinge entdeckt wurden, findet sich am Oberrhein im Schwarzwald. »Auch hier hängt das möglicherweise mit Ausbreitungstendenzen zusammen«, betont Genetiker Carsten Nowak.

Im Umkehrschluss könnte man sagen, dass überall dort weniger Vermischung auftritt, wo es stabile, gesättigte Bestände gibt, wie das zum Beispiel in vielen Gebieten in Deutschland der Fall ist. Die Lebensraumqualität scheint dort auszureichen und das Maß an menschlicher Störung im wildkatzenverträglichen Rahmen zu sein. »Ich schätze, dass die Mischlinge an den Verbreitungsrändern irgendwann ausselektiert werden, weil ihre Nachkommen nicht so erfolgreich sein dürften«, meint Nowak. Das »Problem« löst sich vielleicht von selbst, sobald die Populationsdichten groß genug sind und genügend Auswahl unter den Artgenossen besteht. Genau weiß das aber niemand.

Rettung für den Hochlandtiger

Mit einem Stipendium des Winston-Churchill-Gedächtnisfonds in der Tasche reiste Keri Langridge 2019 acht Wochen lang quer durch Kontinentaleuropa. Sie legte Stopps in Deutschland, der Schweiz, Frankreich, Portugal, Spanien und auf Sizilien ein, interviewte lokale Wildkatzenexperten, machte sich selbst ein Bild von den Lebensräumen der Tiere am Festland und versuchte mehr über Mischehen zwischen Wild- und Hauskatze in Erfahrung zu bringen. »Andernorts in Europa ist Hybridisierung nicht nur deswegen ein Problem, weil es viele Hauskatzen gibt«, stellt sie fest und folgert für Schottland: »Wir müssen den Fokus ändern. Es deutet nichts darauf hin, dass bei uns mehr Streuner und Hauskatzen umherstreifen als am Festland. Das allein ist also nicht das Problem. Es liegt viel eher daran, dass es in Schottland keinen natürlichen Wald mehr gibt und dass die direkte Verfolgung noch immer weit ausgeprägter ist als überall sonst in Europa.« Konkret geht es nicht darum, wie viele Hauskatzen in einem bestimmten

Gebiet leben, sondern wie viele Wildkatzen. Bei Letzteren hat Schottland Aufholbedarf und wird jetzt aktiv. Das EU-finanzierte Multimillionen-Euro-Projekt »Saving Wildcats« startet eine Wiederansiedlung, mit dem Ziel, sich selbst erhaltende Populationen von Wildkatzen in die schottischen Highlands zurückzubringen.[54]

»Ab 2022 wollen wir pro Jahr 20 Katzen in die Freiheit entlassen«, erzählt mir David Barclay, der das Zuchtprojekt koordiniert. Mehr als 30 Zoos, Wildtierparks und private Züchter aus dem ganzen Vereinigten Königreich beteiligen sich an der Rettungsaktion und stellen Tiere zur Verfügung. Aus aktuell fast 150 vorhandenen Wildkatzen sucht Barclay dann jene Exemplare aus, die in das brandneue Wiederansiedlungszentrum, das »Conservation Breeding for Release Centre« im Highland Wildlife Park, der Teil des Cairngorms-Nationalparks ist, übersiedeln. Abseits der Besucherströme sollen die neu formierten Paare für Nachwuchs sorgen, der wiederum in geräumigen Vorauswilderungsgehegen auf das Leben in Freiheit vorbereitet wird.

Der Großteil der freigelassenen Katzen wird schottischen Ursprungs sein, einen kleinen Anteil könnte aber das europäische Festland beisteuern. »Wir hatten bereits Kontakt mit den schottischen Kollegen«, berichtet Branislav Tám, der Leiter der Zoologischen Abteilung im Tiergarten von Bojnice. Vor allem mit Luchsen hat der slowakische Zoo viel Erfahrung und steuerte bereits Tiere für die Wiederansiedlungen im Pfälzerwald und für das Projekt LIFE Lynx auf dem Balkan bei. In puncto Wildkatze ist aber noch alles in der Schwebe. Aktuell werden die Optionen abgewogen. Eine der vielversprechendsten führt auf die Iberische Halbinsel, wo Wildkatzen in den letzten Eiszeiten Zuflucht fanden vor den sich ausdehnenden Gletschern. »Von dort breiteten sie sich auch wieder aus«, erzählt Wildkatzenexperte Andrew Kitchener und erklärt: »Es überrascht deshalb nicht, dass der mitochondriale DNA-Typ, der charakterisierend für Schottland ist, auch der häufigste ist, den wir auf der Iberischen Halbinsel nachweisen.«

Nicht nur genetisch, auch von der Außenansicht her ähneln sie sich so sehr, dass jener Forscher, der die Iberische Wildkatze zu Beginn des 20. Jahrhunderts beschrieb (damals noch als eigene Unterart), folgende Worte benutzte: Sie sei »sehr ähnlich beziehungsweise nicht von der schottischen Wildkatze zu unterscheiden«. Damit empfiehlt sie sich geradezu für eine Auffrischung des Genpools der schottischen Zuchtpopulation. Übrigens, von allen europäischen Regionen, Schottland inklusive, bilden die spanischen Wildkatzen die größten Individuen aus.

Gleich ob schottischer, slowakischer, spanischer oder portugiesischer Herkunft, freigelassen werden alle Wildkatzen sehr wahrscheinlich im weitläufigen Cairngorms-Nationalpark, in den zentralen Highlands. »Das Gebiet bietet mit großen, verbundenen Landschaften sowie einem Mix aus Lebensräumen und Beutetieren ideale Voraussetzungen für die Freilassung von Wildkatzen«, erläutert David Barclay die Gründe für die Platzwahl. Parallel läuft eine umfassende Beobachtung mit Wildkameras, für die Feldbiologin Keri Langridge unermüdlich im Einsatz ist. Sie hofft, dass die gesammelten Bilder die Vermutungen der »Saving Wildcats«-Forscher bestätigen: »Wir gehen davon aus, dass die Zahl der Hauskatzen und Streuner hier überschaubar ausfallen dürfte.«

Alles nicht so wild?

Der Bericht des Weltbiodiversitätsrates IPBES[55], der 2019 veröffentlicht wurde, ist alarmierend. Von den geschätzten acht Millionen Tier- und Pflanzenarten weltweit sei rund eine Million vom Aussterben bedroht, viele davon könnten bereits in den kommenden Jahrzehnten verschwinden.[56] Auf kleineren Ebenen äußern sich Veränderungen in puncto Biodiversität aber oft komplex und lassen sich nicht einfach über einen Kamm scheren. Mit Blick auf Nord- und Osteuropa weisen die Autoren einer aktuellen Studie auf lokal steigende Artenzahlen bei wirbellosen Süßwassertieren, Fischen, Vögeln und Pflanzen hin. Sie mutmaßen, dass viele Arten aufgrund des Klimawandels weiter in Richtung der Pole wandern. Aber können gebietsfremde Arten Biodiversitätsverluste kompensieren? Wenn überall die gleichen Arten nachrücken, wohl kaum, lautet die Schlussfolgerung.[57]

Ist es »schlimm«, wenn Arten aussterben und in bestimmten Ökosystemen neue Protagonisten auf den Plan treten, oder ist das einfach der Lauf der Dinge? Die gleiche Frage muss man sich bei der Hybridisierung stellen. Ist es schlimm, wenn Gene Artengrenzen überspringen und der Mensch – durch seine Haustierhaltung – dafür verantwortlich ist? Letztlich gehört das vielleicht zur Evolution im Anthropozän dazu, in dem es keine vom Menschen unbeeinflusste Natur mehr gibt. Nach der derzeit gültigen Einteilung der Geologen lebt der Mensch seit etwa 11700 Jahren im geologischen Zeitalter des Holozäns.[58] Im Jahr 2000, auf einem Kongress der Erdsystemforscher in Mexiko, schlug der niederländische Chemiker und Atmosphärenforscher Paul Crutzen vor, das Holozän durch das Anthropozän abzulösen, das Zeitalter der Menschen.[59] Die Folgen der menschlichen Aktivitäten, insbesondere seit Beginn der Industriellen Revolution vor über 200 Jahren, seien so weitreichend, dass sie biologische, geologische und atmosphärische Prozesse auf der Erde langfristig beeinflussen würden. In der Tat lässt die in Eisbohrkernen eingeschlossene Luft bereits für das späte 18. Jahrhundert steigende globale Kohlendioxid- und Methankonzentrationen erkennen.[60] Seit der Erfindung der Dampfmaschine hat sich zudem einiges getan. Mikroplastik ist mittlerweile überall in der Umwelt nachweisbar und die Prognosen für den weiteren Verlauf des Anthropozäns, das bisher noch nicht offiziell als geologisches Zeitalter festgeschrieben ist, lassen keine Trendwende erkennen: Bis 2050 könnte der Plastikmüll im Meer schwerer wiegen als alle Fischschwärme zusammen.[61]

Dass sich die Wildkatze in bestimmten Ländern und Regionen verstärkt mit der Hauskatze vermischt, könnten wir als Teil dieser neuen Erdepoche sehen und diesem Faktum unter Umständen sogar etwas Positives abgewinnen. Die aufgenommenen Hauskatzengene stellen vielleicht eine Bereicherung dar, die es Wildkatzen ermöglicht, sich an veränderte Umweltbedingungen anzupassen.[62] Forscherin Beatrice Nussberger, die das SNP-Markersystem zur treffsicheren Identifizierung von Mischlingen etabliert hat, erklärt, unter welchen Vorzeichen das der Fall sein könnte: »Die

Hauskatze kommt besser mit dem Menschen zurecht, sie ist häufig und weit verbreitet. Da der Mensch allgegenwärtig ist, also eine entscheidende Umweltbedingung darstellt, wäre es für Wildkatzen potenziell vorteilhaft, sich an den Menschen anzupassen.«

Eine Wildkatze, die sich vor Menschen fürchtet und sich ihnen gegenüber besonders scheu verhält, könnte langfristig evolutionär im Nachteil sein, im Vergleich zu einer, deren Angstempfinden reduziert ist. Genauso wäre es denkbar, dass die Hauskatze – unabhängig vom Menschen – an bestimmte ökologische Gegebenheiten besser adaptiert ist und die Wildkatze davon profitieren könnte. »Es gibt Beispiele für vorteilhaft wirkende Gene aus dem Haustierpool«, weiß Carsten Nowak zu berichten. »Das schwarze Fell vieler Wölfe in Nordamerika ist sehr wahrscheinlich ein genetisches Erbe der ersten Haushunde, die die Siedler Nordamerikas einst mitbrachten.« Die schwarze Farbe hat sich durch positive Selektion in bestimmten Regionen etabliert. Einer Theorie zufolge könnte das Schwarz wie eine Tarnung wirken, die den Wölfen einen kleinen Jagdvorteil verschafft. Beutetiere sind vielleicht weniger gut darauf eingestellt. Allerdings funktioniert das nur so lange, bis das Merkmal häufiger auftritt und schwarze Wölfe für Beutetiere gleich gut erkennbar sind wie graue Wölfe. Ob Wildkatzen auf ähnliche Weise von Hauskatzen profitieren könnten, weiß aktuell niemand.

Als problematisch erweist sich in dieser Hinsicht, dass Hauskatzen nicht aus eigenem Antrieb die Welt erobert haben, sondern forciert durch den Menschen in unüblich hohen Dichten vorkommen. Die meisten Haustierbesitzer bringen es zwar kaum auf die 480 Katzen, die Marjam al-Baluschi in ihrem Haus in Omans Hauptstadt Maskat hält[63], aber sie helfen ihren Flauschis und Kodas dabei, leichter über die Runden zu kommen. Ein lahmendes, blindes oder durch eine Krankheit geschwächtes Tier hat allein auf sich gestellt in der Natur kaum eine Chance zu überleben, in Menschenobhut dagegen schon.[64] Insofern ist anzunehmen, dass sich zahlreiche Gene an das Leben in Menschennähe angepasst haben, auf Kosten der Überlebensfähigkeit in der Natur. Statt den Wildkatzengenpool zu bereichern, würden diese Einflüsse das genaue Gegenteil bewirken.[65] Sie könnten die Fortpflanzungsrate reduzieren, das besonders dicke Winterfell ausdünnen oder die Anfälligkeit für verschiedene Krankheiten vergrößern.[66] »Hauskatzen werden zum Tierarzt gebracht, sie kommen auch mit einem weniger guten Immunsystem durch«, gibt Beatrice Nussberger zu bedenken.

Schon ein Drittel der Wildkatzenpopulationen sind mit bakteriellen und virologischen Infektionen, die von Hauskatzen ausgehen, in Kontakt gekommen. Bisher hatte das noch keine tödlichen Auswirkungen, aber das könnte sich freilich ändern.[67]

Die Gefahr besteht nicht nur darin, schlechte Anpassungen abzubekommen, sondern auch über Jahrtausende erworbene hilfreiche Anpassungen zu verlieren. Die Ahnin der Hauskatzen stammt aus trockenen Regionen des Nahen Ostens, während Europäische Wildkatzen eher mit gemäßigten Klimaten konfrontiert sind. Der Klimawandel könnte das Blatt aber wenden. Leben ist Veränderung – womit wir wieder beim Ausgangspunkt wären: Sollen wir den Dingen also ihren Lauf lassen? Johannes Lang von der Justus-Liebig-Universität Gießen macht uns die Entscheidung nicht einfacher: »Zum einen bemüht man sich, die genetische Integrität einer Art zu wahren, zum anderen genießen Hybride rein rechtlich den gleichen Schutzstatus wie die Art, von der sie abstammen.« Das ist per EU-Verordnung festgelegt und bezieht sich auf bis zu vier Generationen zurückreichende Hybride.[68]

Der wissenschaftliche Grundtenor lautet: Lieber Vorsicht als Nachsicht. »Solange wir nicht wissen, wie sich die Vermischung auswirkt, sollten wir dafür Sorge tragen, dass sie nicht überhandnimmt«, plädiert Genetikern Beatrice Nussberger. 2010, bei der ersten Wildkatzenerhebung in der Schweiz, stellte die Forscherin fest, dass rund 20 Prozent der Tiere schon Hauskatzengene in sich tragen.[69] Würde sich dieser Trend bei gleichbleibender Populationsgröße ungebremst fortsetzen, wäre die Wildkatze in hundert Jahren verschwunden.[70] Wenn aber die Theorie stimmt, dass in Ausdehnung begriffene Populationen zunächst durchlässiger für Hauskatzen sind, die Vermischung aber ab einer bestimmten Individuendichte wieder abnimmt – vorausgesetzt, es gibt nicht nur Maisäcker und Shoppingcenter –, dürfte der Artenschutz-GAU mit großer Wahrscheinlichkeit abwendbar sein. Die zweite große Erhebung zu den eidgenössischen Wildkatzen, die 2020 abgeschlossen wurde, zeigte in jedem Fall eine leicht gesunkene Hybridisierungsrate. Sie liegt aktuell bei 15 Prozent.[71] »Dennoch gibt es keinen Grund zur Entwarnung. Wir müssen die Entwicklungen im Auge behalten, da auch geringe Werte langfristige Folgen nach sich ziehen können«, mahnt Nussberger.

Generell ist das Wildkatzengenom stärker von Hauskatzengenen beeinflusst als umgekehrt.[72] Immerhin leben die beiden Arten schon lange in überlappenden Lebensräumen, konkret seit mehr als 1100 Jahren.[73] Angesichts dieser Zeitspanne und der vielen Berührungspunkte grenzt es an ein Wunder, dass es die »echte« Wildkatze noch gibt. Nach neuesten Erkenntnissen dürfte es aber bis weit in die Vergangenheit, also Tausende Jahre zurückreichend, keine gröberen Vermischungsereignisse mit langfristiger Nachwirkung gegeben haben.[74] »Der gegenseitige Einfluss ist im Großen und Ganzen überschaubar, sonst könnten wir die beiden Arten genetisch gar nicht so klar voneinander trennen«, sagt dazu Wildtiergenetiker Carsten Nowak.

Wichtiger als der Blick Tausende Jahre zurück ist es, die aktuellen Entwicklungen im Zeitalter des Anthropozäns im Auge zu behalten, damit wir nicht irgendwann in einer Welt aufwachen, die nur mehr aus Menschen und Hauskatzen besteht.

Wir müssen alles probieren

»Wir wissen nicht, ob die Wildkatzen es schaffen, die harschen Winter ohne Kaninchen zu überstehen«, gibt Keri Langridge zu bedenken. Niemand kann aktuell beantworten, ob es genug Wühlmäuse gibt, die dieses Manko kompensieren. Am europäischen Festland, wo Laubmischwälder und angrenzende Wiesenflächen die Hauptlebensräume bilden, kommen Wühlmäuse in größeren Dichten vor als in Schottland, wo Nadelforste und von Schafen sowie Hirschen überweidetes Grasland eine schlechtere Ausgangslage für die Nager darstellen.

Die Kaninchenbestände sind zwar arg gebeutelt, lassen aber kleine Hoffnungsschimmer aufleuchten. Einige der Tiere haben bereits eine Immunität gegenüber der Kaninchenpest entwickelt. Andere sind dabei, ihr Verhalten anzupassen. Sie schlafen nicht mehr in ihren unterirdischen Bauen, sondern im Freien, wo ihnen die Krankheitsüberträger, die Kaninchenflöhe, nichts anhaben können. Ob die zurückkehrenden Wildkatzen satt werden, wird sich erst zeigen. Es lassen sich eben nicht alle Variablen beeinflussen.

Dennoch geben sich die Schotten kämpferisch: »Wir sind an einem Punkt angelangt, wo wir alles in unserer Macht Stehende tun müssen, um das Schlimmste abzuwenden«, sagt Keri Langridge. Sie und ihre Kollegen wissen, dass es mit dem Freilassen nachgezüchteter Wildkatzen allein nicht getan ist. Wenn das Projekt langfristig erfolgreich sein soll, dann braucht es mehr als das. Verantwortungsbewusste Hauskatzenhaltung zum Beispiel.

Diese lässt sich in drei Wörtern zusammenfassen – chippen, kastrieren, impfen – und soll den Stützpfeiler bilden, auf dem die Rückkehr der Hochlandtiger ruht. Das Chippen ermöglicht es, die Tiere eindeutig zu identifizieren, das Impfen verhindert die Übertragung von Hauskatzenkrankheiten und das Kastrieren gebietet der ungebremsten Vermehrung Einhalt. Weibliche Hauskatzen können sonst dreimal pro Jahr Nachwuchs mit bis zu 18 Jungen zur Welt bringen.[75] Solange die Stubentiger einen Besitzer haben, lässt sich das Kastrieren relativ leicht bewerkstelligen. Einer aktuellen Umfrage zufolge, die von Cats Protection, einer britischen Katzenschutzorganisation, im Jahr 2020 beauftragt wurde, gaben 90 Prozent der rund 1400 befragten schottischen Katzenhalter an, dass sie ihre Katzen bereits kastriert hätten.[76] Verpflichtend ist dies in Schottland nicht. »Wir versuchen den Menschen klarzumachen, dass es sowohl im Sinne des Naturschutzes als auch des Tierwohls ist. Wenn jemand seine Katzen trotzdem nicht kastrieren möchte, wollen wir zumindest wissen, wo sich diese Tiere aufhalten. So können wir die potenziellen Gefahren besser abschätzen«, sagt »Saving Wildcats«-Feldbiologin Langridge.

Mit der lokalen Bevölkerung lässt es sich relativ gut zusammenarbeiten. Schwieriger wird es bei den schlecht zu quantifizierenden Streunern, von denen niemand so genau weiß, wie viele durch die Highlands stromern. Schon im Rahmen des »Scottish Wildcat Conservation Action Plan«, des Vorläuferprojekts zu »Saving Wildcats«, kam die sogenannte TNVR-Methode rund 200 Mal zum Einsatz. TNVR steht für die englischen Begriffe »trap«, »neuter«, »vaccinate« und »release«. Zu Deutsch heißt das so viel wie fangen, kastrieren, impfen und wieder freilassen. Um mit dieser Herangehensweise Erfolg zu haben, also die Zahl der streunenden Hauskatzen langfristig zu reduzieren, müssen sich mindestens drei Viertel der Weibchen einer Population – besser noch mehr – dem kleinen operativen Eingriff unterziehen.[77] Das kommt einer Herkulesaufgabe gleich. Im Cairngorms-Nationalpark, wo relativ wenige Menschen leben und vermutlich auch weniger Streuner umherziehen, sollte sie aber lösbar sein.

Die Forscherin der Royal Zoological Society betont, dass die Lösung nicht nur darin liege, Katzen zu kastrieren. »Das hilft natürlich. Es behebt aber nicht die eigentlichen Ursachen.«

Nach wie vor gibt es Wildhüter, die Schlingfallen verwenden oder der Meinung sind, dass alle Raubtiere kontrolliert werden müssen. Ein beliebtes Argument, auf das sich viele berufen, bezieht sich auf Füchse: »Wir verfolgen sie seit Hunderten von Jahren und noch immer gibt es jede Menge von ihnen. Für den Rückgang der Wildkatze können wir also nicht verantwortlich sein.« Dass Füchse aber wesentlich anpassungsfähiger sind, sich als Kulturfolger behaupten, mehr Nachwuchs auf die Welt bringen und ein viel breiteres Nahrungsspektrum als Wildkatzen nutzen, wird dabei nicht berücksichtigt. Das Gute sei, wie David Barclay betont, dass mittlerweile immer mehr Jagdgüter Naturschutzmaßnahmen befürworten und aktiv unterstützen. Die schlechte

Nachricht: Auch einige wenige können einen gewichtigen Einfluss haben. Und wo kein Kläger in der Weite der Highlands, da auch kein Richter. Ein ehemaliger Wildhüter, der anonym bleiben möchte, formulierte es folgendermaßen: »Meine Kollegen kümmern sich nicht darum, ob ihnen eine Wildkatze oder eine Hauskatze vor die Flinte läuft. Wenn sie eine Katze sehen, dann schießen sie auch.«

Die Jagd muss, über kurz oder lang, ein bedeutender Verbündeter beim Natur- und Artenschutz werden, vor allem in Europa, wo es keine vergleichbare Wildnis wie in Afrika oder Südamerika gibt. »Wenn man mit der Natur Geld verdient, muss man auch Interesse an ihrem Schutz haben«, sagt dazu Pedro Monterroso von der Universität Porto. Es gilt Menschen und ihre Traditionen, Wirtschaft sowie Naturanliegen unter einen Hut zu bringen. Ein gutes Beispiel dafür ist die Wiederansiedlung des Iberischen Luchses *(Lynx pardinus)* im Guadiana-Tal im Südosten Portugals. Als man im November 2014 mit den Freilassungen der nachgezüchteten Tiere begann, war Portugal quasi luchsfrei.[78] Heute dürften, grob geschätzt, wieder an die 100 Luchse durchs Land streifen.[79]

»Ohne die aktive Einbindung der Jagd wäre all das nicht möglich gewesen«, betont Monterroso. Ein Großteil der Landschaft wird durch privat geführte Jagdgüter bewirtschaftet. Ihre Haupteinnahmequelle stellen Rebhühner, aber vor allem Wildkaninchen dar, die alljährlich zu Hunderttausenden geschossen werden. Um die Kaninchen dafür zu fördern, bemühte sich das Jagdmanagement in den letzten Jahrzehnten darum, Versteckmöglichkeiten, diverse Sträucher und Futterpflanzen verstärkt in die Landschaft zu bringen. Kaninchen stellen gleichzeitig aber auch die Hauptbeute von Luchsen dar, die zum Zeitpunkt ihrer Wiederansiedlung damit optimale Bedingungen vorfanden. Um die Jagd dennoch als langfristige Naturschutzverbündete zu gewinnen, galt es sie davon zu überzeugen, dass der Luchs mehr Vor- als Nachteile mit sich bringt. Etwas kleinere Räuber wie Füchse lassen sich von ihm in Schach halten und in puncto Ökotourismus fungiert er als regelrechtes Zugpferd. Argumente wie diese wirken.

Rings um den Baumkronenpfad im Nationalpark Hainich in Thüringen erstreckt sich ein idealer Lebensraum für die Wildkatze. Doch intensiv bewirtschaftete Felder, Siedlungen und Straßen sind selbst hier nicht fern.

Der markanteste Wildkatzenkorridor Deutschlands liegt zwischen Melborn und Ettenhausen in Thüringen. Wildkatzen, die vom Hainich kommen, können unter der Autobahnbrücke der A4 entlang des Nessetals wandern und über den mehr als einen Kilometer langen und 50 Meter breiten Korridor in die Hörselberge und weiter in den Thüringer Wald gelangen.

Ranger Thomas Einsiedl hat an einem Lockstock im Nationalpark Thayatal ein verräterisches Haar entdeckt. Es könnte von einer Wildkatze stammen, die sich an dem nach Baldrian duftenden Stock gerieben hat.

Katharina Stefke vom Naturhistorischen Museum Wien (NHM) begutachtet die von den Lockstöcken gesammelten Haare. Nur Katzenhaare werden an die Genetiker zur treffsicheren Analyse weitergeleitet.

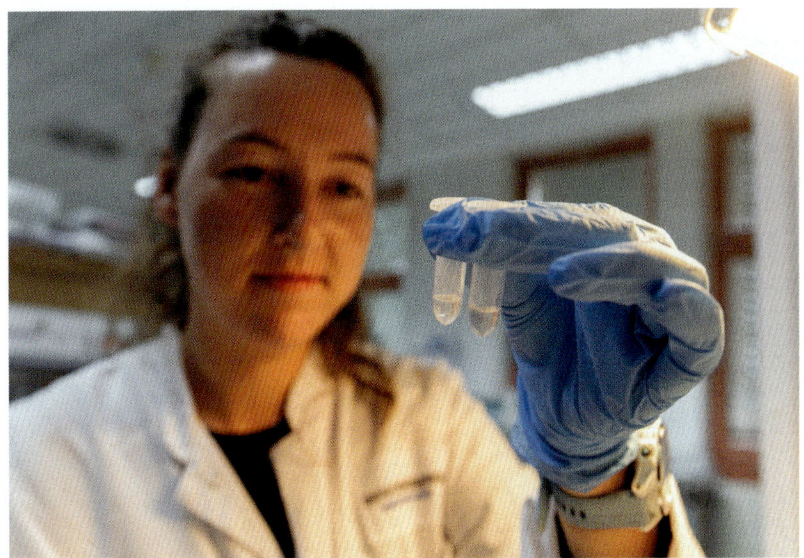

Am Senckenberg Forschungsinstitut, in dessen Zentrum für Wildtiergenetik in Gelnhausen, findet die genetische Analyse der mutmaßlichen Wildkatzenhaare statt. Dafür gilt es zunächst die DNA aus den Haaren herauszulösen.

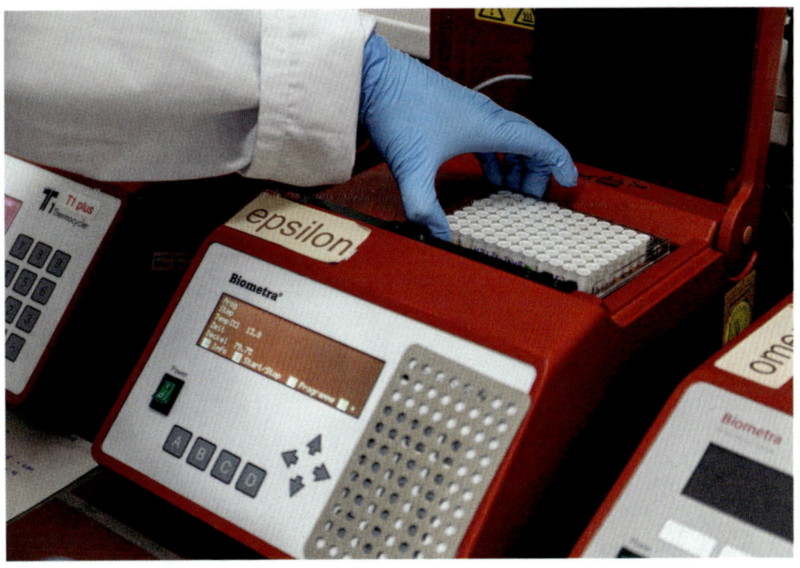

Der entscheidende Schritt in der genetischen Analyse ist die Polymerase-Kettenreaktion, kurz PCR. Sie erfolgt in dieser unscheinbar wirkenden roten Maschine, deren Aufgabe es ist, die für die Analyse ausgewählten DNA-Abschnitte zu vervielfältigen.

Am Zentrum für Wildtiergenetik des Senckenberg Forschungsinstituts lagern Tausende Haarproben von Wildkatzen. Carsten Nowak, der Leiter der Senckenberg-Wildtiergenetik, gewährt einen kleinen Einblick.

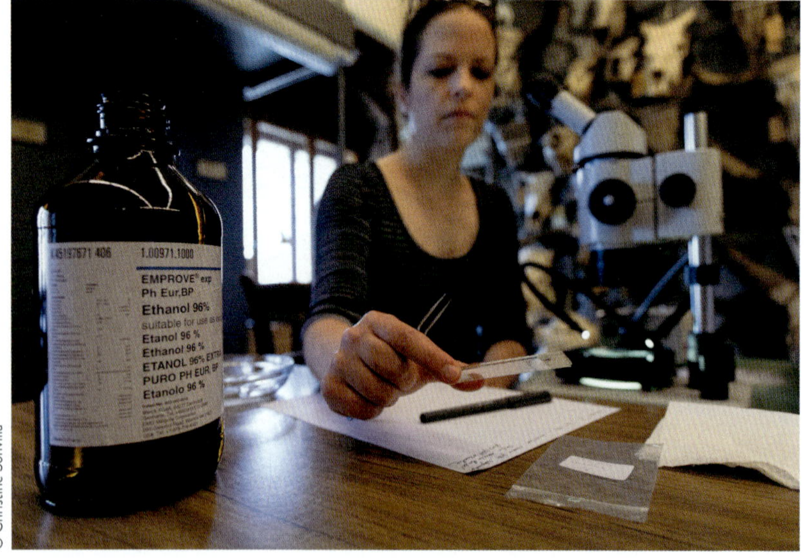

Wenn Katharina Stefke vom NHM unter dem Binokular einen speziellen Glanz um die Haare erkennt, weiß sie, dass es sich um ein Katzenhaar handeln muss.

Frank Zachos, Säugetierkurator am NHM, präsentiert Haus- und Wildkatzenschädel im Vergleich. Der Schädel der Wildkatze, rechts im Bild, ist etwas größer.

Nur der Unterkiefer der Wildkatze (rechts) bleibt auf den Gelenkfortsätzen stehen. Jener der Hauskatze (links) fällt sofort um.

Es hat geklappt! Eine der beiden hochauflösenden Fotofallen in der Wachau hat schließlich »zugeschnappt« und eine Wildkatze beim Vorbeischleichen in den steilen Hangwäldern oberhalb der Donau abgelichtet. Divenhaft würdigt sie die Kamera keines Blickes, aber dennoch ist klar: Das muss eine der Wachau-Wildkatzen sein.

Typisch für erwachsene Wildkatzen sind ihre weißlichgrünen Augen.

Die Fotofalle im slowenischen Hornwald lichtete bereits nach einem knappen Monat eine Wildkatze in ihrer ganzen Pracht ab. Mission geglückt!

Eine junge Wildkatze mag kuschelig wirken. Wenn es aber darauf ankommt, kann sie auch fauchen wie ein Tiger.

Die dolchartigen Eckzähne lassen keinen Zweifel zu: Die Wildkatze ist ein Raubtier.

Wenn Jungtiere allein im Wald angetroffen werden, ist die Mutter meist gerade auf der Jagd.

Die Jungen sind komplett auf ihre Mutter angewiesen und werden von ihr mindestens fünf Monate betreut.

© Tomáš Hulík

In früheren Jahrhunderten war es üblich, Wildkatzen auf Treibjagden zu erlegen. Die Katzen versuchten, sich vor den Hunden der Jäger auf Bäume zu retten, tappten dabei aber in die Sackgasse und wurden einfach heruntergeschossen.

© Marc Graf

Tagsüber ruhen Wildkatzen häufig in Verstecken. Da kann einem schon einmal ein herzhaftes Gähnen auskommen.

© Tomáš Hulík

Im Vergleich zur Hauskatze sticht sofort der viel buschigere, breitere Schwanz der Wildkatze ins Auge. Er weist in der Regel zwei bis drei abgesetzte, schwarze Ringe auf und ein stumpfes, schwarz gefärbtes Ende.

© Tomáš Hulík

In alten Schriften wird die Aggressivität der Wildkatze maßlos übertrieben. Wehrhaft und für ihre Größe außerordentlich mutig ist sie aber allemal.

© Tomáš Hulík

Vor Wasser schrecken Wildkatzen nicht zurück, ganz im Gegenteil. Sie fangen Fische, durchwaten Wildbäche und schwimmen sogar durch Flüsse wie den Rhein.

© Marc Graf

Große Schneemengen behagen Wildkatzen nicht. Trotzdem wurden sie schon in Seehöhen nachgewiesen, die man ihnen nicht zugetraut hätte. Aus der Schweiz weiß man, dass sie Vertikalwanderungen unternehmen.

© Marc Graf

Wildkatzen lauern ihrer Beute auf oder pirschen sich an und schlagen dann blitzschnell im Sprung zu. Dabei packen sie die Beute zunächst mit den Krallen der Vorderpfoten, ehe sie den Tötungsbiss setzen.

Immer mehr Jagdbesitzer, auch außerhalb Portugals, sind dazu bereit, ihr Wirtschaften naturfreundlicher zu gestalten, und bekommen dafür ein Qualitätssiegel verliehen. Aktuell gibt es über 360 ausgezeichnete »Wildlife Estates« in 19 europäischen Ländern.[80] »Die Rückkehr des Iberischen Luchses ist zwar nicht direkt übertragbar, dennoch lassen sich einige Erkenntnisse aus der Kooperation von Jagd und Naturschutz für die Wiederansiedlung der Wildkatze in Schottland ableiten«, meint Pedro Monterroso. Problematisch ist etwa, dass Iberische Luchse nicht nur für Füchse, sondern auch für Wildkatzen scharfe Konkurrenten darstellen. In vielen Gebieten kämpfen beide um die gleiche Ressource: die Wildkaninchen. Und es gibt noch andere Faktoren, die es für Wildkatzen nicht gerade leicht machen, auf der Iberischen Halbinsel zu überleben.

»Portugal scheint auf eine ähnliche Situation wie Schottland zuzusteuern. Nach wie vor ist die illegale Verfolgung ein Thema, der Lebensraum schrumpft und die Hybridisierungsraten steigen«, gibt Forscherin Keri Langridge zu bedenken. »Wir können aber auch etwas von Portugal lernen«, fährt sie fort. »Was dort gut funktioniert, ist das gezielte Management der Wildkaninchen.«

In Schottland bemühen sich die »Saving Wildcats«-Forscher vorerst um ein gutes Auskommen mit Katzenhaltern und Jägern. Sie kooperieren mit Forstleuten und Bauern, um mehr deckungsbietende Vegetation wie Ginster oder Wacholder in die Highlands zu bringen, um dichte Forste aufzulichten und heimische Baumarten wie Birken oder Schottische Kiefern zu fördern. Das soll Tagesruheplätze für die Wildkatzen schaffen und Orte zum sicheren Großziehen der Jungen. Es soll aber auch der Vermehrungsfreudigkeit der Wühlmäuse zuträglich sein, die außerdem durch das Fällen kleiner Waldparzellen und das Vorhandensein von möglichst wenig beweidetem Grasland gefördert wird. Statt Landschaftsmonotonie braucht es Landschaftsmosaike.

Die Forscher werden aber auch nicht müde zu betonen, dass die Tiere wichtige Tourismusmagnete sind. Allein das Wissen, dass die kleinen Tiger wieder durchs Gelände streifen, macht

Schottland reizvoller und haucht dem Mythos der furchtlosen Jägerin neues Leben ein.

Was ihre Hoffnungen für die Zukunft sind, frage ich Keri Langridge schließlich. »Ich freue mich auf den Moment, wenn wir die erste Wildkatze freilassen und wissen, es gibt wieder eine Wildkatze«, sagt sie, ohne lang überlegen zu müssen. Und langfristig? »Ich hoffe, dass sich in 20, 30 Jahren eine sich selbst erhaltende Population erfolgreich etablieren kann, die ohne Management auskommt und auf die die Menschen in unserem Land stolz sind. Und es wäre schön, sagen zu können: ›Wir haben die Wildkatze am Leben erhalten.‹«

Kapitel 6
Ein geheimnisvolles Leben

Es gibt Hunde, die sind spezialisiert auf Giftköder, die für Greifvögel ausgelegt werden. Andere suchen unter Windkraftanlagen nach verunglückten Fledermäusen, die wegen ihrer Kleinheit von Menschen meist unentdeckt bleiben. Und dann gibt es solche, die erschnüffeln den Kot von Luchsen, Wölfen, Iltissen oder anderen Tieren.

Sareks Fachgebiet sind Borkenkäfer, Goldschakale und Wildkatzen. Er ist ein vierjähriger Australischer Kelpie und hat mittlerweile den Job von Border Collie Spot übernommen, der nun 15-jährig seine Hundepension genießt. Wohlverdient, denn die Arbeit als Naturschutzhund ist ganz schön fordernd. Sarek ist noch im besten Alter, um seine Aufgaben gewissenhaft auszuführen, und er weiß ganz genau, wann es ernst wird – dann, wenn er sein Arbeitsgewand, eine sogenannte Kenndecke in tarnfarbenem Olivgrün mit dem Logo des Naturschutzhunde-Vereins, umgebunden bekommt. »Wenn er die anhat, wird gearbeitet«, sagt sein Herrchen Leopold Slotta-Bachmayr, der als freiberuflicher Biologe tätig ist und den Verein Naturschutzhunde mit Sitz in Salzburg als Mitinitiator ins Leben gerufen hat. Rund 30 Hundehalter gehen zwischen Salzburg und Wien bereits auf Naturschutzmission mit ihren Hunden.

Ich treffe den Biologen auf einem Waldweg hinter Weißenkirchen in der Wachau, unweit jenes schicksalhaften Ortes, wo Christa Friembichler vor Jahren auf die tote Wildkatze stieß, die sämtliche Forschungsanstrengungen ins Rollen brachte. Ein paar

Kilometer weiter harrt meine hochauflösende Fotofalle – mittlerweile sind es sogar zwei Stück – im Wald auf Besuch. Die Vorzeichen für unsere heutige Suche stehen gut. Eine Naturschutzhunde-Kollegin konnte mit ihrem Schnüffler zwei Wochen zuvor 17 Losungen von Wildkatzen ausfindig machen.

Bevor es losgeht, platziert Slotta-Bachmayr etwas Wildkatzenkot von einem Zootier ein paar Dutzend Meter von Sarek entfernt. Auf Kommando beginnt der Hund danach zu schnüffeln, findet den Kot, der auch als Losung bezeichnet wird, und legt sich sofort auf den Boden. Das signalisiert einen Sucherfolg. Mit diesem Startritual wird der Arbeitstag eingeleitet. Sarek prescht nun voraus, wir folgen zügigen Schrittes. Er rennt zurück, dann wieder nach vorne, macht Abzweiger, sodass er letztlich den doppelten, vermutlich sogar dreifachen Weg von uns Zweibeinern zurücklegt. Hie und da blickt er sich nach seinem Herrchen um, um sicherzugehen, dass die Suche noch andauert. Der Biologe muntert ihn auf, weiterzumachen. So werkt Sarek durchschnittlich 45 Minuten am Stück und muss spätestens dann eine Pause einlegen, wenn er immer stärker zu hecheln beginnt. Dabei atmet der Hund durch den Mund. Um gut zu riechen, muss der Luftstrom aber über die Nase aufgenommen werden, nicht umsonst heißt es ja auch Spürnase.

Die Zoo-Kotprobe, die Slotta-Bachmayr am Weg liegen gelassen hat, damit Sarek bei der Rückkehr zum Ausgangspunkt unserer Runde in jedem Fall ein Erfolgserlebnis hat, bleibt vorerst der einzige Fund.

Die Losung gibt Aufschluss darüber, was eine Wildkatze verspeist hat. Aber das ist nicht alles. »Die Zellen der Darmschleimhaut, die dem Kot anhaften, lassen sich genauso wie die Haare genetisch analysieren und liefern vielfältige Erkenntnisse über das Tier«, erklärt der Biologe. »Dafür muss die Probe aber möglichst frisch sein.«

Überall dort, wo die Lockstock-Methode fehlschlägt, weil die Wildkatzen den Baldrianduft weitestgehend ignorieren, könnte diese Methode Abhilfe schaffen. »Als ich davon hörte, dachte ich mir sofort, das ist die Lösung!«, erzählt Forscherin Despina Migli von der Aristoteles-Universität Thessaloniki. Sie selbst kann den Kot der Tiere zwar unterscheiden, schafft es aber nur selten, frisches Material zu erwischen. »Die heißen Temperaturen, vor allem im Sommer, machen uns meist einen Strich durch die Rechnung«, sagt Migli. Mithilfe eines Spürhundes könnte sich diese Quote deutlich steigern lassen. Aber ganz ohne Tücken ist die Methode auch nicht, wie Laura Hollerbach von der Wildtiergenetik Senckenberg erklärt. »Sucht man Arten, die sehr selten sind, kann es passieren, dass der Hund – quasi aus Langeweile – damit beginnt, auch anderen Kot anzuzeigen. Fuchs- und Wildkatzenlosung sind leicht zu verwechseln. Man muss darauf achtgeben, den Hund nicht für einen falschen Fund zu belohnen.«

Haare, verdaute Reste. Stück für Stück, Mosaikstein für Mosaikstein setzt sich das Mysterium Wildkatze zusammen.

Auf Spurensuche

»Es war ungefähr ein Uhr nachts, als ich mit meinem Scheinwerfer im mediterranen Buschland Portugals unter anderem nach Wildkatzen spähte und tatsächlich auf eine stieß. Sie war zunächst schüchtern, nutzte dann aber ungeniert das Licht meiner Taschenlampe für ihre Beutesuche«, erzählt Pedro Monterroso, der die Tiere auf der Iberischen Halbinsel erforscht. Verblüffend ist die Begegnung deswegen, weil es dort eher ungewöhnlich ist, auf eine in Menschennähe entspannt agierende Wildkatze zu stoßen. »Andernorts, im Norden Spaniens oder in Deutschland, lassen sie sich oft gut mit dem Fernglas aus einiger Distanz beobachten. Hier ist das beinahe unmöglich«, sagt der Biologe.

Während Haare und Kot Aufschluss darüber geben, welcher Population ein Tier angehört, ob es sich um ein Weibchen oder Männchen oder vielleicht um eine Hybride handelt, sagen einem diese Informationen noch nichts über das Verhalten, über das geheimnisvolle Leben von Europas kleinen Tigern. Dafür braucht es

Beobachtungen, direkt wie in Portugal oder auch indirekt, wie das in Polen oft praktiziert wird.

»Wir warten auf den Schnee. 20 bis 30 Zentimeter sind ideal, weil dann die Hauskatzen nicht mehr unterwegs sind«, erzählt mir Henryk Okarma. Der polnische Biologe zieht mit seinem Team regelmäßig los, um im Süden des Landes nach Wildkatzen Ausschau zu halten, genauer gesagt nach ihren Spuren. Diese unterscheiden sich von jenen der Hauskatze nur dadurch, dass sie ungefähr einen Zentimeter länger und breiter sind. Kralleneindrücke fehlen im Spurenbild, da die scharfen Krallen lediglich beim Beuteschlagen, Klettern oder zur Abwehr ausgefahren werden.[1] »Natürlich haben Wildkatzen Probleme, sich fortzubewegen, wenn viel Schnee liegt, aber sie haben keine andere Wahl, sie müssen Beute machen«, fährt Okarma fort. Sie versuchen sich jedoch dort aufzuhalten, wo sie nicht zu tief versinken und wo auch die Mäuse am ehesten zu finden sind. »Das ist zum Beispiel unter Bäumen, entlang von Waldrändern und in der Nähe von Scheunen der Fall. Dort suchen auch wir nach ihren Spuren«, sagt er. Gut möglich, dass ihre Pfotenabdrücke in ein Versteck führen. Vor allem Dachsbaue stehen bei ihnen hoch im Kurs. Im deutschen Hainich führten Spuren im Schnee zu einem Bau, in dem sowohl Fuchs, Dachs als auch Wildkatze – wenn auch in unterschiedlichen Röhren – Quartier bezogen hatten.[2]

Welche Indizien helfen noch dabei, mehr über das verborgene Leben der kleinen Raubtiere in Erfahrung zu bringen? Leopold Slotta-Bachmayr hat einen Tipp: »Du musst Mäuse verstehen, um Wildkatzen zu verstehen. Denn wo Mäuse sind, da sind auch Wildkatzen.« Michel Fernex würde das sofort unterschreiben. Der rüstige Mediziner, der 1972 auf jene Wildkatzen-Reliktpopulation an der französisch-schweizerischen Grenze gestoßen war, die sich in den Folgejahren langsam wieder ausbreitete, ist passionierter Naturbeobachter. »Man muss immer die Beute studieren, bevor man ein Raubtier sucht«, erklärt er in einem Film über Wildkatzen, der 2010 im Schweizer Fernsehen ausgestrahlt wurde.[3]

Mäuse durchlaufen unterschiedliche Populationszyklen, einmal tauchen sie zahlreicher auf den Wiesen, einmal zahlreicher im Wald auf. Feld- und Schermäuse, die zu den Wühlmäusen zählen, vermehren sich alle paar Jahre so massenhaft, dass sie erhebliche Schäden in der Landwirtschaft verursachen. Die Wildkatzen freuen sich, bekommen sie doch ein Festmahl geliefert, das sich noch leichter konsumieren lässt, wenn der Bauer die nährstoffreichen Wiesen in Waldrandnähe gemäht hat. Dann stört das hochstehende Gras nicht mehr bei der Pirsch. Nach einer Nagerexplosion brechen die Bestände im Folgejahr wieder ein und die gewieften Jägerinnen müssen ihr Glück wieder vermehrt im Wald suchen. Dass sie auch dort, wo die Mausdichten in der Regel geringer sind (abgesehen von ertragreichen Buchen-, Eichen- und Fichtenjahren), erfolgreich abschneiden, liegt an ihrer effizienten Jagdtechnik. Anders als Hauskatzen warten sie selten stundenlang vor einem Loch, sondern pirschen aktiv nach den kleinen Nagern. Mit ihrem feinen Gehör nehmen sie auch das leiseste Trippeln wahr, sie bestimmen gekonnt die richtige Entfernung zur Geräuschquelle[4], um schließlich zu einem gezielten Sprung auf die Beute anzusetzen. »In einem Jahr kann man praktisch alle Wildkatzen auf den Wiesen sehen, das andere Jahr findet man sie vorwiegend im Wald, dann sieht man sie nicht, man sieht nur die Spuren«, erklärt Fernex den Sachverhalt im Schweizer Fernsehen.[5]

Dass die aparten Katzen geradezu perfekt mit ihrer Umgebung verschwimmen, davon kann Manfred Trinzen, der als Biologe, Wildtier- und Wildkatzenkenner in der Eifel tätig ist, ein Lied singen. Gemeinsam mit seiner Frau Ingrid Büttner-Trinzen hat er schon mehrere Dokumentarfilme über Wildkatzen gedreht, in Not geratene Tiere von Hand aufgezogen und wieder ausgewildert sowie im Rahmen mehrerer Forschungsprojekte ihr Verhalten studiert. Trotzdem scheint auch er vor blinden Flecken nicht gefeit zu sein. »Ich saß mit meiner Filmausrüstung stundenlang auf einem Hochsitz, ohne dass sich ein einziges Tier blicken ließ. Lediglich eine Hirschkuh tauchte auf und zupfte ein wenig am

Ginster«, beginnt er zu erzählen. Erst Wochen später, als er das Filmmaterial zu Hause am Computer sichtet, bemerkt er hinter der äsenden Hirschkuh ein nicht unwesentliches Detail. »Dort saß doch tatsächlich eine Wildkatze auf einem Baumstumpf und putzte sich entspannt«, beschreibt Trinzen sein Aha-Erlebnis. Bei der Aufnahme selbst war ihm das Tier völlig entgangen.

Vielleicht hat die Katze auch nur darauf gewartet, endlich den Ginster von der Hirschkuh übernehmen zu dürfen? Vom Eifel-Förster Markus Wunsch erfahre ich, dass Wildkatzen gelegentlich auf den Zweigen des Ginsters herumkauen, vermutlich um ihre Zähne zu reinigen. »Hier bei uns in der Südeifel nutzen sie die gelb blühenden Sträucher gerne, um ihre Markierungen zu platzieren. Da der Ginster hoch nach oben wächst und eine winddurchlässige Form aufweist, verbreitet er den Duft effektiv«, erzählt der Förster von seinen Beobachtungen. Der Strauch eignet sich aber genauso als Schutz vor unfreundlicher Witterung oder vor bedrohlich erscheinenden Situationen, die das Tier bis in 300 Meter Entfernung und mit einem Sichtfeld von 180 Grad erspähen kann. Abgesehen vom Ginster und von Dachsbauen – die ihnen vor allem im Winter lieb sind – nutzen Wildkatzen tagsüber eine ganze Reihe von Verstecken. Sie tarnen sich im Totholz, kriechen unter ausgehebelte Wurzelteller, lagern im undurchdringlichen Brombeerdickicht oder rollen sich in Baumhöhlen ein. Sie verschmähen aber auch Hochsitze von Jägern, dauerhaft angelegte Holzstapel oder Rohrdurchlässe nicht.[6] Hauptsache, ungestört. So verdösen sie in der Regel den Tag, um dann vorwiegend in der Dämmerung und nachts auf die Jagd zu gehen. Aber bei Weitem nicht alle Wildkatzen sind Tagträumer. Ihre Aktivität hängt unter anderem davon ab, ob es sich um einen Kuder oder eine Kätzin handelt, ob es ein junges oder altes Tier ist und ob gerade Sommer oder Winter ist. In Kälteperioden sparen Wildkatzen Energie, indem sie pausieren: »Ende Februar 2018 war es so kalt, dass eines der von mir besenderten Tiere eine Woche fast gar nichts gemacht hat – nicht am Tag und nicht in der Nacht«, erzählt Manfred Trinzen. Von Gebieten, wo weder Holzarbeiten noch Wanderbetrieb für Unruhe sorgen, weiß man, dass Wildkatzen auch tagsüber recht umtriebig sind. Sie passen sich außerdem an das Beuteangebot an; während sie in Jahren, in denen die Nagerdichten explodieren, in kurzer Zeit raschen Jagderfolg verbuchen und sich damit längere Pausen gönnen können, wenden sie in nagerarmen Jahren mehr Zeit für die Jagd auf. Kätzinnen mit Nachwuchs sind sowieso 24 Stunden, sieben Tage die Woche im Einsatz, denn immerhin müssen sie für ihre hungrigen Jungen bis zu zwei Kilogramm Mäuse pro Tag fangen. Und in der Ranzzeit geben die Hormone den Takt vor; insbesondere die Kuder streifen dann rastlos auf der Suche nach einer Partnerin umher, egal zu welcher Tageszeit. Sie finden einander vor allem über ihre feine Nase.

Die sozialen Einzelgänger

Wildkatzen schärfen ihre Krallen regelmäßig an weichrindigen Bäumen und Sträuchern. Dabei nutzen sie mit Vorliebe Schnittpunkte von Wildtierwechseln oder Wegkreuzungen. So können sie nicht nur optische, sondern gleich auch olfaktorische Markierungen hinterlassen. Zwischen ihren Zehen- und Sohlenballen befinden sich nämlich Schweißdrüsen, die sich während des Krallenschärfens entleeren und tierische »Kurznachrichten« über Wohnort und Jagdgebiet an die Artgenossen übermitteln.[7] Auch im Bereich der Wangen, die sie an Bäumen oder Lockstöcken reiben, befinden sich Duftdrüsen.[8] Urinmarken und deponierter Kot – sofern ihn nicht Sarek zuvor aufstöbert – komplettieren das »Meldesystem«.[9] »So tauschen sich Wildkatzen über ihre Aufenthaltsorte aus, das ist eine Art von Sozialverhalten«, erklärt Biologe Manfred Trinzen, der sich seit mehr als 40 Jahren mit Wildtieren beschäftigt.

Wenn man die Literatur nach Wildkatzen durchforstet, begegnen einem immer wieder Beschreibungen von »mürrischen Einzelgängern«, die, abgesehen von der Beziehung zwischen Mutter und Nachwuchs, völlig unsozial ihrer Wege gehen. Doch diese Vorstellung gilt als überholt. »Das Denken in Kategorien, welches

›absolute Einzelgänger‹ mit ›sozialen Arten‹ kontrastiert, entspringt unserer Schwierigkeit zu erkennen, dass Tiere über ein hohes soziales Potenzial verfügen«, gibt Wildtierbiologe Trinzen zu bedenken.

Lange Zeit herrschte die Annahme vor, dass sich Artgenossen nur in der Ranzzeit, also der Paarungszeit, treffen, wenn sich die Kuder, die männlichen Wildkatzen, auf Weibchenpirsch begeben, weit umherstreifen und mit Kontrahenten lautstarke Kämpfe um die Gunst der Kätzinnen austragen. Heute weiß man aber, dass die Tiere mit dem notorischen Einzelkämpferimage differenziertere Kontakte zueinander pflegen und das auch außerhalb der Ranz.

Telemetriestudien liefern, dafür meist die entscheidenden Hinweise. Via »Fernmessung«, so die Bedeutung des griechischen Wortes Telemetrie, werden Daten von einem Sender – bei Säugetieren ist dieser in der Regel in ein Halsband integriert – auf einen Empfänger übertragen. Auf diese Weise lassen sich Informationen über den Standort und die Aktivität der Tiere generieren. Wer kennt nicht das Bild vom Forscher, der mit VHF-Antenne – die Abkürzung steht für *very high frequency*, also »sehr hohe Frequenz« – im Felde steht und nach piependen Geräuschen peilt? Mittels Richtantenne und eines speziellen Empfangsgeräts kann das gepulste, hochfrequente Funksignal eines Halsbandsenders aus mehreren Kilometern Entfernung geortet werden. Sobald sich aber ein Tier in einem tieferen Tal aufhält oder von einem Bergrücken verborgen wird, lässt sich bei der klassischen Radiotelemetrie kein Signal mehr empfangen. Die Suche nach den besenderten Tieren ist daher vor allem in unwegsamem Gelände extrem aufwendig und die Positionsbestimmung kann um mehrere Hundert Meter schwanken.

Moderne Systeme bedienen sich der mittlerweile allgegenwärtigen GPS-Technologie. Dabei erfolgt die Positionsbestimmung mithilfe von Satelliten, die laufend ihre Position und Uhrzeit übermitteln. Der im Halsband integrierte GPS-Empfänger berechnet aus diesen Signalen den eigenen Aufenthaltsort, und das mit hoher Genauigkeit. Um die Schwankungsbreite bei der Lokalisierung des Tieres so gering wie möglich zu halten, und zwar bei ca. 15 Metern, braucht es jedoch Kontakt zu mindestens drei Satelliten. Nicht nur die Positionsangaben sind im Vergleich zur Radiotelemetrie um ein Vielfaches exakter, auch die generierten Informationsmengen sind wesentlich größer und lassen sich über Monate speichern. Darüber hinaus bietet die GPS-Technik einen weiteren Vorteil: Statt sich mühsam durchs Gelände zu kämpfen, vibriert einfach das Handy. Per SMS lassen sich die gesammelten Daten empfangen, und das zum Teil alle zwei bis sechs Stunden. Besenderte Wildkatzen schicken in der Regel allerdings keine Kurznachrichten aufs Handy. Ihre Halsbandsender wiegen deutlich unter 100 Gramm und bieten dieses komfortable Service bisher noch nicht. Deswegen müssen die Forscher trotz GPS-Technologie ins Feld ausrücken, um ihre Signale zu orten.

Endlos funktionieren die Sender, gleich welcher Methode, aber nicht. Ihre Batterien sind nach spätestens zwei Jahren leer. Damit die Tiere den »Halsschmuck« nicht unnötig weiter tragen, verfügen die meisten Sender über Sollbruchstellen oder gezielte Abwurfmechanismen.

Dank dieser ausgefeilten Techniken wissen wir mittlerweile, dass nicht nur die wesentlich größeren Streifgebiete der Männchen mit jenen der Weibchen überlappen, sondern dass sich auch innerhalb der Geschlechter viele Gebiete decken.[10] Hubert Potočnik fand etwa in den Dinariden heraus, dass sich die Aktionsräume von telemetrierten Kätzinnen zu zehn bis 40 Prozent überschneiden können. Statt fester Reviergrenzen, die vehement gegenüber Artgenossen verteidigt werden, nutzen Wildkatzen also fluide Streifgebiete, die sich unterschiedlich stark miteinander decken.[11] Keine schlechte Ausgangssituation für ein gelegentliches Treffen unter Katzen.

»Der Grad der Überlappung scheint vom Nahrungsangebot abhängig zu sein«, erklärt der slowenische Biologe Potočnik. Alle drei bis sieben Jahre kommt es zu einer Buchenmast, die Unmengen von Bucheckern und in der Folge eine explosionsartige Vermehrung von Wühlmäusen – vor allem von Rötelmäusen – und Siebenschläfern nach sich zieht. »In solch futterreichen Jahren dürften es die Wildkatzen lockerer mit den Streifgebieten nehmen«, folgert er.

Eine aktuelle Studie der Justus-Liebig-Universität Gießen, die noch in der Auswertung steckt, hat zudem festgestellt, dass Wildkatzen in guten Lebensräumen in höheren Dichten vorkommen als bisher angenommen. Die Spur wird heißer. So wundert es nicht, dass bestimmte Verstecke und Schlafplätze mehr als einem Tier behagen. Schon in den späten 1990er-Jahren orteten VHF-Antennen zwei besenderte Weibchen aus dem Hainich gelegentlich im gleichen Versteck – einem verlassenen Fuchsbau in einem alten Steinbruch –, wenn auch nicht zur gleichen Zeit.[12] Aller Wahrscheinlichkeit nach deutet der Usus des Versteck-Teilens auf zwei miteinander verwandte Tiere hin, vielleicht Geschwister oder ein Mutter-Tochter-Gespann. Auch gute Schlafplätze werden als »Allgemeingut« gehandelt, nicht nur unter Kätzinnen, sondern auch unter Katern.[13] Dafür nimmt man gerne einmal eine längere Wegstrecke in Kauf. In der Nordeifel spazierte ein junger Kuder häufig quer durch das Streifgebiet älterer Artgenossen, um einen seiner Lieblingsschlafplätze aufzusuchen.[14]

Dort, wo schließlich beides top ist, Beute- und Versteckangebot, lassen sich regelrechte Wildkatzen-Hotspots nachweisen. Bei der Telemetriestudie im Hainich tauchten an bestimmten Orten bis zu vier der besenderten Tiere immer wieder auf; selten, aber doch, sogar zur gleichen Zeit und auch außerhalb der Ranz.[15] Gut möglich, dass sie besonderen Gefallen an den vielfältigen Versteckmöglichkeiten in Weiß- und Schlehdornhecken, zwischen Totholz und unter Wurzeltellern fanden, genauso wie an der Futterpalette, die von Wald- und Feldmaus über Rötel- und Gelbhalsmaus bis hin zu Erd- und Schermaus reichte.[16]

Bei jenen zwölf Exemplaren, die Wildbiologe Manfred Trinzen in Nordrhein-Westfalen »fernbeobachtete«, scheint es einen anderen Grund für die wiederholten Stelldicheins zu geben. Eigentlich damit beschäftigt herauszufinden, wie sehr sich der Bau und Betrieb von Windenergieanlagen auf die Tiere auswirkt, stellte Trinzen 2013 fest, dass sich mindestens drei der Wildkatzen in bestimmten Nächten zwischen Mitte Februar und Ende

Mai an einem Tümpel im Windpark Dahlem in der Nordeifel einfanden. »Diese Treffen - sowohl von Weibchen als auch Männchen - dauerten mehrere Stunden. Was dort genau passierte, wissen wir nicht«, führt der Biologe aus. Er hat aber eine Vermutung: »Wildkatzen laufen gerne entlang von Bachtälern. Vielleicht war es früher so, dass sich an jedem Bachlauf ein Teich von einem Biber fand und dass Tiere mit großen Raumansprüchen, wie das für Wildkatzen üblich ist, solche markanten Stellen gezielt ansteuern.« Und das passiert während, aber auch außerhalb der Paarungszeit.

Wildkatzen treffen einander gelegentlich, teilen sich Verstecke und Schlafplätze und lassen ihre Streifgebiete - je nach Nahrungsverfügbarkeit - unterschiedlich stark miteinander überlappen. Dennoch hält sich selbst in zahlreichen Lehrbüchern hartnäckig die Meinung, dass Wildkatzen in die Kategorie »absolute Einzelgänger« fielen und Löwen die einzigen sozial interagierenden Katzen wären. Insofern lohnt sich ein Abstecher in die Schweiz.

Was wir von Gehegetieren lernen

Seit frühester Kindheit von Tieren fasziniert, war ihre Laufbahn quasi vorbestimmt. Heute arbeitet die Schweizerin Marianne Hartmann als Zoologin, berät den Europäischen Zooverband bei Fragen rund um das Verhalten von Katzen und ist Pionierin auf dem Gebiet artgerechter Wildkatzenhaltung. Seit knapp 30 Jahren leitet sie in der Forschungsstation Bockengut bei Zürich ein Langzeitforschungsprojekt zum Verhalten von Europäischen Wildkatzen. In vier Gehegen, die zwischen 150 und 370 Quadratmeter messen, sind jeweils zwei bis drei Tiere sowie etwaiger Nachwuchs untergebracht. Ursprünglich aus verschiedenen Zoos stammend, zeigten die meisten Tiere zu Beginn Verhaltensstörungen, legten diese aber im Lauf der Zeit ab. Das liegt zum einen daran, dass die Individuen noch nicht nachhaltig traumatisiert waren - je länger Verhaltensstörungen andauern, desto wahrscheinlicher sind irreversible Hirnschäden –, und zum anderen an den vielfältigen Reizen und Strukturen in den Züricher Gehegen, die sämtliche Bedürfnisse der Tiere, vom Ruhen über das Klettern bis hin zum Jagen, abdecken.

Besonders ausgefinkelt ist das Fütterungssystem. Während es in vielen Haltungen üblich ist, einfach tote Hühnerküken im Gehege zu verteilen, achtet Hartmann darauf, ihre Katzen zu fordern. Rund 20 Futterkästen, die nach dem Zufallsprinzip mit toten Mäusen bestückt werden, veranlassen die Gehegekatzen zu steter Wachsamkeit und Patrouillen von Box zu Box. Sie gehen auf Nahrungssuche, so wie sie es auch in der Natur tun würden.[17] Wo und wann das Futter genau auftaucht, bestimmt ein elektronischer Mechanismus, der die Boxen zu willkürlichen Zeiten öffnet.[18] Kaum dass der Verschluss der Box rattert und die Maus herauspurzelt, schlägt eine der Wildkatzen auch schon zu. Um die Sache noch authentischer zu gestalten, sind manche Mäuse zusätzlich an einem Gummizug befestigt. Beim Zuschnappen der Katze produziert dieser einen Widerstand, ähnlich wie das Beutetier dies in der Natur durch Zappeln und Fluchtversuch tun würde. Erst wenn die Katze fest zubeißt, sprich den Tötungsbiss setzt, lässt der Widerstand respektive der Gummizug nach. Das Resultat sind Wildtiere, die weitgehend natürliche Verhaltensweisen an den Tag legen und Aktivitätsrhythmen frönen, die mit jenen ihrer freilebenden Artgenossen vergleichbar sind.[19] »Das Gehege kann natürlich nie zu hundert Prozent die Freilandsituation widerspiegeln, wo die Tiere auch Gefahren und Konkurrenz ausgesetzt sind, dennoch gewinnen wir daraus erstaunliche Erkenntnisse zum sozialen Potenzial und anderen Verhaltensweisen von Wildkatzen«, sagt Hartmann. So beobachtete sie wiederholt Konstellationen, in denen Mutter und Tochter gleichzeitig Nachwuchs zur Welt brachten und die Jungen, sobald diese die Wurfhöhle verließen, zusammenlegten, um sie gemeinsam aufzuziehen, zu säugen und Ausflüge im Gehege zu unternehmen.[20] Hin und wieder hatte eine Katze gleich zwei Würfe in einem Jahr. Bemerkenswert dabei war, dass der ältere Nachwuchs bei der Betreuung der kleineren Geschwister mithalf. »Fünf bis sechs Monate alte Katzen sind bereits selbstständig und könnten sich im Gehege, wo es genug Raum gibt, ohne Probleme absentieren. Das taten sie aber nicht. Männchen wie Weibchen kümmerten sich intensiv um die Babys, legten sich zu ihnen, putzten die Kleinen und ließen diese auf sich herumklettern«, beschreibt Marianne Hartmann das - aus der Einzelgängerperspektive betrachtet - unerwartete Verhalten.

Dass Väter in die Jungenaufzucht eingreifen, auch das würde kaum jemand für möglich halten. Normalerweise ist diese bei Wildkatzen nämlich Frauensache. Die Gehegeväter wirbeln das Konzept ein wenig durcheinander. »Ich habe zwar nie beobachtet, dass die Väter dem Nachwuchs aus eigenem Antrieb Futter bringen, aber viele sind aktiv in die Betreuung eingebunden, suchen die Nähe der Jungen und spielen mit ihnen, manchmal sogar richtig ausgelassen«, erzählt die Zoologin. Ein Kater gab aber tatsächlich jede Maus, die er aufschnappte, an seine herbeieilenden Jungen weiter und begann erst dann selbst zu fressen, wenn kein Jungtier mehr angerannt kam. Repräsentativ für alle Wildkatzenmännchen ist dieses Verhalten nicht. Es zeigt aber, wie unterschiedlich einzelne Individuen und ihre Charaktere sein können. »Anthropomorph ausgedrückt ist bei Wildkatzen sozial alles möglich, die Palette reicht von abgrundtiefer Abneigung bis hin zur ganz großen Liebe«, sagt die Expertin.

Liebe auf den ersten Blick muss es wohl gewesen sein, als ein etwa zweijähriger Kater auf die jungen Kätzchen Hänsel und Gretel stieß. Die beiden verwaist aufgefundenen Wildkatzen aus Baden-Württemberg landeten vor einigen Jahren - mangels Optionen im eigenen Bundesland - in der Auffangstation in der Eifel, wo Biologe Manfred Trinzen jahrzehntelange Erfahrung mit der Aufzucht von Wildtieren, insbesondere Wildkatzen, hat. Die Kätzchen blinzelten kaum aus ihrer Transportbox, da inspizierte sie Kater Sabu aus dem Nachbargehege schon neugierig von einem erhöhten Aussichtsposten. Sabu wartete wie alle Katzen, die vorübergehend bei den Trinzens Quartier bezogen, auf seine Auswilderung. Gemeinsam mit Wildkatzendame Muffin vertrieb er sich die Zeit aber auf unerwartete Art und Weise. »Sie hatten einen ungeplanten Wurf«, sagt der Biologe, der dezidiert keine

Zucht betreibt, sondern lediglich pflegebedürftigen Wildkatzen zu einer zweite Chance auf ein artgerechtes Leben in Freiheit verhilft. Gleichzeitig ermöglichte die Überraschung spannende Beobachtungen: »Sabu hat sich zum Teil mehr um die Jungen gekümmert als die Mutter selbst«, berichtet Manfred Trinzen.

Hänsel und Gretel scheinen die Vatergefühle des Katers erneut entfacht zu haben. Ohne lange zu fackeln, begann er nach den beiden tapsigen Neuankömmlingen zu rufen. Mit Erfolg. Gretel sprang sofort aus der Box, kletterte den Zaun hoch und der Kater leckte durch den Zaun hindurch ihr Fell ab.

Marianne Hartmann kennt vergleichbare Situationen von ihren Gehegetieren, die verängstigte Familienmitglieder durch bestimmte Laute und das Lecken des Fells zu beruhigen versuchen. Derartige Konstellationen treten zwischen erwachsenen Partnern, zwischen Müttern und ihren Jungen, aber auch zwischen Brüdern auf. Letztere bilden im Alter von etwa acht Monaten eine Rangordnung aus, wobei jener zum Anführer wird, der – ungeachtet seiner körperlichen Beschaffenheit – die stärkste Persönlichkeit aufweist. Solcherlei Verhaltensweisen kennt man in erster Linie von Primaten und anderen in sozialen Gruppen lebenden Tieren.[21] Dazu zählt auch das Unterdrücken von Verhaltensreaktionen, um nicht die Aufmerksamkeit oder die potenzielle Aggression von Gruppenmitgliedern auf sich zu ziehen. Wenn eine Wildkatze im Gehege normalerweise ein Stück Beute für sich beansprucht, packt sie diese und knurrt dazu. Das bedeutet so viel wie: »Die Beute gehört mir, ich bin bereit sie zu verteidigen.« Dieses Verhalten bleibt den anderen Tieren nicht verborgen. Als Wildkatze Diana jedoch einmal zufällig auf eine Maus stieß, die von einem der Futterkästen freigegeben und von den anderen Katzen übersehen worden war, spähte sie zuerst durchs Gehege, um sicherzugehen, dass niemand den Fund bemerkt hatte, nahm die Maus dann zwischen die Zähne und trug sie ein paar Schritte hinter einen Baum, um sie dort leise und unentdeckt von den anderen zu verspeisen.[22]

»Warum sollten so hoch entwickelte soziale Fähigkeiten im Laufe der Evolution entstanden sein, wenn die Tiere im Freiland nur einzelgängerisch leben und diese Fähigkeiten nie brauchen?«, fragt Hartmann kritisch. Sie vermutet, dass viele Katzenarten, Wildkatzen eingeschlossen, von Natur aus sozialer sind, als es ihnen nachgesagt wird, vor allem dann, wenn optimale Umweltbedingungen mit reichlich Nahrungsressourcen vorherrschen.[23] Erst kürzlich entdeckten Forscher bei Pumas, die ebenfalls als Einzelgänger gelten, ein komplexes Sozialsystem, das auf dem Teilen großer Beutetiere basiert.[24] Mittlerweile gibt es auch bei Freilandwildkatzen Indizien für intensivere Kontakte zwischen Artgenossen. »Bei meinen ersten Präsentationen über ihre sozialen Fähigkeiten bin ich noch belächelt worden«, erinnert sich die Zoologin. Heute fallen die Reaktionen vorsichtiger aus.

Nahkontakte im Freiland

Wildtierbiologe Malte Götz war 2007 im Südharz unterwegs, um den Nachwuchs einer besenderten Wildkatze zu begutachten. Auf dem Weg dorthin stieß er völlig überraschend auf einen zweiten, etwas jüngeren Wurf, der augenscheinlich von einer senderfreien Wildkatze stammte. Die Mutter selbst war nicht zu sehen. Verblüffenderweise betrug die Distanz zwischen diesen beiden Würfen nur um die 20 Meter. Am nächsten Tag waren die Kätzchen weg. Sehr wahrscheinlich hatte die Mutter sie in ein neues Versteck getragen. Für Marianne Hartmann scheint die Sachlage klar: »Die Kätzinnen müssen sich gekannt und eine Form von Beziehung zueinander gepflegt haben, anders lässt sich diese Nähe nicht erklären.«

Aus den Südharzer Telemetriedaten geht außerdem hervor, dass es gelegentlich zu friedlichen Familienbesuchen durch Kater kommt und sich Mutter und potenzieller Vater sogar außerhalb der Ranzzeit treffen.[25] »Wir wissen dabei allerdings nie, ob es sich bei dem Besucher dezidiert um den Vater handelt«, erklärt Götz und stellt fest: »Bis dato deutet nichts darauf hin, dass Kater sich an der Jungenaufzucht beteiligen, sprich mehrere Tage oder gar länger rund um den Wurf verweilen.« Eine Untersuchung zum

Paarungsverhalten von Wildkatzen in Rheinland-Pfalz kommt zu demselben Schluss. Nur in Einzelfällen ließen sich Kuder in der Nähe des Wurfortes oder der Kätzin peilen. Keiner der untersuchten Kuder interagierte nachweislich mit dem Nachwuchs.[26]

Manfred Trinzen hegt dagegen den Verdacht, dass sich die Kater durchaus an der Versorgung des Nachwuchses beteiligen könnten. »Normalerweise fressen Wildkatzen ihre Beute an Ort und Stelle, das gilt vor allem für kleine Feldmäuse. Bei einem Kater fiel mir jedoch auf, dass er wiederholt tagsüber jagte – was eher untypisch ist – und seine Beute immer wieder in den Wald trug, interessanterweise genau in die gleiche Richtung, in die auch eine Kätzin verschwand, die sich mit großer Wahrscheinlichkeit gerade um ihren Nachwuchs kümmerte«, erzählt Trinzen von seinen Beobachtungen aus der Eifel.

Malte Götz betont dagegen, dass es – abhängig von den Ausmaßen der Beute – nicht unüblich sei, dass Wildkatzen zunächst in Deckung gehen, um die Beute zu zerteilen und erst dann zu fressen. »Eine Schermaus, die bis zu neun Zentimeter groß werden kann, wird häufig in vier bis sechs Teile zerlegt. Das sehen wir bei der Untersuchung von Wildkatzenmägen«, erklärt der Biologe aus dem Südharz. Ob der Eifel-Kater seine Beute – als progressiver Vater – tatsächlich geteilt oder doch selbst vertilgt hat, bleibt sein Geheimnis.

Wildkatzenurgestein Rudolf Piechocki erwähnt in seinem Grundlagenwerk zu Feliden die Beobachtung »einer Wildkatzenfamilie beim Forellen-Fischen« im Jahr 1964 im Solling in Niedersachsen. »Die Eltern saßen geduckt am Wasser und schlugen Forellen blitzschnell mit einer Pfote an Land. Die Jungen balgten sich darum.«[27] Handelte es sich hier um eine frühe Form von »halbe-halbe«? Selbst wenn dies nicht der Fall ist, bildet die Anekdote einen weiteren wichtigen Mosaikstein zum besseren Verständnis der sozialen Fähigkeiten möglicherweise missverstandener Einzelgänger. Dazu trägt auch jede einzelne sendermarkierte Wildkatze bei, wenn auch die Anzahl der in Summe mit Sendern ausgestatteten Tiere und das daraus ableitbare Wissen in einem proportional kleinen Rahmen bleiben. Das Verhalten einer zurückgezogen lebenden Art wie der Wildkatze zu ergründen, ist eben alles andere als ein leichtes Unterfangen. Die bisherigen Erkenntnisse reichen dennoch aus, um festzustellen, dass Katzen vor allem eines sind: Individuen mit unterschiedlichen Charakteren, die soziale Kontakte zu Artgenossen pflegen. Nicht täglich, aber oft genug, um der reinen »Einzelgänger-Kategorie«, in die wir sie gesteckt haben, zu entwachsen.

Mehr Nachwuchs?

Es ist heiß. Kein Wunder, dass Sarek nach seiner ersten Suchetappe eine längere Verschnaufpause nötig gehabt hat. Nachdem er sich im Schatten abgekühlt, ausgiebig getrunken und ausgerastet hat, brechen wir zu einer zweiten Runde auf. Ich frage Leopold Slotta-Bachmayr, wie er – basierend auf seinen Erfahrungen – die sozialen Fähigkeiten der Wildkatze einschätzt. »Wer die Tiere im Kampf gesehen und gehört hat, weiß, dass es ordentlich zur Sache gehen kann. Im Zoo leben Weibchen und Männchen aber das ganze Jahr über zusammen, und das in der Regel problemlos, auch bei der Jungenaufzucht. Sie können sozial sein, wenn sie wollen«, meint er und ergänzt: »Die Nahrungsdichte und -verteilung sind wohl ein entscheidender Faktor dafür, wie ›sozial‹ oder ›asozial‹ sich Wildkatzen letztlich verhalten.« Das erinnert an fluide Streifgebiete und betont einmal mehr die Bandbreite sozialen Verhaltens, zu dem Wildkatzen situationsabhängig offenbar fähig sind.

Sarek startet energisch in die zweite Runde, läuft wieder voraus und ist ganz in seinem Element. Als der Weg schmäler wird und durch hochstehendes Gras führt, verlangsamt er sein Tempo und orientiert sich stärker an seinem Herrchen. Im verwachsenen Dickicht tut sich selbst eine Hundenase schwer, einen konkreten Geruch herauszufiltern. Doch plötzlich scheint etwas Sareks Aufmerksamkeit erregt zu haben, er springt auf einen Holzstapel und hält zielsicher auf einen bestimmten Punkt zu. Statt sich aber augenblicklich hinzulegen und so seinen Sucherfolg anzuzeigen, bleibt er stehen und blickt unschlüssig zu

Slotta-Bachmayr. Sarek ist sich offenbar nicht sicher. Sein Herrchen klettert nach. Ich erinnere mich in dem Moment daran, dass Wildkatzen ihren Nachwuchs gerne in dauerhaft angelegten Holzstapeln ablegen oder diese als Tagesverstecke nutzen. Vielleicht ist ein wenig Losung zurückgeblieben oder – was ich kaum zu hoffen wage – es kauert ein Bündel Jungtiere zwischen den Holzscheiten? Die Lösung ist bald gefunden. Der Biologe hält einen abgetrennten Rehlauf in die Höhe.

Als wir mit Sarek unterwegs sind, ist es Sommer, nicht gerade die typische Zeit für Wildtiere, um Nachwuchs zu haben. Das gilt auch für Wildkatzen. Normalerweise bringen sie einen Wurf mit zwei bis sechs Jungen im März oder April zur Welt.[28] Wenn die ersten Jungtiere jedoch nicht durchkommen, weil das Frühjahr besonders verregnet ausfiel und zu wenige Mäuse bot, kann es gegen Sommer hin, Mitte Juni bis Anfang Juli, einen zweiten Wurf geben.[29] In Freilanduntersuchungen ließ sich das bereits wiederholt feststellen.[30] In den letzten Jahren häufen sich aber insbesondere in Deutschland die Indizien dafür, dass es generell mehr Wildkatzennachwuchs gibt. Pflegebedürftige Jungkätzchen werden mittlerweile nicht mehr nur im Frühjahr, sondern immer häufiger auch im Sommer und Herbst an Wildtierstationen abgegeben. Sind Wildkatzen in Deutschland heute fortpflanzungsfreudiger?

»Prinzipiell kann eine Wildkatze bis zu zwei Würfe im Jahr bekommen, es dürften aber sogar bis zu drei möglich sein«, sagt Malte Götz. Seine Telemetriebeobachtungen im Südharz lassen außerdem darauf schließen, dass eine zweite Geburt innerhalb eines Jahres auch dann erfolgen kann, wenn der erste Wurf kein Fehlschlag war. Beweis dafür ist Katze F6. Sie zog im September 2004 zwei Junge groß und im April des Folgejahres war sie bereits wieder Mama von vier Jungkätzchen.[31] »Unter optimalen Umweltbedingungen ist das möglich«, sagt Marianne Hartmann dazu. Auch von anderen Katzenarten, wie etwa Kanadischen Luchsen, ist bekannt, dass sie bei idealen Konditionen im Freiland ihre Fortpflanzungsrate steigern können.[32]

Aber reichen die Erkenntnisse zu F6 und die Beobachtungen aus den Pflegestationen aus, um einen Anstieg der Würfe über die vergangenen Jahre zu verbriefen? Auch das Freizeitaufkommen im Wald hat sich in den letzten Jahren massiv gesteigert – Wandern, Mountainbiken, Reiten, Waldbaden. Wo mehr Leute unterwegs sind, vergrößert sich auch das Potenzial für Begegnungen mit Wildtieren. Vielleicht werden heutzutage einfach jene Tiere gefunden und aufgelesen, die früher niemand gesehen hat? Andererseits ist es auch denkbar, dass die Tiere tatsächlich von günstigeren Umweltbedingungen profitieren. Mildere Winter ohne geschlossene Schneedecken, trockene Frühjahre und warme Sommer kommen Wildkatzen, die tendenziell eher wärmeliebende Tiere sind, entgegen. Durch das Fichtensterben und liegen bleibendes Holz entstehen Versteckmöglichkeiten en masse und ideale Brutstätten für Mäuse, die sich hier einfacher jagen lassen. In Kombination könnten diese Parameter tatsächlich für ein Mehr an Wildkatzennachwuchs verantwortlich sein. Vorerst bleibt es aber bei der puren Spekulation, dass die Wildkatze à la longue zu den Gewinnerinnen der Erderwärmung zählt.

Waldkatze oder Steppenkatze?

Lange Zeit galt es in Mitteleuropa als unumstößliches Faktum, dass es sich bei der Wildkatze um eine reine Waldart handelt. Sogar ihr Name schien prädestiniert dafür, denn *Felis silvestris* heißt übersetzt so viel wie Waldkatze. Sie käme nur in Gebieten mit ausreichenden, zusammenhängenden Waldflächen vor[33] und bis auf die angrenzenden Wiesen zum Jagen gäbe es für sie keinen Anlass, sich zu sehr vom Waldrand zu entfernen; ein Kilometer sei das Maximum[34], die kritische Distanz würde aber schon bei 100 bis 150 Metern außerhalb schützender Laub- und Mischwälder beginnen.[35] Doch das Fundament für diese Argumentation hat mittlerweile Risse bekommen, genauso wie die kategorische Einzelgängerprämisse. Auf Straßen in Sachsen-Anhalt wurden schon Mitte der Nullerjahre überfahrene Wildkatzen entdeckt, die sich erstaunlich weit vom nächsten Waldstück weggetraut hatten – bis zu siebeneinhalb Kilometer.[36]

Seither tauchen immer mehr Nachweise von »Waldkatzen« außerhalb des Waldes auf. Vielleicht einfach deswegen, weil man nun auch andernorts nach ihnen sucht? Bis vor Kurzem fokussierte sich die Forschung in Mitteleuropa überwiegend auf großflächig bewaldete Mittelgebirgsregionen und die unmittelbare Waldrandzone.[37] Malte Götz sagt dazu: »In der offenen Landschaft haben wir gar nicht nach der Art gesucht. Insofern wissen wir nicht, ob ihr Auftauchen dort ein neueres Phänomen darstellt oder ob sie diese Bereiche vielleicht immer schon bewohnt hat.«

Aus historischen Daten lässt sich ablesen, dass Wildkatzen früher schon halboffene Landschaften besiedelt haben.[38] Wir erinnern uns zum Beispiel an die jungsteinzeitlichen Katzenüberreste aus dem norddeutschen Tiefland in Mecklenburg-Vorpommern, wiewohl die Gegend einst stärker bewaldet gewesen sein dürfte.[39] Es gibt aber auch Wildkatzennachweise aus den 1970er-Jahren, die aus veritablen Offenlandschaften südlich von Hamburg stammen, wie der Lüneburger Heide oder Dannenberg entlang der Elbe.[40] Aktuelle Nachweise in Ungarn orientieren sich gerne an den offeneren Flussauen. In der Türkei, wo zwar Laub- und Mischwälder im Norden des Landes den Hauptlebensraum darstellen, tauchen Wildkatzen im Westen auch in Feuchtgebieten und verbuschten Zonen rings um das Agrarland auf.[41] Und in den trockenen Gebieten Griechenlands kommen Wildkatzen praktisch gar nicht im Wald vor.

Wildbiologe Manfred Trinzen sieht sich in den Erkenntnissen der letzten Jahre bestätigt: »Für mich ist die Wildkatze noch immer eine Steppenkatze.« Sein Kollege Mathias Herrmann sieht das anders: »Für mich ist das nach wie vor eine Waldart, die aber auch im Offenland leben kann.« Die Wissenschaftler sind sich uneins, was völlig legitim ist und einfach zeigt, dass Interpretationen voneinander abweichen können. Das trifft auch auf Polen und die Schweiz zu. Während Beatrice Nussberger feststellt: »Es bleibt dabei, die Wildkatze ist eine Waldart«, betont Henryk Okarma:

»Es stimmt einfach nicht, dass sie eine Waldkatze ist. Ihre Spuren im Schnee haben uns gezeigt, wie sehr sie die Übergangszone zwischen Wäldern und Feldern nutzt. Im Wald selbst gibt es in der Regel viel weniger Nagetiere.«

Der italienische Forscher Stefano Anile versucht die beiden Sphären zu verbinden. »Es schaut danach aus, als wären Wildkatzen sehr an die Walddeckung gebunden, denn je fragmentierter der Waldlebensraum ist, desto weniger Individuen gibt es.« Das ist aber noch nicht alles. »Gleichzeitig ist die Art sehr anpassungsfähig. Sie kann auch in Sizilien in Gebieten ohne Walddeckung problemlos leben. Das liegt aber vor allem daran, dass es dort reichlich Wildkaninchen gibt«, fährt er fort. Eine ergiebige Futterressource scheint das Zünglein an der Waage zu sein.

Kreuzottern fehlen in vielen Tieflandgebieten gänzlich und kommen heute vielerorts nur mehr im Gebirge vor. Sie könnten aber freilich auch in tieferen Lagen leben, wenn der Mensch sie dort nicht zurückgedrängt hätte. Rothirsche unternahmen einst ausgedehnte Wanderungen vom Bergwald in den Auwald. Sie waren Tiere der offenen Landschaft, bis ihnen der Mensch keine andere Option als den Wald offenließ. Auch sie könnten ohne Weiteres außerhalb des Waldes leben. Warum also nicht auch Wildkatzen? Was sie nämlich vor allem brauchen und besonders mögen, ist dichte Vegetation. Je dichter, umso sicherer fühlen sie sich. Gestrüpp, durch das sich unsereins nur mühselig und widerwillig hindurchkämpfen würde, ist genau ihr Ding. Entscheidend für die Wildkatze sind keine 30 Meter hohen Buchen, sondern das, was sich in ihrer Kopfhöhe abspielt, also knapp 40 Zentimeter über dem Boden.[42] »In einem Meter Höhe endet der für sie wesentliche Horizont im Prinzip«, sagt Manfred Trinzen. Ein geschlossener Buchenhallenwald mit kargem Unterwuchs ist daher oft weniger nach dem Geschmack der Wildkatze als eine mosaikartige Landschaft mit Waldlücken oder Windwurfflächen, die unzählige Verstecke bergen und einen idealen Nährboden für Mäuse darstellen. »Von Telemetriedaten wissen wir, dass Wildkatzen dort kleinere Streifgebiete einnehmen«, erklärt der Biologe.

Durch Trockenheit, Stürme und Borkenkäfer sterben aktuell jährlich 3000 Quadratkilometer Wald in Mitteleuropa, damit hat sich die Fläche mit toten Bäumen in den vergangenen 30 Jahren verdoppelt.[43] Was für die Forstwirtschaft verheerend ist, kommt den Wildkatzen entgegen. Stürme wie Kyrill, der im Jänner 2007 durch weite Teile Europas fegte, verwandeln dichte, für Wildkatzen unzugängliche Fichtenforste in abwechslungsreiche »Mikado-Lebensräume«, die von den heimlich lebenden Jägerinnen mit Vorliebe genutzt werden.[44] Vorausgesetzt, das Holz bleibt liegen.

Die Wildkatze erobert sich Land zurück

Die Goldene Aue ist aus Sicht vieler Wildkatzenexperten wohl ein »suboptimaler Lebensraum«. Knallgelbe Raps- und ausgedehnte Getreidefelder prägen die intensiv landwirtschaftlich genutzte Gegend auf 150 Metern Seehöhe. Ausgerechnet hier startete Landschaftsökologin Saskia Jerosch mit ein paar Kollegen eine Wildkatzenstudie.[45] Erstmals blickten damit Forschende in Mitteleuropa nicht explizit in den Wald, sondern ins Offenland, das hier allerdings nicht nur ausgeräumte Agrarlandschaft aufweist, sondern auch durchsetzt ist mit Feldgehölzen, Hecken, verbuschten Streuobstwiesen und unterholzreichen Gewässerufern. Die Goldene Aue selbst ist begrenzt von den im Norden gelegenen Wäldern des Südharzes in Sachsen-Anhalt und dem im Süden befindlichen Kyffhäusergebirge in Thüringen. Eine Distanz von sieben bis zehn Kilometern Luftlinie liegt zwischen den beiden Wäldern, die über stabile Wildkatzenpopulationen verfügen. Zwei totgefahrene Tiere im Gebiet deuten darauf hin, dass es Wanderaktivität und Austausch zwischen Sachsen-Anhalt und Thüringen geben muss. Saskia Jerosch wollte es genau wissen und beobachtete deshalb zwischen 2010 und 2013 die Bewegungen von elf Wildkatzen, sechs Weibchen und fünf Männchen. Vor allem ging es ihr darum, herauszufinden, ob die Kulturlandschaft zum Wildkatzenlebensraum taugt.[46]

Die Erkenntnis? Das landwirtschaftliche Offenland dient nicht nur zur Durchreise, um möglichst rasch in den schützenden Wald zu gelangen, sondern es eignet sich tatsächlich – für beide Geschlechter und alle Altersklassen – auch als langfristige Bleibe und Kinderstube.[47] Zumindest zwei erwachsene Tiere lebten dauerhaft in der Goldenen Aue und wurden über 18 bzw. 26 Monate hindurch immer wieder nachgewiesen. Ein Weibchen schaffte es zudem erfolgreich Nachwuchs großzuziehen. Und auch in puncto Platzbedarf gab es interessante Erkenntnisse. Während Weibchen im Wald etwa 500 Hektar große Streifgebiete beanspruchen, begnügen sie sich im Offenland der Goldenen Aue mit durchschnittlich rund 285 Hektar.[48]

Ähnliche Erkenntnisse gibt es mittlerweile aus den Rheinauen in Baden-Württemberg[49] und auch in der Schweiz gelang es Wissenschaftlern bereits »Feldkatzen« nachzuweisen. Eines der sendermarkierten Weibchen, die Wildtierökologin Lea Maronde von der Stiftung KORA im Bereich des Neuenburgersees am Jurasüdfuß verfolgt, hat sich besonders hervorgetan. »Sie hält sich praktisch nur im Agrarland, in Raps-, Weizen- und Gemüsefeldern auf. Wir vermuten, dass sie dort auch Junge aufgezogen hat«, sagt Maronde. Im Winter begnügt sich die Pionierin mit wenigen dünnen Waldstreifen, während die anderen sechs sendertragenden Tiere regelmäßiger zwischen Feld, Auwald und dem Schilf am Seeufer pendeln oder überhaupt im Auwald leben. Der Grund für die Ausflüge ins Agrarland dürfte einmal mehr das reichhaltige Futterangebot sein. »Als Kollegen von mir und ich selbst mit der Arbeit im Offenland begonnen haben, lautete der Tenor noch einhellig: ›Die Wildkatze kommt nur in geschlossenen Waldgebieten vor.‹ Offenbar ist sie anpassungsfähiger als gedacht«, resümiert die Wildtierökologin.

In Griechenland ist, wie wir mittlerweile wissen, in puncto *Felis silvestris* sowieso alles anders. Biologin Despina Migli arbeitet gerade daran, den bis dato unbekannten Status der Hellas-Wildkatzen zu erheben, die am Festland – so viel lässt sich bereits sagen – mehr im Norden als im Süden verbreitet sind. Der Wald zählt aber offenbar nicht zu ihren favorisierten Aufenthaltsorten, wie die Ergebnisse von 138 Wildkameras, verteilt auf verschiedene Landschaftstypen, offenbaren. »Am häufigsten streifen sie durch Feuchtgebiete und die Kulturlandschaft, gefolgt von der hier typischen immergrünen Maquis-Buschlandschaft. Waldgebiete bilden das Schlusslicht«, sagt die Biologin.

Macht die Not erfinderisch?

Vielleicht waren Wildkatzen auch in Mitteleuropa immer schon im Offenland, nur ist es niemandem aufgefallen? Andererseits breitet sich die Art in verschiedenen Ecken Europas wieder aus, eine Tendenz, die sich seit ein, zwei Jahrzehnten abzeichnet. Geeignete Wälder Deutschlands beispielsweise verfügen über »gute, gesättigte Bestände«. Da diese »Kernlebensräume« besetzt sind, scheinen die Tiere nun weiter auszuschwärmen. Die Frage, die sich dabei stellt, ist, ob die strukturreiche Kulturlandschaft – also keine reine Agrarwüste, sondern Gebiete wie die Goldene Aue – im Vergleich zum klassischen Laubmischwald als adäquater Lebensraum mithalten kann oder abfällt und als »suboptimal« zu bewerten ist. Wildtierbiologe Mathias Herrmann vermutet Letzteres: »Es ist typisch für junge Wildkatzen, die sich ihr eigenes Streifgebiet suchen müssen, dass sie in schlechteren Habitaten leben als die dominanten erwachsenen Tiere.« Neueste Untersuchungsergebnisse aus der Schweiz deuten außerdem darauf hin, dass Wildkatzen, wenn sie die freie Wahl haben, zunächst große Wälder besiedeln. Erst wenn diese schon von Artgenossen besetzt sind, tauchen sie in weniger stark bewaldeten Gebieten auf.[50] Dieses Muster kennt auch Mathias Herrmann aus seinen Studienflächen in Rheinland-Pfalz: »Erst in den letzten zehn Jahren werden dort das Rheintal und andere Offenlandschaften zunehmend besiedelt«, sagt er.

Der Nachwuchs bzw. die Nachzügler von Ausbreitungswellen haben, wie es scheint, das Nachsehen, können sich aber – da die Art über eine gewisse Flexibilität verfügt – an ungünstigere Umstände anpassen. Aber ist die Kulturlandschaft im Stile der Goldenen Aue wirklich ungünstiger? Es wird gemutmaßt, dass sich Wildkatzen im Agrarland nicht so erfolgreich vermehren, dass also die Jungensterblichkeit höher sein könnte. Eindeutig kann das bisher niemand sagen.

Der portugiesische Wissenschaftler Pedro Monterroso beschreibt in einer jüngst veröffentlichten Studie, dass die Lebensraumwahl von geschlechtsspezifischen Parametern beeinflusst wird. Während Männchen beim Lebensraum mehr auf Größe als auf Qualität Wert legen, um möglichst viele Weibchen erreichen zu können, bevorzugen Weibchen hochwertige Habitate, die genügend Deckung, Nahrung, Ruhe und geeignete Plätze zum Aufziehen des Nachwuchses bieten.[51] Insofern können etwa die Goldene Aue und die Gegend rund um den Neuenburgersee in der Schweiz aus Wildkatzenperspektive nicht so schlecht sein – zumal wir wissen, dass für kleine Raubtiere wie die Wildkatze Deckung in Bodennähe am entscheidendsten ist. Möglichst dauerhaft sollte diese sein, d.h. nach der Ernte von Raps, Mais oder Getreide braucht es immer noch ausreichend Versteckoptionen wie beispielsweise durch Ackerrandvegetation, Feldgehölze sowie verbuschte oder verwilderte Ecken.

Um die Frage nach dem optimalen Lebensraum zufriedenstellend zu beantworten, wird es langfristigere Beobachtungen brauchen. Erst dann wird sich zeigen, ob »Feldkatzen« als vorübergehendes Phänomen auftauchten oder sich dauerhaft etablieren konnten. Vielleicht stellen wir dann auch fest, dass das Lebensraumpotenzial der Europäischen Wildkatze viel größer ist als bisher angenommen? Wir werden sehen.

Womöglich empfiehlt sich die Wildkatze nach Fuchs, Marder und Wildschwein sogar als nächster Kulturfolger, der es schafft, sich in Menschennähe zu behaupten. Wildkatzenforscher Thomas Mölich aus Thüringen winkt ab: »Als künftige Kulturfolgerin sehe ich die Wildkatze nicht. Zu viele und zu unvorhersehbare Störungen sind für die Lauerjägerin ein Problem.« Siedlungsnahe Bereiche meidet sie prinzipiell.[52] Doch auch in diesem Fall kommt die Regel nicht ohne Ausnahme daher, wovon Einzelbeobachtungen und Peilungen am Rand von Siedlungen[53] oder an frei stehenden Gehöften[54] zeugen.

Mehr als eine Einzelbeobachtung sind jene Tiere, die im Leipziger Auwald in Sachsen leben.[55] »Die Leipziger nutzen das Waldgebiet intensiv zum Joggen, Gassigehen oder Radfahren. Gleichzeitig leben hier etwa zehn Wildkatzen und wir konnten schon Jungtiere nachweisen«, erzählt Almut Gaisbauer, Leiterin des Wildkatzenprojekts beim BUND Sachsen. Auch im Nürnberger Reichswald und im Kottenforst, dem Stadtwald von Bonn, finden sich – neben zahlreichen menschlichen Besuchern – einige Wildkatzen.[56] Die Wildtierpflegestation Retscheider Hof liegt nicht weit vom Kottenforst entfernt. »Wir haben schon oft im Straßenverkehr verunfallte Wildkatzen vom Bonner Ortsrand gepflegt«, sagt Leiterin Stefanie Huck und fügt hinzu: »Es gibt immer wieder Beobachtungen oder Totfunde in der Nähe von oder sogar in bebauten Regionen.«

Mich wundert das nicht. Auch Braunbären oder Wölfe spazieren gelegentlich durchs Siedlungsgebiet, bevorzugt dann, wenn die Menschen sich in ihre Behausungen zurückgezogen haben und die Lichter ausgegangen sind. Es kommt einfach auch zwischen den Streifgebieten der Menschen und jenen der Wildtiere zu Überlappungen, nicht zuletzt deswegen, weil Menschen fast überall präsent sind. Die Wildkatze, wenn auch freilich keine Kulturfolgerin, schafft es offenbar, sich galant einzufügen und selbst in stadtnahen Wäldern genügend ruhige Inseln ausfindig zu machen.

Höhenflüge

An einem Sonntag, Ende Jänner 2013, war Paul Tschiderer an der Reihe, die Rotwildfütterung in seinem Revier im Tiroler Paznauntal zu bestücken. Routinemäßig kontrollierte der Jäger dabei auch die Lebendfalle, ein eingegrabenes Betonrohr, das in der Nähe der Futterstelle auf ungebetene Gäste wie Marder, Dachs oder Fuchs wartet. Der Signalstab fehlte, also musste die Falle in der Nacht zuvor zugeschnappt sein. Gemeinsam mit einem Kollegen positionierte Tschiderer einen Abfangkasten vor dem Rohr. Was er dann sah, verblüffte ihn: »Eine richtig große Katze saß im Käfig.

Sie war nervös und aggressiv. Ihr Fell war langhaarig und sehr dicht, die Farbe eher gräulich, mit blasser Zeichnung, die Rute buschig, mit schwarzen Ringen«, beschreibt er später seine Beobachtungen in der Tiroler Jagdzeitschrift.[57] Alle Indizien deuteten auf Wildkatze hin, aber noch nie war eine in der Gegend gesichtet worden, geschweige denn, dass man sie hier, auf etwa 1150 Metern Seehöhe, vermuten würde. Doch lange konnte Paul Tschiderer die Katze nicht in Augenschein nehmen. In ihrer Panik schaffte sie es, den Draht zwischen Falltür und Käfig aufzubiegen und aus dem Abfangkasten zu entwischen, bergaufwärts, tiefer in den Wald hinein. Zumindest hinterließ sie bei ihrem Befreiungskampf ein paar Haare am Draht, die sie eindeutig als Europäische Wildkatze überführen sollten.

Zwar wird die Wildkatze nie wie ein Steinbock in der Wand hängen, aber sie kraxelt doch höher bzw. hält sich in Gebieten auf, die man ihr so nicht zugetraut hätte. 2008 tauchte im Bezirk Murau in der Steiermark eine Wildkatze in einem Zirbenwald auf 1600 Metern Seehöhe auf. Doch weiter ließ sich ihr Weg nicht verfolgen. Ein Jäger verwechselte sie mit einer Hauskatze und erlegte das Tier irrtümlich. In der Hohen Tatra gibt es Hinweise auf Wildkatzen in hohen Lagen, und auch im Bayerischen Wald weiß man, dass Wildkatzen gerne Höhenluft schnuppern, bis in 1100 Meter Seehöhe konnte man sie dort im Nationalparkwald schon nachweisen.[58] Und das, obwohl die Schneehöhe in den Tälern schon einen Meter betragen kann. Weiter oben, den höchsten Punkt bildet der Große Arber mit 1456 Metern, türmen sich im Winter bis zu drei Meter Schnee auf. Doch die weiße Pracht wird weniger. »Früher war es üblich, dass der Schnee durchgängig von November bis März lag. Jetzt kommt der Schnee später und schmilzt früher«, erklärt Marco Heurich, der im Bayerischen Wald arbeitet und das Forschungsnetzwerk EUROWILDCAT koordiniert. Ein bis zwei schneereiche Monate lassen sich auch mit weniger Beute überdauern. Das viele Totholz im Nationalpark ist außerdem hilfreich, schafft es doch zahlreiche kleine Nischen und Höhlen, in denen der Schnee weniger hoch liegt und die Mäuse erreichbarer sind. Vielleicht wandern Wildkatzen im Winter auch in tiefere

Lagen und steigen erst im Verlauf des Frühjahrs wieder auf? Im Schweizer Jura sind vertikale Wanderungen bereits nachgewiesen, für den Bayerischen Wald fehlen dahingehende Untersuchungen noch.

Hindernisse überwinden

Kann eigentlich irgendetwas die Wildkatze aufhalten? Ein Fluss vielleicht. Oder doch nicht? Indirekte Hinweise auf schwimmfreudige Wildkatzen liefert eine Studie, die die genetische Struktur der Tiere im Oberen Rheintal, an beiden Seiten des Flussufers, genauer unter die Lupe genommen hat. Dieser zufolge gibt es einen beträchtlichen Genfluss, also Fortpflanzung, zwischen Exemplaren beiderseits des Rheins.[59] Prinzipiell zeigen Wildkatzen keine Scheu vor dem Wasser. Andreas Kranz, der ein Ingenieurbüro für Wildökologie und Naturschutz in Graz leitet, war in den frühen Nullerjahren eigentlich damit beschäftigt, Europäische Nerze im rumänischen Donaudelta zu erforschen. Quasi als »Beifang« zeigten seine montierten Wildkameras aber auch immer wieder Wildkatzen. Nicht nur das. »Ich habe auch erstaunlich viele Wildkatzen selbst gesehen«, erzählt er. Als er mit dem Boot in einen überschwemmten Weidenwald paddelte, sprang eine Wildkatze vom Baum und schwamm einfach davon. »Die Lebendfallen für die Nerze deponierten wir oft auf kleinen Inseln im Wasser. Dort waren die Wildkatzen genauso unterwegs.« Wildkatzen fischen außerdem und sie treten auch einem reißenden Wildbach unerschrocken entgegen, aber ist die Durchquerung eines Flusses wie des Rheins nicht doch eine Nummer zu groß für sie?

In der Nähe von Freiburg in Baden-Württemberg, wo der mächtige Rhein die Grenze zu Frankreich bildet, haben Forscher 2006 und 2007 erstmals zwei Wildkatzen, ein Männchen und ein Weibchen, eindeutig nachgewiesen. In den Folgejahren wuchs das Startduo zu einer kleinen Population an. Bemerkenswert daran ist, dass sich zu dieser Zeit auf deutscher Seite weit und breit keine Quellpopulation fand, von der die Tiere herrühren konnten. »Die nächsten Wildkatzenvorkommen lagen ein gutes Stück weit entfernt im Schweizer Jura und in Rheinland-Pfalz«, erläutert Sabrina Streif von der Forstlichen Versuchs- und Forschungsanstalt Baden-Württemberg. Die Wildkatzen müssen also, von den französischen Vogesen kommend, irgendwie auf die deutsche Seite gelangt sein. Und der einzige Weg dorthin führt durch oder über den Rhein.

Eine Möglichkeit, ihn auf dieser Höhe zu queren, bieten Straßen und Brücken, vor allem über den Grand Canal d'Alsace, den auf französischer Seite verlaufenden Schifffahrtskanal. Diese Option haben Wildkatzen nachweislich bereits genutzt, weil einzelne Individuen nach Kollisionen mit Autos tot auf Brücken gefunden wurden. Tatsächlich haben sie aber auch den Wasserweg schon gewählt. »Von einer besenderten Wildkatze wissen wir, dass sie durch den Rhein auf die andere Seite geschwommen ist«, bestätigt Sabrina Streif. Im Mai 2011 querte ein Weibchen den parallel zum Grand Canal d'Alsace verlaufenden Altrhein und blieb zwei Tage auf der Rheininsel. Danach durchschwamm das Tier den Fluss erneut und kehrte zurück in die Rheinauen südlich der deutschen Grenzstadt Breisach. Dass der Rhein in jenen Tagen Niedrigwasser führte, dürfte das Durchschwimmen begünstigt haben.[60]

Ob sich die Wildkatzen in der Wachau auch schon durch die Donau gewagt haben? Darüber lässt sich nur spekulieren. Wildkameraschnappschüsse der Tiere existieren zumindest von beiden Seiten des Donauufers, allerdings nicht von ein und demselben Individuum. Bei einem Luchsmännchen scheint die Sachlage dagegen klar. Zunächst im Waldviertel, nördlich der Donau, fotografiert, tauchte es südlich der Donau im Dunkelsteinerwald wieder auf, nur um wenig später wieder nördlich des großen Flusses abgelichtet zu werden. »Es gibt vermutlich nur zwei Möglichkeiten. Entweder ist der Luchs geschwommen, oder er hat in der Nacht bei Melk die Brücke genutzt«, stellt Experte Peter Gerngross fest.

Noch ist nicht restlos geklärt, wie sehr Flüsse, Ballungsgebiete oder Autobahnen die Besiedelung durch Wildkatzen verzögern oder gar unterbinden.[61] Zu viele Barrieren am Stück wären in jedem Fall ungünstig, meint der slowenische Forscher Hubert Potočnik. »Im Vergleich zu Hundeartigen sind Katzen keine besonders effizienten Wanderer.«

Auf dem Weg zurück

Von Portugal und Spanien über Frankreich und Deutschland bis nach Bulgarien, Griechenland und in die Türkei tauchen Wildkatzen auf, zum Teil, mehr fragmentarisch als flächendeckend, aber sie schaffen es mit verschiedensten Klimaten und Landschaftstypen klarzukommen. Die gemeinsame Klammer bildet stets irgendeine Form von deckungsbietender Struktur, das können Wälder mit Buchen und Eichen sein, labyrinthartige Windwurfflächen, immergrüne, mediterrane Hartlaubgewächse oder auch vielfältige Kulturlandschaften mit Streuobstwiesen und Heckenstreifen. Perfekt mit dem jeweiligen Hintergrund verschmelzend, leben die aparten Tiere wie U-Boote und machen Schätzungen über ihre Zahl und Verbreitung alles andere als einfach. Für Slowenien hat Hubert Potočnik zuletzt Mitte der Nullerjahre eine ungefähre Populationsgröße errechnet. Er schätzte damals den Bestand grob auf 1500 Individuen. Wie es heute aussieht, lässt sich nicht genau beantworten. »Da sie keine Konflikte verursacht, steht die Wildkatze nicht so sehr im Fokus von Naturschutz und Wildtiermanagement wie etwa Bär, Wolf oder Luchs«, erläutert der Forscher von der Universität Ljubljana. Er nimmt aber an, dass die Bestände mehr oder weniger stabil geblieben sind.

Ähnlich sieht die Situation weiter südlich aus. »Sie sind überall, aber verlässliche Daten fehlen«, erzählt Diana Zlatanova, die als Professorin an der Zoologischen Fakultät der Universität Sofia arbeitet. »Die Einheimischen haben kaum einen Bezug zu der Art, sie ist weder in der Kultur noch in den Märchen, der Religion oder im täglichen Leben verankert und stellt auch keine ernstzunehmende Konkurrenz für die Jagd dar«, erklärt sie weiter. Für die von der Weltnaturschutzunion (IUCN) durchgeführte Neubewertung der Europäischen Wildkatze, die seit 2017 wieder als eigene

Art und nicht mehr als Unterart geführt wird, befragte Zlatanova auch ihre Kollegen etwa aus Albanien, Montenegro, Griechenland oder Rumänien zu ihrem Kenntnisstand über die Wildkatze. »Die Menge und auch die Qualität der Bestands- und Verbreitungsdaten ist sehr unterschiedlich. In manchen Ländern lassen sich gar keine seriösen Aussagen über den Status quo, geschweige denn die Entwicklung der Art treffen«, sagt sie. Auf dem Balkan und in Südosteuropa gilt die Wildkatze schlichtweg als häufig.

Das dachte man in Bezug auf die Iberische Halbinsel auch, lange Zeit galt sie als einer der Verbreitungs-Hotspots. Mittlerweile gestaltet sich die Situation zwiegespalten, zwischen der klimatisch gemäßigten Region im Norden – dort ist die Art nach wie vor häufig und dürfte vergleichbare Dichten wie in Mitteleuropa aufweisen – und der mediterranen Region im Süden, wo die Dichten um das zehn Mal geringer ausfallen.[62] Der Grund dafür liegt vermutlich einmal mehr in den Nahrungsressourcen. Während Wildkatzen im Norden Mäuse fressen, besteht ihre Hauptbeute im Süden aus Wildkaninchen, aber ähnlich wie in Schottland sind deren Bestände durch kaninchenspezifische Viruserkrankungen über die letzten Jahrzehnte massiv geschrumpft.

Den besten Überblick hat aktuell Peter Gerngross von der IUCN Cat Specialist Group. Er sammelt alle verfügbaren Daten zur Wildkatze quer durch Europa und konstatiert einen leichten Aufwärtstrend: »In Deutschland und Frankreich nehmen die Bestände eindeutig zu, für Südosteuropa ist dies schwer einzuschätzen, aber dort ist die Art gut etabliert. Eher rückläufig sind die Zahlen dagegen auf der Iberischen Halbinsel. Und bei ungewissen und noch sehr kleinen Populationen wie in Österreich oder Tschechien müssen wir die Situation genau beobachten.« Gefährdet sei die Art in Gesamteuropa aber nicht. Das stimmt bei all den Hiobsbotschaften, die uns rund um den Rückgang der Artenvielfalt fast täglich erreichen, zur Abwechslung richtig zuversichtlich.

Ein Wolf, der in Skandinavien mit einem GPS-Sender ausgestattet wurde, wanderte beeindruckende 1100 Kilometer.[63] Im Vergleich dazu mutet das Ausbreitungspotenzial von Wildkatzen bescheiden an. In der Eifel wanderte ein Weibchen 25, ein Kater rund 35 Kilometer.[64] Aus dem Südharz ließen sich Distanzen von 30 und sogar 60 Kilometern nachweisen.[65] Auch in Bayern gab sich ein Kater umtriebig: »Bei unserem Lockstock-Monitoring ist uns ein Kater untergekommen, der mindestens 60 Kilometer weit gelaufen ist«, erzählt Sabine Jantschke vom Wildkatzenprojekt des Bund Naturschutz in Bayern. Ein Tier tat sich besonders hervor. Ursprünglich von der Forschungsstation Bockengut bei Zürich stammend, legte der Kater, der im Rahmen der bayerischen Wiederansiedlung im Spessart freigelassen wurde, in den ersten drei Wochen fast 100 Kilometer zurück.[66]

Für sich genommen, sind diese Ausbreitungsdistanzen für die kleinen Raubtiere durchaus stattlich. Wie rasch sich verwaiste Lebensräume durch wanderfreudige Wildkatzen wieder erobern lassen, hat man etwa für Rheinland-Pfalz errechnet, und zwar mit einer Ausbreitungsgeschwindigkeit von ein bis zwei Kilometern pro Jahr.[67] In Deutschland läuft die Welle bereits. 2016 stellte eine Studie fest, dass 44 Prozent der seit 2007 gesammelten genetischen Nachweise außerhalb des zuvor bekannten Verbreitungsgebietes lagen.[68] Nach Norden, Osten und Süden breiten sich die Bestände ausgehend von den Kerngebieten im Westen und in der Mitte Deutschlands aus.[69] Dazwischen sorgt die wachsende hessische Population für eine zunehmende Vernetzung innerhalb Deutschlands.[70] Die kleinen Tiger sind bereits bis in Heidelandschaften wie etwa die Dübener Heide in Sachsen und Sachsen-Anhalt oder die Lüneburger Heide in Niedersachsen, knappe 20 Kilometer südlich von Hamburg, vorgedrungen. Abgesehen von Schleswig-Holstein und Mecklenburg-Vorpommern besiedeln sie bereits alle deutschen Bundesländer. »Die Ausbreitung der letzten Jahre war nur möglich, weil die ›Waldkatze‹ offenbar wandlungsfähiger als gedacht ist und es vermag, neue Nischen zu besetzen«, erklärt Manfred Trinzen diesen Erfolgslauf.

In der Schweiz wandelt die Wildkatze seit einiger Zeit ebenfalls auf »Abwegen«. Rund um den Neuenburgersee und bei Basel trauen sich einige Katzen mittlerweile forsch ins Agrarland.[71] Das Kerngebiet der Wildkatze in der Schweiz ist und bleibt aber der

Jura. 2010, bei der ersten großen Bestandserhebung, zeigte sich, dass rund zehn Prozent des Mittelgebirges mit einigen Hundert Wildkatzen besiedelt sein dürften.[72] »Heute wissen wir, dass die Tiere fast flächendeckend im Jura vorkommen und sich die Verbreitung in Richtung Osten und Süden ausgedehnt hat«, sagt dazu Beatrice Nussberger, die die aktuelle Bestandserhebung leitet. Vereinzelte Indizien und ein paar konkrete Nachweise stammen aber auch aus dem zersiedelten Mittelland und sogar aus den Voralpen, etwa aus dem Berner Oberland. KORA-Forscherin Lea Maronde wagt eine Prognose: »Ich schätze, dass sich die Wildkatze weiter ausbreiten wird, die Frage ist lediglich, wie schnell.«

Historisch haben Wildkatzen vermutlich nie in den Alpen gelebt, weil das Terrain viel zu harsch und schneereich ist. Aber die Schneedecke nimmt ab, die Temperaturen werden wärmer und das Erschließen von bislang ungeeigneten Lebensräumen wird realistischer. Der November 2020 war so heiß wie noch kein anderer November, seit es Temperaturaufzeichnungen gibt. Und das ist kein Ausreißer, sondern ein Trend. Klingt nach einem Heimspiel für die Wildkatze? »Was die Höhe der Schneedecke anbelangt, stimmt das, aber wir wissen noch nicht, wie sich der Klimawandel zum Beispiel auf ihre Beutetiere auswirkt. Ein Ökosystem hat viele Komponenten«, gibt Lea Maronde zu bedenken. Verliererin oder Gewinnerin – diese Partie ist noch nicht entschieden.

In Frankreich, wo Verbindungen zu den schweizerischen und deutschen Populationen bestehen, kommt es vor allem im Nordosten, im Bereich der Vogesen, wo die Wildkatze immer schon stark vertreten war, zu Bestandsvergrößerungen. Gute Neuigkeiten gibt es aber auch aus dem Südwesten. Hier könnte sich die Lücke zwischen der zentralen und der Pyrenäen-Population in den nächsten Jahrzehnten langsam schließen. Die belgischen Ardennen sind seit den 1990er-Jahren wieder ganz besiedelt.[73] Und von dort dürfte der Funke schließlich übergesprungen sein, denn ab 2014 tauchten immer mehr Wildkatzen im Dreiländereck auf. 2015 zählte man bereits sieben erwachsene Wildkatzen im niederländischen Vijlenerbos in der Provinz Limburg, die sich wie eine kleine Ausbeulung zwischen Belgien und Deutschland schiebt. Nach mehreren Hundert Jahren Abwesenheit streifen auch durch die Niederlande wieder »kleine Tiger«.[74] Oder war das schon viel früher der Fall?

Am 1. März 2004 fing ein Bauer in der Nähe der niederländischen Gemeinde Heeze einen jungen Wildkatzenkater, nachdem dieser einige seiner Hühner gerissen hatte. Die DNA-Analyse offenbarte, dass das Tier aus den französischen Vogesen stammte. Unpraktisch nur, dass sich das Mittelgebirge rund 400 Kilometer Luftlinie weiter südlich befindet. So pionierhaft kann wahrlich keine Wildkatze sein, zumal der Landweg sogar noch bedeutend länger ausfällt. Die belgischen Ardennen, knapp 140 Kilometer Luftlinie entfernt, wären da schon naheliegender. Die Lösung des Rätsels kam per Anruf. Nachdem das Bild des Katers aus einer lokalen Zeitung lachte, meldete sich eine Familie aus Heeze in der Redaktion des Blattes: »Das ist unserer!« Im Jahr zuvor war die Familie mit dem Wohnwagen auf Urlaub in den Vogesen unterwegs. Sie fanden das junge Kätzchen entlang der Straße, dachten, es sei dort zurückgelassen worden, und packten es kurz entschlossen ein, in dem Glauben, eine Hauskatze mit nach Hause zu nehmen. Das Tier entwickelte sich gut, wurde aber gegenüber der schon alteingesessenen Hauskatze immer dominanter und verschwand schließlich eines Nachts. Im Nachbarort tauchte es wieder auf, in der Hühnerfalle.[75]

In die Falle getappt?

Unsere Falle schnappt nicht zu, sondern macht nur klick. Hoffentlich hat sie das bereits getan. Immerhin haben wir zwei Möglichkeiten, denn neben der Wachau späht auch in Slowenien eine Fotofalle für uns in den Wald. Mitte Juli 2020 haben wir sie im Hornwald hinter Kočevje montiert. Das ist mir noch in eindrücklicher Erinnerung, weswegen ich gar nicht so sehr darauf erpicht bin, den Ort wieder aufzusuchen. Es sei denn, dies lässt sich per Hubschrauberabwurf oder im Astronautenanzug bewerkstelligen. Das Grauen ist gelblichrot und mit bloßem Auge kaum sichtbar. Gerade geschlüpft, messen die Larven der Herbstmilben nur 0,3 Millimeter. Und genau dann sind die kleinen Spinnentiere am unerträglichsten. Auf Grashalmen und in der Laubstreu warten sie auf vorbeikommende Säugetiere, Menschen inklusive. Einmal gelandet, sondern sie etwas Speichel ab, lösen dadurch ein klein wenig Gewebe und saugen hauptsächlich Lymphflüssigkeit auf. Nach einigen Stunden fällt die Milbe wieder ab. Das Opfer ahnt rein gar nichts, denn erst Stunden oder Tage später setzt ein höllischer Juckreiz ein und in den »Angriffszonen« bilden sich rote Pusteln. Zwischen Hosenbund und T-Shirt, rund um den Nacken und an den Hosenbeinen sind sie eingedrungen und haben ihre sympathischen Andenken hinterlassen.

Ein bisschen bin ich froh, dass ich Ende August nicht selbst dabei sein kann, um die Fotofalle und vor allem das, was sie möglicherweise aufgenommen hat, zu überprüfen. Marc übernimmt den Check. Gleichzeitig will man den Moment aber auch nicht verpassen. Der Blick aufs Kameradisplay und ein möglicher Erfolg lassen postwendend alle aufgewendete Mühe und jeden Juckreiz vergessen. Während Marc durch die Herbstmilbenebene von Mordor schreitet, bin ich arbeitsbedingt unterwegs im slowenischen Triglav-Nationalpark, rund 160 Kilometer weiter nördlich. Als mein Handy fiept, ahne ich es jedoch sofort. »Fotofalle hat noch funktioniert, keine Fehlauslösungen!«, schreibt Marc. Siebenschläfer, Dachs, Mäusebussard, Marder – ich glaube es kaum, als ich die Auflistung lese – und tatsächlich: auch Wildkatzen wären perfekt getroffen. Marc schickt ein kleines Vorschaubild durch. Was gäbe ich dafür, mich augenblicklich in den Hornwald zu beamen, mit oder ohne Herbstmilben. Es hat geklappt! Manchmal kann es auch flott gehen. Einen knappen Monat stand die Fotofalle, da marschierte die Katze bereits selbstbewusst durch. Was Fotofallen betrifft, ist das rekordverdächtig rasch. Ich nehme es als gutes Omen für die Wachau.

Kapitel 7
Wildkatzen in Not?

»Kleine Wildkatze kann nicht mehr in Freiheit«, titelt die Online-Ausgabe der Volksstimme im Sommer 2020.[1] Meine Aufmerksamkeit ist dem Tagesblatt aus Sachsen-Anhalt damit sicher, gleichzeitig bin ich verwirrt. Steht das nicht in krassem Widerspruch zu allem, was ich bisher über die »kleinen Tiger« erfahren habe? Vermutlich lahmt das Tier, schießt es mir als Nächstes durch den Kopf. Oder Emma, wie das Sorgenkind getauft wurde, ist einfach anders? Zumindest deutet das die Volksstimme im Vorspann an: »Der Fall der kleinen Emma zeigt, wie schwierig es ist, die Tiere wieder auszuwildern.«

Was war passiert? Am 13. Mai wurde die junge Wildkatze im Südharz bei Schwenda, in Sachsen-Anhalt, im Wald gefunden. »Dort hätte sie einfach bleiben sollen«, mischt sich meine interne Kommentarfunktion ein. Aber es kam anders. Die Finder behielten das Tier fünf Tage, fütterten es mit Katzenmilch und übergaben es danach an die Klein- und Wildtierhilfe Harz, die sich seit 2003 ehrenamtlich um hilfsbedürftige Wildtiere der Region kümmert. Daniela Klocke, die Vorsitzende des Vereins, meldete das Tier, wie in so einem Fall üblich, der Unteren Naturschutzbehörde. Diese beschloss Emma, die von Daniela Klocke auf ein Alter von sieben Wochen geschätzt wurde, dem Tierpark Thale zu übergeben. Er zählt zu den 19 staatlich anerkannten Abgabestellen für verletzte, hilflose oder kranke Wildtiere in Sachsen-Anhalt.[2] Die Klein- und Wildtierhilfe Harz gehört zwar nicht dazu, dennoch hat sie Erfahrung mit der Aufzucht und Auswilderung von Wildkatzen. Wie dem auch sei, das Amt entschied sich für die offiziell anerkannte Stelle.

Vier Wochen später bekam Daniela Klocke Emma wieder zu Gesicht und war entsetzt: »Die Pflegerin fütterte Emma, mittlerweile zwölf Wochen alt und viel zu alt für Milch, immer noch mit Aufzuchtmilch. Ihr fehlte das komplette Deckhaar und ihr Gehege, das noch dazu neben einem Müllplatz und in unmittelbarer Umgebung eines Wanderweges lag, war mit 1,2 mal 1,2 Meter Größe viel zu klein.« Der Tierpark Thale sieht das in dem Online-Bericht freilich anders: »Als wir die Katze erhielten, war sie niemals sieben, sondern höchstens drei Wochen alt. Das erkannten wir an ihrer blauen Augenfarbe. Sie konnte noch keine feste Nahrung zu sich nehmen und bekam deshalb Aufzuchtmilch und mageres Rindfleisch«, berichtet Zooleiter Uwe Köhler und fährt fort: »Weil alle zwei bis drei Stunden gefüttert werden muss, befand sich das Tier in einem kleinen Käfig und die zuständige Pflegerin nahm das Tier mit nach Hause, um es auch über Nacht versorgen zu können.«[3]

Wer letztlich Recht hatte, werden wir nie erfahren. Was uns der Artikel aber wissen lässt, sind die Konsequenzen für die kleine Wildkatze: Emma sei nicht mehr für ein Leben in Freiheit geeignet. Daniela Klocke erklärt mir am Telefon, warum: »Sie näherte sich uns ohne Scheu, probierte sogar auf den Schoß einer Pflegerin zu klettern. So eine halbwilde Wildkatze kann man nicht wieder freilassen, das ist eine Gefahr für die Menschen. Wir haben zudem über die Jahre festgestellt, dass fehlgeprägte Wildtiere Schwierigkeiten bei der Kommunikation mit Artgenossen haben.«

Emma bekommt deshalb ein Zuhause auf Lebenszeit im Wildkatzengehege Bad Harzburg in Niedersachsen. »Unter traurigen Umständen ist sie am Dienstag, den 30.06.2020, bei uns eingezogen«, schreibt der Minizoo, der ausschließlich Wildkatzen, und zwar sieben Stück, beherbergt, auf seiner Facebook-Seite.[4] Die Wildkatze habe eine »starke Fehlprägung« und sei »für die Auswilderung vorerst nicht mehr geeignet«.[5] Eine Woche später sind bereits zahlreiche großzügige Spenden eingetrudelt, eine Patenehrentafel ist in Arbeit und ein größeres Gehege scheint in Reichweite. »Die Chance auf ein Leben in Freiheit wurde ihr genommen, aber wir tun alles, um ihr ein schönes Leben zu bereiten«, gibt sich Bad Harzburg via Social Media kämpferisch.[6] Aber hat Emma wirklich keine Alternative?

Eine schicksalhafte Begegnung

Es hätte gar nicht erst so weit kommen dürfen. Emma war eine gesunde Wildkatze, die einfach Pech hatte und aus falscher Fürsorge von Spaziergängern aufgelesen wurde. Ähnliches kommt in Deutschland in den letzten Jahren mit zunehmender Häufigkeit vor.[7] Aber nicht jedes Tier wird aus Versehen eingepackt, einige von ihnen brauchen wirklich Hilfe. Die Geister scheiden sich darüber, ob man intervenieren oder einfach der Natur ihren Lauf lassen sollte. Claudia Ellinghoven konnte nicht wegsehen. »Geben Sie mir kurz einen Moment, ich muss mich erst wieder zurückversetzen, um mich genau zu erinnern. Das muss schon um die acht Jahre her sein, als er zu uns kam«, beginnt die heute 54-Jährige zu erzählen. An einem Donnerstagabend im August 2012 unternahm sie mit ihrem Mann Thomas eine Fahrradtour. Nichts Ungewöhnliches, denn die beiden radeln oft in der Eifel, etwa in der Gegend des Hürtgenwaldes, wo sie gleichzeitig auch ihr Zuhause haben. Doch dieser Ausflug sollte nicht ohne Nachwirkung bleiben.

Einige Kilometer von der nächsten Siedlung entfernt, hört Claudia Ellinghoven ein Geräusch aus dem Farn neben dem Weg. Sie steigt vom Fahrrad, um nachzusehen, was die Laute verursacht, schiebt das Grün zur Seite und entdeckt ein kleines Kätzchen. »Das Tier fauchte und spuckte uns erst mal an«, erzählt die Frau. In Anbetracht der großen Entfernung zur nächsten Behausung, mutmaßen die Ellinghovens, dass es sich kaum um eine Hauskatze handeln könne. »Wir radelten weiter, haben dann aber gleich, als wir wieder Empfang hatten, im Internet nachgesehen, um die Merkmale abzugleichen, und sind zu dem Schluss gekommen, das muss eine Wildkatze sein«, erinnert sie sich.

Auf dem Rückweg sehen sie und ihr Mann nochmals nach dem Tier. Sein Verhalten ist nun ein ganz anderes: »Es kam plötzlich auf uns zu und hat herzzerreißend geschrien. Trotzdem haben wir es an Ort und Stelle belassen, weil wir hofften, die Mutter würde wieder zurückkehren«, erzählt Claudia Ellinghoven. Die Geschichte hätte hier enden können, doch am nächsten Tag sucht die Eifel-Bewohnerin den Ort erneut auf und stellt fest, dass die kleine Wildkatze sich nicht vom Fleck gerührt hat. »Ich wusste nicht, wen ich am Freitag noch erreichen sollte, also habe ich die Biologische Station Stolberg angerufen und die haben mich mit Manfred Trinzen verbunden«, erinnert sie sich. Der Biologe hat jahrzehntelange Erfahrung mit der Aufzucht von verwaisten Wildkatzen. »Er meinte, das Tier wäre vermutlich zu schwach, um es allein zu schaffen. Er riet mir, das Kätzchen mitzunehmen und es zumindest mit dem Aufpäppeln zu versuchen.« Das tat die engagierte Frau auch, in dem Wissen, dass sie sich keine allzu großen Hoffnungen machen durfte.

Die meisten Leute, wenn sie auf maunzende Kätzchen im Wald stoßen, gehen davon aus, dass sie es mit ausgesetzten Hauskatzen zu tun haben. In der Regel sind das aber junge Wildkatzen, die – während ihre Mutter zum Jagen ausschwärmt – ein wenig die Gegend erkunden. Sie brauchen keine Hilfe, genauso wenig wie Ästlinge, also Jungtiere von Amseln, Meisen, Waldkäuzen und Co, die noch vor dem Flüggewerden das Nest verlassen und sich auf Ästen, im Gestrüpp oder am Boden fortbewegen.

Der Wildkatze wird dabei einmal mehr ihre Ähnlichkeit mit der Hauskatze zum Verhängnis. Je kleiner die Tiere nämlich sind, desto größer ist die Verwechslungsgefahr.[8] Während ausgewachsene Wildkatzen eine verwaschene Fellzeichnung und den markanten buschigen Schwanz aufweisen, sind junge Kätzchen viel lebhafter gemustert, der Aalstrich am Rücken wirkt noch recht breit und ihr Schwanz – auch wenn er oft bereits über die typischen abgesetzten Ringe verfügt – läuft spitz zu, wie jener der Hauskatze.[9] Die ausgeprägte Schwarzzeichnung nimmt aber mit zunehmendem Alter ab und mit ungefähr sechs Monaten sind die klassischen Merkmale ausgewachsener Wildkatzen weitgehend erkennbar.[10] Zu dieser Zeit hat die Iris auch längst ihre gelbliche bis weißlichgrüne Färbung angenommen. Die Farbänderung tritt ab der vierten Woche auf, davor strahlen die Augen der Jungtiere – so wie jene aller Katzen – in einem leuchtenden Blau.[11]

Mitdenken erlaubt

Bevor man ein Tier leichtfertig in die Tasche steckt, sollte man sich vergewissern, dass es einen triftigen Grund dafür gibt. Anstatt vorschnell zu handeln, gilt es daher genau zu beobachten. So lässt sich herausfinden, ob das Tier wirklich Hilfe braucht. »Bei einer jungen Katze, die sich normal verhält, also wegläuft bei der Begegnung mit einem Menschen, gibt es keinen Grund, ihr hinterherzulaufen«, sagt Wildkatzenfachmann Manfred Trinzen. Manch heroischen »Retter« scheint das jedoch zu animieren: »›Ich habe gleich vier gefunden. Das war eine ganz schöne Arbeit, die einzufangen.‹ Wenn ich solche Aussagen höre, weiß ich, dass es sich mit großer Wahrscheinlichkeit nur um gesunde Katzen handelt«, erzählt Stefanie Huck, die mit viel Hingabe die private Wildtierstation Retscheider Hof in der Nähe von Bonn betreibt. Ein Wildtier, das tatsächlich in Not ist, fällt auf. Es sitzt vielleicht offen am Weg, macht sich durch Jaulen oder lautes Schreien bemerkbar, sieht schlecht aus oder rennt sogar spontan auf Leute zu. Der Überlebenstrieb veranlasst ein Tier zu Verhaltensweisen, die es im gesunden Zustand niemals an den Tag legen würde. Im Zweifelsfall empfiehlt es sich, Experten zurate zu ziehen. Notfallnummern von Wildtierstationen sind rund um die Uhr, auch am Freitagnachmittag oder am Wochenende, erreichbar.

Noch immer handeln aber zu viele Menschen überstürzt und »verschleppen« einzelne Tiere, zum Teil sogar ganze Würfe, die einfach nur am Spielen sind oder auf ihre Mutter warten. Zu Hause angekommen, stellt sich dann die Frage: Was tun mit dem Fund? Sie wird umso dringlicher, je kratzbürstiger das Verhalten der Tiere ausfällt. Tiefes Knurren, Fauchen und Spucken sowie das seitliche Abklappen oder Anlegen der Ohren an den Kopf sind deutliche Signale für Stress und massive Angst.[12] Manch ein

»Retter« beginnt sich über das aggressive Verhalten der vermeintlichen Hauskatze zu wundern und hegt vielleicht erste Zweifel an seinem »heldenhaften« Einschreiten. Ein paar Stunden oder Tage später landen die Kätzchen dann im Tierheim. Im Idealfall werden sie dort als Wildkatzen entlarvt, im schlimmsten Fall beginnt für sie eine Tortur, die nicht selten tödlich endet.

»Den Leuten muss klar sein, dass das Mitnehmen von Wildtieren, auch wenn es unwissentlich geschieht und mit besten Absichten, Konsequenzen hat und in der Folge mit einem erheblichen Aufwand verbunden ist«, betont Biologe Manfred Trinzen. Im Herbst 2019 landeten allein in jenen fünf Wildtierstationen, zu denen er Kontakt pflegt, über 70 Wildkatzen – die meisten von ihnen Leidtragende solcher vermeidbaren Verwechslungen. Ein kleinerer Anteil sind tatsächlich pflegebedürftige Tiere und hie und da finden auch solche Katzen, die verletzt in Wildzäunen hängen geblieben sind oder einen Straßenunfall überlebt haben, den Weg in eine Wildtierstation.

Insbesondere in Deutschland ist die Hilfe für gestrandete Wildkatzen ein großes Thema. Andernorts in Europa lässt sich das schwerer abschätzen, zumal aussagekräftige Statistiken fehlen. Sébastien Devillard von der Universität Lyon weiß von gelegentlichen Fällen, die zu einer Abgabe von Wildkatzen in einem der 29 Rehabilitierungszentren Frankreichs führen. Der ungarische Forscher Zsolt Biró bekommt pro Jahr vielleicht ein E-Mail mit der Betreffzeile »Gefundene Wildkatze – was tun?«. Eigene Einrichtungen zur Betreuung und späteren Auswilderung von Wildkatzen fehlen aber in Ungarn, was dazu führt, dass Tiere, die im Budapester Zoo abgegeben werden, auch dort bleiben. In der Slowakei, die auf etwa zwei Drittel ihrer Landesfläche Wildkatzenvorkommen aufweist, wird dagegen gerade die größte Wildkatzenstation Mitteleuropas aufgebaut. »Hier geht es gezielt darum, verwaiste Tiere – wovon wir aktuell ein bis vier pro Jahr haben – gesund zu pflegen und wieder in die Freiheit zu entlassen. Ein paar könnten aber auch für die Zucht zurückbehalten werden«, sagt Branislav Tám, der leitende Zoologe des Zoos Bojnice, in dem die Anlage entsteht. In vielen Ländern des Balkans oder Südosteuropas, wo *Felis silvestris* häufig vorkommt, sind derartige Einrichtungen aber nicht einmal eine Randnotiz wert, sprich praktisch inexistent.

Jungtiersaison heißt Pflegesaison

Die Wurfzeit beginnt bei Wildkatzen in Mitteleuropa in der zweiten Märzhälfte und dauert bis in den Juni hinein.[13] Im Sommer und in den letzten Jahren auch verstärkt im Herbst sind zweite Würfe möglich, weswegen auch im August und September Jungtiere auftreten. Im Prinzip kann es also von März bis September in jedem Monat »Wildkatzenalarm« in den Pflegestationen geben. »Wir haben Funde sogar bis spät in den November«, erzählt mir Stefanie Huck. Während man in den 1990er-Jahren noch von zwei bis maximal vier Jungen pro Wurf ausging[14], sind heute durchaus größere Zahlen mit bis zu sechs Jungen möglich. Am häufigsten kommen jedoch vier Kätzchen zur Welt.[15] Frisch geboren wirken sie ein wenig wie zusammengeschrumpelte Pflaumen, was wohl auch an den geschlossenen Augen liegt. Diese öffnen sich erst nach ein bis zwei Wochen.

An den Zitzen der Mutter dürfen sie bis zu sieben Wochen nahrhafte Milch saugen, sie können aber bereits im Alter von rund vier Wochen zusätzlich feste Nahrung zu sich nehmen. Das ist außerdem ungefähr die Zeit, in der sie das erste Mal die Wurfhöhle verlassen. Mit sechs Wochen fressen sie dann alles, was auch ausgewachsenen Wildkatzen mundet, erkunden bereits eifrig die Umgebung und kommen nicht nur auf Bäume rauf, sondern auch versiert wieder von ihnen runter. Ihr Start ins Leben erfolgt verborgen von Totholz- und Reisighaufen, in Fels- oder erhöht gelegenen Baumhöhlen. Sogar Jagdhochsitze – sofern diese ungenutzt in der Landschaft herumstehen – eignen sich gelegentlich als Geburtsort[16]; wohl deswegen, weil sich von einer erhöhten Position die Umgebung leichter überblicken lässt. Je sicherer das Startversteck, desto besser und länger lässt es sich nutzen. In der Regel bleiben Wildkatzenmütter dort rund einen Monat. Danach ziehen sie mit ihrem Nachwuchs häufiger um. Je nachdem, wie groß die

Bedrohung durch Feinde wie Füchse oder Baummarder ist, wechseln sie das Quartier alle paar Tage oder nur alle zwei Wochen.[17] In jedem Fall brauchen die »Nachwuchstiger« bis zum Alter von fünf Monaten Betreuung, davor sind sie allein nicht überlebensfähig. Es scheint, als wüssten notleidende junge Tiere um die Ausweglosigkeit ihrer Lage und klammern sich deshalb an jeden Strohhalm, der sich ihnen bietet. Gerne auch an einen menschlichen.

Tonkys Überlebenskampf

»Wir wollten ihn zunächst draußen lassen. In unserem Garten hatten wir ihm eine Höhle aus Farn gebaut, aber es war extrem heiß an diesem Augustwochenende und er war so schwach«, erzählt Claudia Ellinghoven. Also siedelten sie und ihr Mann das entkräftete Tier ins Haus um, räumten ein Plätzchen in ihrem Bürozimmer frei und bereiteten Tonky, wie sie den Wildkatzenkater in Anlehnung an den karibischen Windsurfer Tonky Frans später nennen sollten, ein kleines Versteck. Abgedunkelt und mit einem Kuscheltier ausgestattet, simulierte es die Wurfhöhle, was dem ungefähr vier Wochen alten Kater, dessen Augen sich noch nicht verfärbt hatten, ein wenig Sicherheit geben sollte. Die eigentliche Arbeit begann aber erst.

»Das Kätzchen wog nur 286 Gramm und war stark dehydriert, deswegen bekam es Aufbauspritzen mit Vitaminen, Mineralstoffen und essenziellen Aminosäuren. Außerdem stand ich zwei Wochen im Dauereinsatz, rührte tags wie nachts alle zwei Stunden Aufzuchtmilch an und versuchte das Tier damit zu füttern«, berichtet die Ersatzmama von der energiezehrenden Zeit. Hinzu kam die Angst, ob man auch alles richtig machte. Kleine Kätzchen können nämlich nicht von selbst Kot und Urin absetzen, sie müssen dazu stimuliert werden.[18] Eine Wildkatzenmutter leckt den Jungen nach dem Säugen dafür den Bauch. Als Ersatz verabreichte Claudia Ellinghoven dem kleinen Kater nach jeder Fütterungseinheit eine 20-minütige Bauchmassage. »Das wusste ich zunächst gar nicht, aber Manfred Trinzen hat mich genau instruiert.«

Kaum eingeschlafen, klingelte auch schon wieder der Wecker und von Neuem hieß es füttern und anschließend massieren. »Ich war danach völlig fertig«, erinnert sich die gelernte Zahnarzthelferin, die zu diesem Zeitpunkt ihren Beruf nicht mehr ausübte. Letztlich lohnte sich die Mühe. Tonky überlebte. »Niemand hat geglaubt, dass er es schafft, aber er hatte einen unheimlichen Lebenswillen«, denkt sie zurück und mutmaßt: »Er scheint verstanden zu haben, dass wir seine einzige Chance waren.«

Um Tonkys Aufwachsen so artgerecht wie möglich zu gestalten, hinterfragten die Ellinghovens konsequent, wie er seine Umwelt wahrnahm, hielten ungewohnte Geräusche von ihm fern, empfingen keinen Besuch, sprachen stets ruhig und hörten auch keine laute Musik. Klingt für manche unvorstellbar, für die Ersatzeltern wurde es zum Alltag: »Wir sind sowieso ein leiser Haushalt«, ergänzt Claudia Ellinghoven und betont: »Wir hatten nie vor, ihn zu behalten – er ist und bleibt ein Wildtier! Alles, was wir wollten, war ihm die Chance auf ein Leben in Freiheit zu geben.« Das ist auch gesetzlich geregelt, denn Wildkatzen stehen länderübergreifend unter Schutz und tauchen u. a. im Anhang IV der EU-weit gültigen Fauna-Flora-Habitat-Richtlinie auf.[19] Ohne behördliche Genehmigung ist die Haltung der Art verboten.[20]

Das Haus der Ellinghovens liegt an der Pforte zur Eifel, wo ein Nationalpark und vier Naturparks von intakten Naturlandschaften zeugen. »An unser Haus grenzen auf einer Seite weitläufige Kuhweiden, und zur anderen Seite, hundert Meter über die Straße, beginnt der Wald«, beschreibt die Ersatzmutter Tonkys Ausgangslage. Die Voraussetzungen für eine Auswilderung »ab Haus« stehen gut. Wenn er so weit ist, braucht er quasi nur die Straße zu überqueren.

Wildkatzen richtig versorgen

Die Aufopferungsbereitschaft, mit der Claudia Ellinghoven sich um den kleinen Wildkatzenkater gekümmert hat, ist bei den meisten Menschen weder zu erwarten noch möglich. In vielen Fällen wäre das auch gar nicht sinnvoll. Während ihr bewusst war, dass sie ein wildes Tier betreute und sie dafür auch Unterstützung von einem erfahrenen Experten bekam, wähnen sich viele Katzenfinder in dem Glauben, ein ausgesetztes Hauskätzchen aufzupäppeln. Tim Zeller, Tierpfleger beim Verein TIERART in Rheinland-Pfalz, beschreibt die Konsequenzen: »Durch die Verwechslung werden die Jungtiere fatalerweise mit kommerziellem Katzenfutter versorgt, das führt zu Magen-Darm-Problemen wie massivem Durchfall und schließlich zum Tod.«[21] Zwanghaftes Kuscheln vertragen die stressanfälligen Tiere genauso wenig wie intensive Gerüche und schrille, ungewohnte Geräusche, wie sie etwa von lärmenden Kindern oder plärrenden Musikanlagen herrühren. Sie reagieren empfindlich auf bereits vorhandene Haustiere und können leicht deren Viren aufschnappen. Der klassische Privathaushalt ist also alles andere als ein geeignetes Wildkatzenhabitat.

Die Aufzucht sollte daher grundsätzlich Menschen mit langjähriger Erfahrung sowie Pflegestationen überlassen werden, die über die notwendigen Unterbringungsmöglichkeiten verfügen. Gut aufgehoben sind Findlinge zum Beispiel in der Wildtier- und Artenschutzstation Sachsenhagen in Niedersachsen. »Die erste Wildkatze kam 2007 zu uns. Richtig los ging es dann 2012, als wir sechs Tiere betreuten. Seither haben wir regelmäßig Wildkatzen in unserer Station, in Summe bisher 49«, sagt Stationsleiter und Fachtierarzt Florian Brandes. Früher seien sie von weiter hergekommen, mittlerweile würden die Pfleglinge zum Teil auch direkt aus der Region stammen. An den aufgenommenen Tieren lässt sich indirekt die Ausbreitung der Katzen ablesen. Das kann auch Bärbel Rogoschik bestätigen, die das NABU-Artenschutzzentrum Leiferde, ebenfalls in Niedersachsen, leitet: »Es werden wirklich mehr. Die ersten tauchten 2012 auf und seither haben wir immer wieder Tiere zur Betreuung hier. Das meiste waren 13 Tiere in einem Jahr.« Im Opel-Zoo in Hessen werden laut Auskunft von Tierärztin Uta Westerhüs seit 2014 Wildkatzen abgegeben: »Es ist ein schleichender Prozess«, meint sie dazu.

»Eins kann ich Ihnen gleich sagen, eine Wildkatze bekommen Sie bei mir nicht zu sehen.« So klärt Stefanie Huck vom Retscheider

Hof in Nordrhein-Westfalen gleich bei unserem ersten Telefonat die Fronten. Das Wohl der Tiere hat bei ihr oberste Priorität. Das dürfte in der Familie liegen. Schon ihrem Großvater brachte man Wildtiere zum Versorgen. Die Enkelin scheint sein Talent geerbt zu haben und hat gemeinsam mit ihrem Mann eine Wildtierstation, spezialisiert auf die Pflege von Wildkatze, Iltis, Dachs und Rotfuchs, aufgebaut. Heutzutage sei der Bedarf viel größer, erklärt sie: »Als ich klein war, wurde nur selten ein Tier gefunden oder mitgenommen. Heute ist das ganz anders, weil viel mehr Leute ihre Freizeit in der Natur verbringen und mehr Wildtiere in den bebauten Regionen vorkommen.« Als Autodidaktin hat sich Huck ihr vielfältiges Wildtierwissen über die Jahre angeeignet und sich unter Kollegen auch als Nichtwissenschaftlerin einen guten Ruf erarbeitet. »Dem Iltis galt ursprünglich meine ganze Aufmerksamkeit«, meint die Betreiberin des Retscheider Hofes. Die Wildkatze sei ihr »quasi passiert«. »Das erste Tier kam im Jänner 2015 zu uns. Das war ein Kuder, der eine Kollision mit einem Auto hatte. Danach folgten recht bald die ersten aufgelesenen Jungtiere«, erinnert sie sich. Mittlerweile werden es auch bei ihr immer mehr.

Die Eckpfeiler der Wildkatzenpflege

»Was ist denn für die Pflege von Wildkatzen besonders wichtig?«, frage ich Stefanie Huck. »Das würde ein eigenes Buch füllen«, antwortet sie prompt, gibt mir aber dennoch einen kondensierten Überblick zu den wesentlichen drei Punkten.

Das A und O ist die Stressminimierung. Ein kleines Kätzchen, das seine Mutter verloren hat, vielleicht längere Zeit nicht mehr versorgt worden ist und dann unterkühlt in einer fremden Umgebung voll unbekannter Sinneseindrücke ankommt, kann davon so überfordert sein, dass es an einem Stresskollaps stirbt.[22] »Das Tier macht gerade noch einen passablen Eindruck und in der nächsten Minute kippt es um«, beschreibt Huck die Problematik.

Ausgewachsene Wildkatzen sind besonders gefährdet. Ein Tierarztbesuch, etwa nach einem Autounfall, bedeutet für sie eine unglaubliche Tortur. »Wir haben bei einer erwachsenen Katze, die in ärztliche Behandlung kam, die Cortisolwerte, also die Stresshormone, in den Haaren gemessen. Das Ergebnis überstieg den Normalwert um gut das Zehnfache«, erläutert Biologe Manfred Trinzen den Zusammenhang. Schon geringe Zusatzbelastungen können in diesem Zustand das Fass zum Überlaufen bringen. Daher gilt es, für so viel Ruhe wie möglich zu sorgen. Transporte, die besonders kritisch sind, dürfen nicht in die Hauptverkehrszeit fallen, Gehege sollen möglichst weit entfernt von stark befahrenen Straßen oder Wanderwegen liegen und Rückzugsorte müssen abgedunkelt sein und sollten sich im Idealfall in einer erhöhten Position befinden, wo sich die Tiere sicherer fühlen. Direkte Interventionen, also konkret das Anfassen der Katzen, sollten überhaupt auf ein Minimum reduziert werden. »Zum Wiegen ganz junger Tiere, beispielsweise, nehme ich die ganze Kuschelhöhle, in der das Kätzchen drinnen liegt, und ziehe dann das Eigengewicht der Höhle ab. Braucht das Tier Medikamente, verabreiche ich diese – sobald das möglich ist – über das Futter, also die Mäuse«, sagt Stefanie Huck.

Die richtige Nahrung ist Punkt zwei auf ihrer Liste. Ganz kleine Wildkatzen, bis zum Alter von sechs Wochen, können noch kein festes Futter verdauen und werden – wie wir das von Claudia Ellinghoven bereits kennen – rund um die Uhr in einem Rhythmus von zwei bis drei Stunden mit Aufzuchtmilch versorgt. Danach fordern sie, ihrem Hypercarnivorismus geschuldet, Fleisch und nichts als Fleisch. Katzen können wichtige Fettsäuren nicht selbst synthetisieren, sondern müssen diese aus ihren Beutetieren beziehen.[23] Dosenfutter à la Sheba, Whiskas und Co weist einen zu geringen Protein- und Energiegehalt für die kleinen Raubtiere auf. Während sich Hauskatzen auf diese zivilisatorische Mischkost mit einem verlängerten Darm eingestellt haben, fordern Wildkatzen dagegen qualitativ hochwertiges Fleisch. »Das sind in erster Linie Mäuse und Ratten«, erklärt Huck. Hühnerküken, die in vielen Zoos gerne an Wildkatzen verfüttert werden, haben fast keinen Nährwert, entsprechen nicht ihrem Beutespektrum und sollten daher auch nicht verfüttert werden. Was es aber schon zwischendurch gibt, ist etwas Reh oder Hirsch. Die Retscheider-

Hof-Chefin erklärt den Grund dafür: »Wenn die Winter harsch ausfallen und Mäuse durch die Schneedecke nicht erreichbar sind, nehmen Wildkatzen auch mit frisch totem Aas vorlieb. Dafür müssen sie den Geschmack aber kennenlernen, sonst rühren sie einen Reh- oder Hirschkadaver später nicht an.«

Ein Wildtier aufzuziehen, bringt nicht nur eine Reihe von Herausforderungen mit sich, sondern ist obendrein auch kostspielig. Florian Eiserlo, der den Verein TIERART leitet, rechnet vor, wie schnell sich die Euros summieren. »Eine Maus, die 25 Gramm wiegt, kostet im Durchschnitt 60 Cent. Da eine einzelne heranwachsende Wildkatze pro Tag bis zu 500 Gramm Mäuse vertilgen kann, liegen die Kosten allein fürs Futter nach vier Monaten bei ungefähr 1500 Euro. Aufzuchtmilch, Impfungen, Entwurmungen, Tierarzt- und Personalkosten sind dabei noch gar nicht berücksichtigt.« Geld aus der öffentlichen Hand gibt es dafür so gut wie nicht. Praktisch alle Stationen finanzieren sich über Spenden aus Mitgliedschaften und Patenschaften.

»Sämtliche Katzen, die zu uns kommen, werden auf übertragbare Krankheiten beprobt und müssen zunächst in eine fünf- bis siebentägige Quarantäne. Danach werden sie so rasch wie möglich vergesellschaftet. Das nenne ich die dritte Säule der Aufzucht«, fährt Stefanie Huck fort. Wildkatzen kommen in einem Wurf, bestehend aus mehreren Jungen, zur Welt, sie wachsen miteinander auf und pflegen, wie die Ergebnisse wissenschaftlicher Studien verdeutlichen, auch im Erwachsenenalter noch gewisse Kontakte zueinander. Stark geschwächte Tiere gilt es zuerst zu stabilisieren, aber sobald sie fit genug sind, teilen sie sich mit einigen anderen Kätzchen – vorausgesetzt, es gibt Schicksalsgenossen – ein Gehege. Dafür müssen nicht alle im exakt gleichen Alter sein, selbst Tiere, die einen Altersunterschied von mehreren Wochen aufweisen, können in eine WG auf Zeit ziehen.

»Auf diese Weise lernen Wildkatzen, miteinander zu interagieren und zu kommunizieren«, betont die Betreiberin des Retscheider Hofes. Kritiker der Methode monieren, dass das Risiko dabei zu hoch wäre und unterschiedlich alte Tiere nicht miteinander zurechtkämen. Stefanie Huck hatte in den vergangenen Jahren noch nie Probleme mit dieser Vorgehensweise. Auch Bärbel Rogoschik, die Leiterin des NABU-Artenschutzzentrums Leiferde, hat damit bisher nur gute Erfahrungen gemacht: »Bei Jungtieren, die noch nicht geschlechtsreif sind, funktioniert das einwandfrei. Sie schließen sich, egal welchen Geschlechts, immer zusammen.« Das äußert sich insofern, als die Kleinen gemeinsam kuscheln oder auch aufeinander aufpassen. »Ein gutes Beispiel dafür sind zwei unterschiedliche Kater. Der eine war massig und in sich ruhend, der andere klein und hibbelig, aber sie lagen immer gemeinsam auf einem Brett. Wenn der Kleinere unsicher war, duckte er sich hinter seinen starken Ersatzbruder«, erzählt Rogoschik.

Die veraltete Vorstellung vom puren Einsiedlerdasein der Tiere hält sich mancherorts hartnäckig. Für Manfred Trinzen, der auf mehr als 40 Jahre Wildtierpraxis zurückblicken kann, ist eine derartige Haltung unverständlich. »Zu behaupten, die Tiere wären ausschließliche Einzelgänger und bräuchten deswegen keinen Kontakt, grenzt für mich an Tierquälerei.« Wildkatzen besäßen so wie viele andere Wildtiere das Vermögen, flexibel auf unterschiedliche Bedingungen zu reagieren. In Gehegen kann es vorkommen, dass zwei Kätzinnen ihre Würfe zusammenlegen und gemeinschaftlich betreuen.[24] Freilanduntersuchungen aus dem Südharz haben außerdem gezeigt, dass zwei Weibchen ihre Würfe nur 20 Meter voneinander entfernt zur Welt brachten.[25] Selbst wenn Erkenntnisse wie diese dünn gesät sind, weil Wildkatzen einer heimlichen Lebensweise frönen, können wir die soziale Ader der Tiere nicht länger unter den Tisch kehren. Für eine erfolgreiche Auswilderung sind soziale Kontakte wesentlich und eine Unterbringung in einer Auffangstation notwendig.[26]

Langsame Loslösung

Aber was wäre eine Regel ohne Ausnahme. In diesem Fall heißt sie Tonky. »Bei Claudia Ellinghoven war das Tier in guten Händen. Sie und ihr Mann taten alles, um den Kater auf ein Leben in Freiheit vorzubereiten«, erzählt Manfred Trinzen. Die beiden

Ersatzeltern fungierten als sein soziales Netzwerk, das gleichzeitig darauf bedacht war, keine zu große Nähe entstehen zu lassen. Tagsüber war der Kater draußen, konnte aber über eine Katzenklappe kommen und gehen, wann er wollte. Jeden Abend brach die Patchworkfamilie dann zu einer kilometerweiten Wanderung durch die angrenzenden Wiesen auf. »Er ist neben uns mitgegangen, bei jedem Wetter, sogar im strömenden Regen, das hat ihm gar nichts ausgemacht, ganz im Gegenteil«, erzählt Claudia Ellinghoven und fährt fort: »Auf jeden Baum, der am Weg lag, ist er hochgeklettert. Oft mussten wir lange warten, bis er wieder runterkam, manchmal sind wir ihm auch nachgekraxelt.«

Tonky gab die neue Linie im Leben der Ellinghovens vor. Statt Windsurf-Wochenenden an der Nordsee, Snowboard-Urlaube und Mountainbike-Ausflüge standen nun ausgedehnte Wandertouren mit ihrem Pflegling auf dem Programm. Die waren laut der Eifel-Bewohnerin auch dringend nötig: »Er hatte so viel Energie, wir mussten ihn fordern, sonst hätte er sicher unser Haus zerlegt.« Damit Tonky auch im Winter seinen Bewegungsdrang ausleben konnte, schaufelte seine Ersatzmama sogar eine etwa 300 Meter lange Schneise durch die bis zu 40 Zentimeter dicke Schneeschicht auf ihrer Spazierwiese. »Mit der Zeit sind wir auch immer öfter mit ihm in den Wald gegangen, haben dort Stunden verbracht, um ihm seine eigentliche Heimat näherzubringen. Man hat sofort gesehen, wie wohl er sich dort fühlte, dort war er in seinem Element, war trittsicher, da gehörte er einfach hin. Auf den Fliesen im Haus lief er dagegen viel ungeschickter«, erinnert sich Claudia Ellinghoven.

In der freien Natur beginnen Jungkatzen, sich etwa im Alter von sechs Monaten von ihrer Familie zu lösen. Ungefähr um die gleiche Zeit zeigten sich auch bei Tonky erste Abnabelungsversuche. Bei den abendlichen Spaziergängen klinkte er sich immer öfter aus, blieb zurück oder tauchte erst am nächsten Tag wieder auf. Seine Ersatzmutter weiß auch noch, wann er das erste Mal länger wegblieb: »Das war im Februar. Erst nach einer Woche stand er wieder vor der Tür, total ausgehungert, aber das erste Abenteuer hatte er bestanden.«

Sein Verhalten änderte sich, langsam kam das Wildtier in ihm zum Vorschein. Gelegentlich baute er sich im Schlafzimmer seiner Zieheltern auf, machte einen Buckel, fauchte und knurrte sie drohend an: »Dann trauten wir uns nachts gar nicht aus dem Bett«, erzählt Claudia Ellinghoven. Immer öfter und immer länger blieb Tonky aus, teilweise bis zu zwei Monate am Stück. Gleichzeitig stand stets wildkatzengeeignetes Futter für ihn bereit, die Katzenklappe blieb offen, er konnte jederzeit ins Haus. Hin und wieder machte er davon auch Gebrauch: »Er kam grundsätzlich nur nachts retour, bei Dauerregen oder wenn er verletzt war. Zweimal mussten wir mit ihm in die Klinik fahren, weil er humpelte«, sagt Ellinghoven und erinnert sich an die damaligen Worte von Wildkatzenexperte Manfred Trinzen: »Er meinte, das Band zwischen uns wäre so stark, dass Tonky immer dann zurückkäme, wenn es ihm schlecht ginge, und dass er möglicherweise, wenn es so weit wäre, auch hier sterben würde.«

Sanfte Auswilderung

Was die Ellinghovens taten, war nichts anderes als Tonky ein sogenanntes »soft release«-Szenario zu ermöglichen. Dieser Expertenbegriff bedeutet so viel wie »sanfte Auswilderung«. Sanft ist sie deswegen, weil das Tier immer noch einen sicheren Hafen hat, in den es zurückkehren kann. Im Fall von Tonky bestand dieser aus einer offenen Katzenklappe und einer stets gefüllten Futterschüssel. Wildtierstationen lassen dafür einfach die Katzenklappe des Auswilderungsgeheges offen. »Es kann sein, dass die Tiere stundenlang nicht rausgehen, vielleicht wagen sie einmal einen Blick, huschen dann aber wieder in das Gehege. Sie können selbst entscheiden, wann sie gehen und wie oft sie zum Futterholen zurückkommen«, erklärt Stefanie Huck das entspannte Prozedere. Der von ihr betriebene Retscheider Hof erstreckt sich über mehr als sechs Hektar Fläche, verfügt über einen Bachlauf, Wiesen, Bäume und Gebüsch. Von hier können aufgepäppelte Wildkatzen direkt in die umliegenden Kulturlandschaften und Waldstücke losspazieren. »Vor allem Katzen, die lange Zeit in einem Privathaushalt verbrachten, lasse ich direkt vom Hof in ihr eigenständiges Leben starten. Sie nabeln sich vielleicht erst sukzessive ab, das kann Monate dauern, aber spätestens zur Geschlechtsreife mit rund einem Jahr haben sie sich vollständig gelöst«, sagt Huck.

Ähnlich hielt es Manfred Trinzen früher mit seinen Pfleglingen. Dabei staunte er immer wieder über die unterschiedlichen Charaktere der Tiere: »Manche der Katzen kamen wochenlang zurück, um ihre Kumpels im Nachbargehege zu besuchen, andere waren sofort weg, und das, obwohl sie zu bestimmten Artgenossen eine scheinbar viel engere Beziehung gepflegt hatten.« Auch bei ihm hüpften die Wildkatzen oft einfach von seinem Grundstück, das ein paar Hundert Meter hinter der kleinen Eifel-Ortschaft Buchet liegt, in die Freiheit. Wiesen, Wälder und verwilderte Flecken stellen dort eine ideale Ausgangslage dar.

Die im Opel-Zoo in der Nähe von Frankfurt betreuten Wildkatzen laufen dagegen nicht direkt vom Gelände los – das wäre bei den Zoobegrenzungen ein gewisses Problem –, sondern übersiedeln in Abstimmung mit dem Forstamt Weilrod in ein Auswilderungsgehege im Taunus. Dort bleiben sie für rund zwei Wochen und gewöhnen sich in dieser Zeit an die Umgebung. Wenn schließlich die Türen aufgehen, entscheiden die Tiere selbst, wann sie das Gehege verlassen und ob sie zum Futterfassen wieder zurückkommen. Das NABU-Artenschutzzentrum Leiferde nutzt zum Auswildern einen umgebauten Bauwagen, der den Vorteil bietet, dass er an unterschiedlichen Plätzen abgestellt werden kann. Im Inneren befinden sich ein Sitzstamm, Liegebretter, natürliche Einstreu und stets ausreichend Futter. Über eine Klappe gelangen die Wildkatzen ins Freie und – wenn sie wollen – wieder retour. Ob das nicht auch ein verlockendes Buffet für andere Tiere wäre? »Wir haben Kameras am Bauwagen montiert und sehen, dass Marder, Füchse oder Waschbären gelegentlich von außen schnuppern, aber rein traut sich keiner. Die Katzen tun es, weil sie mit dem Wagen vertraut sind«, erklärt Stationsleiterin Bärbel Rogoschik. Wer einmal nicht erfolgreich Beute schlägt, hat so eine kleine Rückversicherung.

Der sogenannte »hard release« bietet dieses Service dagegen nicht. Dabei wird das Wildtier an einen geeigneten Auswilderungsplatz gebracht und ohne vorherige Eingewöhnung unmittelbar ausgelassen. »Diese Methode eignet sich in erster Linie für jene Wildkatzen, die schon eine Zeit lang draußen gelebt haben, bevor sie zu uns kamen. In jedem Fall müssen die Tiere das Mäusefangen einwandfrei beherrschen, um dafür infrage zu kommen«, sagt Stefanie Huck. Wie die Wildkatzen zurück in die Natur kommen, hängt maßgeblich von ihrem Entwicklungsstand, dem jagdlichen Geschick und ihrer individuellen Vorgeschichte ab. Ein erwachsenes Tier, das sich Verletzungen im Straßenverkehr zugezogen hat, kann man nach der Reha ohne Weiteres »springen lassen«, wie das »harte« Auswilderungsprozedere auch genannt wird. Jungtiere, die das Mäusejagen erst in der Auffangstation üben müssen, bekommen dagegen einen Start mit Hilfestellungen.

In der Regel ist es üblich, Wildtiere möglichst nahe am Fundort freizulassen. Zudem ist von parasitologischen Untersuchungen bekannt, dass Parasiten wie Spulwürmer, Rollschwänze oder Haarwürmer regional sehr verschieden sind. Wenn Wildkatzen an einem anderen Ort als dem Fundort ausgewildert werden, kann das die Parasitenzusammensetzung einer lokalen Population beeinflussen.[27] Ähnliches gilt für die Häufigkeit und das Vorkommen von Viruserkrankungen, die in bestimmten Regionen verstärkt, in anderen gar nicht nachweisbar sind.[28]

Hier prallt die Integrität einer ganzen Population auf das Wohl des einzelnen Individuums. Für Pflegeexpertin Stefanie Huck sind auch andere Faktoren ausschlaggebend. Für manche Wildkatzen, vor allem die etwas älteren, stellen längere Transporte eine große Belastung dar, die sich nur über die Gabe von Beruhigungsmitteln bewerkstelligen lassen. Steht dies dafür, um einen entfernt gelegenen Fundort aufzusuchen? Und wie sieht es mit vergesellschafteten Tieren aus, die während der Reha zu einer Gruppe zusammengewachsen sind? »Eine Gruppe auseinanderzureißen, um die Tiere an ihre jeweiligen Fundorte zurückzubringen, lehne ich entschieden ab«, sagt Huck und erklärt auch die Gründe dafür:

»Diese Tiere mussten bereits den Verlust der Mutter verkraften. Sie nun auch noch von ihren Ersatzgeschwistern wegzureißen, halte ich für problematisch. Die Tiere mögen sich genetisch fremd sein, während der Aufzucht wachsen sie aber zusammen, und sie dürften auch nach der Freilassung noch Kontakt zueinander halten.« Kätzchen, die im Frühjahr in der Station landen, werden vor dem Winter freigelassen, für solche, die im Spätsommer oder Herbst in die Betreuung kommen, geht es erst im folgenden Frühjahr zurück in die Natur, im Idealfall in der Gruppe.

Zweite Chance geglückt?

Vor ihrer Freilassung bekommen die Wildkatzen in der Regel einen etwa reiskorngroßen Mikrochip mithilfe einer Einwegspritze unter die Haut platziert, genauso wie das bei Hauskatze oder -hund der Fall ist. Der Chip ist inaktiv, sendet also selbst keine Informationen. Für den Fall, dass das Tier tot aufgefunden wird, sich besonders zutraulich gegenüber Menschen zeigt oder im Straßenverkehr verunglückt, lässt sich aber mit einem speziellen Lesegerät die Identifikationsnummer des Chips auslesen und so das Tier eindeutig identifizieren. »Wir wissen natürlich nicht über den Verbleib aller Tiere Bescheid, aber bisher gibt es keine Indizien für tote oder auffällig gewordene Tiere aus unseren Freilassungen«, sagt Bärbel Rogoschik. Im Opel-Zoo in Hessen ist die Situation ähnlich gelagert, bisher lässt nichts auf eine verringerte Überlebensfähigkeit der ausgewilderten Tiere schließen.

Aussagekräftige Studien fehlen aber bis dato. Aktuell nehmen sich Forscher der Justus-Liebig-Universität Gießen gemeinsam mit dem Opel-Zoo dieser Fragestellung an. Sie wollen vor allem wissen, wie gut sich handaufgezogene Jungtiere später im Freiland behaupten. Noch steht die Studie am Anfang. Dass es bisher kaum fundierte Aussagen zum Erfolg von Auswilderungen gibt, liegt an den Halsbandsendern. Die Bänder könnten die Tiere beengen und in ihrem Verhalten beeinträchtigen, weil Wildkatzen erst mit zwei Jahren ausgewachsen sind. »Es gibt zwar mitwachsende

Sender, aber noch keine allgemein akzeptierte Vorgehensweise«, sagt dazu Johannes Lang, der Leiter der Studie von der Justus-Liebig-Universität Gießen und ergänzt: »Ein Sender ist immer eine Belastung für ein Tier, diese gilt es gegen den Erkenntnisgewinn abzuwägen. Das deklarierte Ziel ist es freilich, die Aufzucht weiter zu verbessern.«

Verwechslungen mit Nachwirkung

Haustiere sind regelrechte Brutstätten für allerlei Krankheiten, die nur darauf warten, unter wilden Tierarten Fuß zu fassen.[29] 1994 rollte eine gewaltige Hundestaupe-Infektionswelle über die Serengeti hinweg und raffte Hunderte Löwen und andere wilde Katzenarten dahin. Verantwortlich dafür waren infizierte Haushunde.[30] Könnten vergleichbare Krankheiten auch ganze Wildkatzenpopulationen auslöschen? Unmöglich ist das nicht. Untersuchungen zeigen, dass Wildkatzen bereits einer ganzen Reihe von Hauskatzenkrankheiten ausgesetzt gewesen sein müssen, weil sie Antikörper gegen diese aufweisen.[31] Dazu zählen Herpes- und Caliciviren sowie Chlamydien, die eine entscheidende Rolle beim weltweit verbreiteten Katzenschnupfen spielen, und die heimtückischen und gefürchteten Parvoviren, die für die Katzenseuche verantwortlich sind. Unbehandelt verläuft sie bei Hauskatzen oft tödlich, bei jungen Wildkatzen führt sie fast immer zum Tod. Begegnungen von Haus- und Wildkatzen in der Natur kommen vor, aber die eigentlichen Keimzellen für die Übertragung der todbringenden Viren sind Tierheime und Tierarztpraxen, Katzenpflegestellen und Haushalte mit anderen Katzen. Überall dort landen »gerettete« Wildkatzen, wenn sie nicht rechtzeitig als solche erkannt werden. »Es gibt keine konkreten Zahlen, aber man kann davon ausgehen, dass etliche durch diese Exponierung schon sterben, bevor sie überhaupt zu uns kommen«, sagt Manfred Trinzen. Er bekomme jedes Jahr mindestens ein halbes Dutzend Meldungen über junge Wildkatzen, die einfach umfallen. Eben wirken sie noch gesund und munter, zwei

Stunden später sind sie tot. So reagieren die Tiere auf die Viren der Katzenseuche.

»Parvoviren sind die schlimmsten«, betont auch Stefanie Huck. »Da kann man nichts mehr machen, außer beim Sterben zusehen«, fügt sie hinzu. Die Viren sind in der Umwelt besonders stabil und können in Teppichen und anderen Materialien Jahre überdauern. Gehege und Quarantäneboxen, die den Viren ausgesetzt waren, sind unbrauchbar und müssen vernichtet werden. Deswegen sollten Wildkatzen, die nachweislich mit Hauskatzeneinrichtungen und gefährlichen Viren Kontakt hatten, nur geimpft weiterbetreut und später in die Freiheit entlassen werden.[32] Andernfalls drohen die Rückkehrer, zu Trojanischen Pferden zu mutieren. Auch wenn aktuell keine unmittelbare Gefahr besteht, gilt es die Situation im Auge zu behalten.

Dieser Tipp macht sich auch fürs Internet bezahlt. Wenn Jutta Kraus auf Ebay liest: »Getigerte Babykatzen gefunden«, schaut sie gleich genauer hin. Online-Marktplätze, Haustierregister oder Facebook-Gruppen wie »Überfahrene / tot aufgefundene Katzen Deutschland« mit rund 14000 Mitgliedern sind wahre Fundgruben für Wildkatzen. »Ich erkenne sie oft schon anhand der Fotos«, sagt Jutta Kraus. Gemeinsam mit anderen Freiwilligen unterstützt sie das von Stefanie Huck 2009 ins Leben gerufene Online-Totfundmonitoring. Mehrmals am Tag durchstöbert das Team das Internet, dazu zählen neben den sozialen Medien auch Foren und Plattformen von Tierarztpraxen und Tierheimen. Sobald ein verdächtiges Tier auftaucht, wird Kontakt aufgenommen und genauer nachgehakt. »Das Monitoring ist zufällig entstanden, weil mir irgendwann aufgefallen ist, dass im Internet Tiere auftauchen, die als Hauskatzen deklariert sind, aber ganz und gar nicht danach aussehen«, erklärt Initiatorin Stefanie Huck.

Auf diese Weise ließen sich bereits Erstnachweise für Gebiete erbringen, die bis dahin als wildkatzenfrei galten. »In Brandenburg konnten wir die ersten beiden Totfunde auf der Straße entdecken. Auch im Süden Bayerns, wo sie nicht vermutet wurden, stießen wir auf Individuen«, sagt Huck. Zwischendurch tauchen beim Screening auch lebende Wildkatzen auf und schaffen so gelegentlich den Absprung aus Tierheimen oder Privathaushalten. Manchmal ist man aber auch machtlos. »Vor etwa zwei Jahren bin ich auf das Bild eines im Badezimmer eingesperrten Wildkätzchens gestoßen. Vom Foto her war das eindeutig eine Wildkatze«, erinnert sich Jutta Kraus. »Mit dem Mann, der das Bild ins Netz gestellt hatte, war aber nicht zu reden, er löschte den Beitrag wieder und zeigte sich uneinsichtig«, seufzt Kraus. Dennoch habe sich in den letzten Jahren viel getan, vor allem auf Ebene der offiziellen Stellen, das kann auch Uta Westerhüs vom Opel-Zoo bestätigen: »Viele Tierheime sind sensibilisiert für das Thema, Förster werden schneller kontaktiert, Behörden agieren zügiger.« Bleibt zu hoffen, dass letztlich auch das Bewusstsein in der Bevölkerung nachzieht.

Zähmbar oder nicht?

Eines der Missverständnisse, das nach wie vor für viel Wirbel sorgt, ist die Frage nach der Wildheit der Wildkatze. Im Prinzip gilt gilt sie als unzähmbar. Aber stimmt das wirklich? Ist die aufgelesene Emma aus dem Südharz, die durch die Nähe zu Menschen zahm geworden sein soll, nicht eine lebende Widerlegung dieser Behauptung?

Die meisten Raubtiere, darunter insbesondere Großkatzen wie Geparden, Löwen, Tiger oder Luchse, bleiben ein Leben lang zahm, wenn sie von Hand aufgezogen werden. Aber nicht die Wildkatze.[33] Wildkatzenbabys und -jungtiere sind bis ins Alter von fünf Monaten unselbstständig. »Wenn in dieser Phase keine sozialen Kontakte mit anderen jungen Wildkatzen möglich sind, ist die Chance groß, dass sie aus der Not heraus den Menschen als Sozialpartner akzeptieren«, erklärt Experte Manfred Trinzen. Das ist völlig normal. Im Gegensatz zu Löwe oder Tiger gibt es bei der Wildkatze aber einen entscheidenden Wendepunkt. Dieser tritt im Alter zwischen neun und 15 Monaten ein, wenn das Tier geschlechtsreif wird. »Selbst wenn eine Katze im Jugendstadium anhänglich war, geht sie dann plötzlich auf Distanz zum

Menschen«, sagt Trinzen und fügt hinzu: »Es ist, als würde sie von einem Moment auf den anderen beschließen, eine Wildkatze zu sein.« Diese Reaktion lässt sich manchmal gezielt durch einen Ortswechsel auslösen. Das Tier will dann keinen Kontakt mehr mit Menschen, lässt sich definitiv nicht anfassen und bleibt stets auf Distanz. Die Wildkatze gilt nicht nur als unzähmbar, sie ist unzähmbar, selbst dann, wenn sie von Hand aufgezogen wurde oder in der Jungendphase engen, direkten Kontakt zu Menschen pflegte.[34]

Tierärztin Uta Westerhüs erinnert sich in diesem Zusammenhang an die erste Wildkatze, die im Opel-Zoo mit der Flasche aufgezogen wurde. »Sobald das Tier Festfutter zu fressen bekam, wurde es richtig wild. Der Pfleger, der die Wildkatze großgezogen hatte, konnte sie zwar nach wie vor auf dem Arm halten, zu allen anderen verhielt sie sich aber wie eine waschechte Wildkatze.« Insofern stand einer Auswilderung nichts im Wege, denn diese Katze würde sich keinem Spaziergänger freiwillig nähern. Auch »Krummbein« hatte intensiven Menschenkontakt. Mit deformierten Beinen geboren, wurde das Wildkatzenweibchen von den Pflegern bei TIERART in Rheinland-Pfalz intensiv betreut, um ausreichend Muskulatur aufzubauen. Schließlich konnte es klettern, jagen und spielen und wuchs zu einer stattlichen Katze heran, der man ihr Gebrechen gar nicht mehr ansah. Bis zu ihrer Auswilderung ließ sie sich nach wie vor anfassen. Dennoch hat die Katze danach nie mehr den Kontakt zu ihren ehemaligen Pflegern gesucht. Dann sucht sie erst recht nicht nach Kontakt mit Fremden.

Eine dezidierte Fehlprägung auf den Menschen, die irreparabel wäre, gibt es bei Wildkatzen nicht. Auch nicht bei Emma. Dennoch sollte die kleine Wildkatze den Rest ihres scheinbar fehlgeprägten Lebens im Wildkatzengehege Bad Harzburg verbringen. Auf der Facebook-Seite des Minizoos springt Emma in einem Zeitlupenvideo nach einem Hühnerküken, die Patenliste wird länger und die begeisterten Kommentare reichen von »Sie ist bildschön« über »Jumping Cat, echt mega, die Kleine« bis hin zu »Geiles Video!!!« oder »Bis Freitag, wir freuen uns«.[35] Ob sich auch Emma freut? Zumindest scheint sie sich mit ihrem neuen Zuhause arrangiert zu haben, wie der Zoo via Social Media berichtet: »Die kleine Emma ist heute den 7. Tag bei uns und sie hat sich toll eingelebt. Sie ist frech, verspielt und schon viel wilder! Kein Vergleich zu Tag 1, sie orientiert sich auch nicht mehr nur an Menschen und ihr Fell hat schon einige Haare dazugewonnen!«[36]

Das klingt nach einer schnellen Erholung und nach guten Voraussetzungen für eine Auswilderung. Experte Manfred Trinzen sagt dazu: »Ich kann nach über 30 Handaufzuchten nicht erkennen, warum das Tier nicht auswilderungsfähig sein sollte.« Und Stefanie Huck schickt den einzigen Grund nach, der gegen eine Auswilderung spräche: »Das wäre dann der Fall, wenn ein Hinterbein aufgrund mehrerer Brüche nicht mehr so gerettet werden kann, dass es vollumfänglich einsatzfähig ist.« Ein beeinträchtigtes Vorderbein wiegt dagegen nicht so schwer, weil das Mäusefangen und Klettern - wenn auch eingeschränkt - noch immer möglich sind. Selbst der Verlust eines Auges ist nicht so tragisch, solange ist die betroffenen Tiere in aller Ruhe und mittels »soft release«-Sicherheitsnetz auf die neue Situation einstellen können.

Durch die Bank sind sich die Experten einig: »Ein Versuch lohnt sich immer.« Bärbel Rogoschik, die Leiterin des NABU-Artenschutzzentrums Leiferde betont: »Wenn Wildkatzen mit der richtigen Beute konfrontiert werden, der Menschenkontakt sukzessive weniger wird und es zu Vergesellschaftung mit Artgenossen kommt, dann hat das Tier die besten Chancen, in seinen angestammten Lebensraum zurückzukehren.« Eine hundertprozentige Garantie gebe es freilich nicht, aber wofür gibt es die schon?

Bisher ließen sich in Leiferde und in vielen anderen Stationen alle aufgenommenen Pfleglinge auch wieder auswildern. Das ist auch das dezidierte Ziel der Wildkatzenpflege, dafür ist sie da. Wenn rasch gehandelt wird, kann praktisch jedes Tier wieder zurück in die Freiheit, auch Emma. In der Zwischenzeit hat sich für sie das Blatt tatsächlich gewendet. Am 14. Dezember 2020 informiert das Wildkatzengehege Bad Harzburg seine Facebook-Follower, dass Emma ihr neues Zuhause wieder verlassen musste. Das NABU-Artenschutzzentrum Leiferde hatte über mehrere Wochen urgiert und auf eine Auswilderung des Tieres gepocht. Für kurze Zeit ging Emma erneut in die Obhut der Klein- und Wildtierhilfe Harz über. »Wenn man es immer und immer wieder versucht – und das sollte man durchaus –, ist sie vielleicht bereit für eine Auswilderung«, räumt die Vorsitzende Daniela Klocke ein, bleibt aber auf ihrem Standpunkt, dass das Tier nicht für die Freiheit geeignet sei.

Zunächst hieß es, die Wildkatze aus dem Harz solle in der Lüneburger Heide, fast 200 Kilometer Luftlinie nördlich von ihrem Fundort, auf eine Auswilderung vorbereitet werden. Das Tier verließ dafür kurzfristig Niedersachsen. Aktuell ist es wieder zurück und wird vom NABU Leiferde betreut, um letztendlich doch noch in einem geeigneten Waldgebiet freigelassen zu werden. Kurz vor Fertigstellung des Buches, im März 2021, erfahre ich vom NABU, dass Emma noch in dessen Obhut sei, ihr Verhalten gegenüber Menschen nicht auffällig sei und sie gerade das Mäusejagen lerne. Sie ist auf einem guten Weg und das Stationenkarussell hat endlich aufgehört, sich zu drehen. Das ist auch gut so, denn mit jedem Tag, an dem Emma weiter herumgereicht wird, schwinden ihre Chancen auf ein normales, wildes Leben. Emmas Fall darf nicht Schule machen. »Wir wollen nicht, dass die Leute in den Wald gehen, Katzen aufsammeln und fälschlicherweise glauben, sie würden zahm werden. Das ist kontraproduktiv«, bittet Uta Westerhüs vom Opel-Zoo.

Zurück in die Natur

Auch Tonky wurde nicht zahm, sein wildes Blut setzte sich schließlich durch. Zwei Jahre nachdem er die Ellinghovens um Hilfe angebettelt hatte, blieb er endgültig weg. »Seit seinem letzten Besuch waren fünf Monate vergangen, wir dachten, er hätte sich endgültig abgesetzt«, erzählt Claudia Ellinghoven. In der Zwischenzeit hatten sie und ihr Mann einen Hauskater aufgenommen, wollten aber sicherstellen, dass es – im Falle einer Rückkehr Tonkys – zu keinem unliebsamen Aufeinandertreffen käme. Der Hauskater bekam seine eigene Katzenklappe, Tonky behielt seine, die ihm nach wie vor offenstand. »Außerdem bauten wir eine Absperrung, da sie voneinander getrennt bleiben sollten«, sagt die Eifel-Bewohnerin.

Tatsächlich, als hätte es seine Ersatzmama geahnt, kam Tonky eines Nachts zurück. Über die altbekannte Klappe gelangte er ins Haus, wie sich später über die dort installierte Videokamera rekonstruieren ließ. Doch die Absperrung verfehlte ihren Dienst, der Hauskater durchbrach sie und jagte den »Eindringling« in den Keller. Von dem Radau aufgeschreckt, fanden die Ellinghovens Tonky verängstigt hinter der Heiztherme im Keller. »Ich glaube, das war für ihn so ein Schock, dass er seither nie mehr zurückgekommen ist«, erzählt Claudia Ellinghoven etwas bedrückt.

Doch zwei Jahre später folgt ein Lebenszeichen, das ziemlich eindeutig ist. »Tonky saß früher, als wir noch gemeinsame Waldspaziergänge machten, immer wieder in der Krippe, wo die Rehe gefüttert werden. Dort hat ihn der ansässige Jäger gesehen«, erfahre ich. Hin und wieder fragt sich Claudia Ellinghoven noch heute, ob sie Tonky durch den Hauskater den letzten Weg zurück verwehrt habe. Manfred Trinzen, der ihr stets mit Tipps zur Seite stand, meint dazu: »Wenn er noch einmal zurückgewollt hätte, wäre er schon gekommen.« Vielleicht hat Tonky seinen Platz gefunden.

Kapitel 8

Grüne Lebensadern

»Ein paar Leute müssen sich schon um die wilden Tiere mühen – um der Tiere, aber auch um der Menschen willen.« Dieser Ausspruch stammt von Bernhard Grzimek, der zwar 1987 verstarb, uns aber noch immer als Naturschützer, Zoologe und Tierfilmer (etwa des Klassikers »Serengeti darf nicht sterben«) in Erinnerung ist. Ich lese seine Worte, die aus den 1950er-Jahren stammen, 40 Meter über dem Boden, auf einer Infotafel entlang des Baumkronenpfads im Nationalpark Hainich in Thüringen. Rotbuchen, Eichen und Ahornbäume säumen den Weg und lassen mich ringsum auf den »Bilderbuch-Lebensraum für die Wildkatze« blicken. So beschreibt es die Website des 75 Quadratkilometer großen Nationalparks und so mutet dieser aus der Vogelperspektive auch an.[1] Kleine Lichtungen, eingestreute Wiesen und heckenreiche Ränder machen Deutschlands größtes zusammenhängendes Laubwaldgebiet, das auch über die Grenzen des Schutzgebietes hinausragt, zur Heimat von rund 50 Wildkatzen. Das Baumkronenmeer ist aber endlich. In der Ferne zeichnen sich intensiv bewirtschaftete Felder, Siedlungen und Straßen ab. Der Hainich mag mit seinen insgesamt 130 Quadratkilometern stattlich wirken, aber um eine Wildkatzenpopulation langfristig zu erhalten, sollte die Waldfläche mehr als zehnmal so groß sein.[2] Ob die Tiere den zivilisatorischen Gürtel rings um den Hainich durchbrechen können, um zu wandern und in Kontakt mit Artgenossen in umliegenden Wäldern zu treten, ist allerdings unklar.

Wildkatzenforscher Thomas Mölich versuchte genau diese Frage in den späten 1990er-Jahren im Auftrag der Naturschutzorganisation BUND, des Bundes für Umwelt und Naturschutz Deutschland, zu beantworten. Dabei interessierte ihn besonders, ob es einige seiner neun besenderten Wildkatzen bis in den 20 Kilometer weiter südlich gelegenen Thüringer Wald schaffen würden.[3] Im 19. Jahrhundert waren sie dort noch verbreitet, zum Zeitpunkt seiner Studie gab es aber schon lange keine Hinweise mehr auf ein Vorkommen von *Felis silvestris* in diesem Gebiet. Das Ergebnis fiel ernüchternd aus: »Die telemetrierten Katzen verließen den Hainich kaum und zeigten keinerlei Ambitionen, in Richtung des Thüringer Waldes zu laufen«, erzählt der BUND-Forscher. Die Katzen jagten zwar entlang der inneren und äußeren Waldränder, wagten sich aber nicht einmal ein paar Hundert Meter in die ausgeräumte Ackerlandschaft des Thüringer Beckens. Auch das üppige Beuteangebot dort konnte sie nicht locken.[4]

Ähnliches berichtet Zsolt Biró von der Szent-István-Universität Gödöllő über intensiv genutzte Landwirtschaftsflächen in Ungarn. »Während Hecken und Feldgehölze immer weniger werden, nehmen die Populationen kleiner Nagetiere zu«, erzählt er. Die Bauern würden vor allem Herbizide spritzen, um das Unkraut loszuwerden, der Einsatz von Rodentiziden zur Bekämpfung von Ratten und Mäusen wäre aber rückläufig. »Fleischfresser wie Füchse und Goldschakale profitieren davon massiv. Auch für die Wildkatze wäre genug Beute da, aber ich glaube nicht, dass sie in diesen reinen Agrarwüsten überleben kann«, so Birós Einschätzung. Es fehle an Deckung und an Ruhe. »Auf den Feldwegen ist immer Betrieb, die Leute fahren zwischen den Siedlungen hin und her – das ist kein guter Lebensraum für die Wildkatze.«

Wie weit Wildkatzen aus dem Wald rausgehen und wie sehr sie das Offenland nutzen, hängt davon ab, was Letzteres zu bieten hat. Kulturlandschaften wie die Goldene Aue in Sachsen-Anhalt oder die Rheinauen in Baden-Württemberg haben gezeigt, dass sich auch Gebiete, die bis zu vier Kilometer vom nächsten Wald entfernt sind, als dauerhafter Lebensraum eignen können.[5] Dafür braucht es aber ein Minimum an kleinen Vegetationsinseln und

-säumen im Ackerland. Rings um den Hainich sieht es in dieser Hinsicht mager aus. Am Ostende geht der Wald abrupt in kilometerlange Mais-, Raps- und Weizenfelder über. In Richtung Süden mutet es ein wenig besser an, da können Wildtiere zumindest unter der Autobahn A4 entlang des Nessetals und des Flusses, nach dem dieses benannt ist, marschieren. Um aber nicht wie die Nesse in der Stadt Eisenach anzukommen, müssten die tierischen Wanderer rechtzeitig abbiegen. Ein großer Acker, der sich an dieser Stelle über mehr als einen Kilometer erstreckt, wirkt aber nicht gerade einladend. »Das schränkt vor allem die Ausbreitung der Weibchen drastisch ein«, sagt Mölich. Damit die Wildkatzen aus dem Hainich wieder eine realistische Chance haben, in den Thüringer Wald zu gelangen, muss etwas geschehen.

Die Tücken der Zivilisation

Die Landstraße zeigt eine 70-km/h-Beschränkung an, aber Sigrid Schick fährt an jenem Novembertag im Jahr 2019 nur 50, zur Sicherheit. »Ich liebe Wildtiere und passe deswegen besonders auf«, erzählt sie. Es dämmert bereits, als die Frau im Kärntner Rosental mit dem Auto unterwegs ist. »Plötzlich war da ein lauter Knall, ich blieb sofort stehen und entdeckte die Katze«, sagt sie zermürbt. Das Tier war unvermittelt über die Böschung auf die Straße gesprungen. Blut war glücklicherweise keines zu sehen. Tochter Janina nahm das Tier, das den ganzen Transport über bei Bewusstsein blieb, auf den Schoß und deckte es zur Beruhigung mit einer Jacke zu. »Die Katze war wunderschön, das Fell so dicht und der Schwanz ganz buschig«, erinnert sich Sigrid Schick. Die Tierärztin staunte nicht schlecht beim Anblick der großen Katze, ein vergleichbares Exemplar habe sie noch nie gesehen. »Leider überlebte das Tier die Nacht nicht. Das Männchen dürfte an inneren Blutungen gestorben sein«, erzählt Schick und wirkt noch immer geknickt bei der Erinnerung an den Unfall. »Das hat mir irrsinnig leidgetan«, sagt sie.

Nicht nur die Agrarwüsten machen den Katzen zu schaffen. Das Wandern, das Sich-Austauschen oder auch das Gründen von

Populationen wird für die Tiere in unserer viel genutzten Landschaft immer schwieriger. Die Verbauung und Bodenversiegelung schreitet fast ungebremst voran. Unter den EU-Staaten tun sich die Niederlande, Belgien, Deutschland und Luxemburg als jene Länder mit der größten zugepflasterten Fläche hervor.[6] Allein in Deutschland gehen jeden Tag 27 Hektar Land verloren, hauptsächlich für noch mehr Straßen.[7]

Während es in der ersten Hälfte des 20. Jahrhunderts noch Abschuss und Fallenfang waren[8], gilt der Tod auf der Straße heutzutage als die größte Bedrohung für Wildkatzen.[9] Allerdings wird nur ein Bruchteil aller totgefahrenen Tiere erfasst. Die Dunkelziffer ist hoch, weil viele übersehen oder fälschlicherweise für Hauskatzen gehalten werden. Manchmal sind auch einfach die Aasfresser schneller.[10] Es fällt auch deswegen schwer, genaue Aussagen zu treffen, weil Tiere, die aus anderen Gründen sterben, kaum zu finden sind und als Referenz fehlen. Selten sind daher Entdeckungen wie jene aus dem Südharz, wo sich über Halsbandsender bis zu zwölf Jahre alte Katzen nachweisen ließen, die eines natürlichen Todes starben.[11]

Experten schätzen, dass Wildkatzenvorkommen, die an viel befahrene Straßen grenzen, pro Jahr bis zu 40 Prozent verkehrsbedingten Verlust erleiden könnten.[12] Mehrere deutsche Bundesländer dokumentieren schon seit vielen Jahren Straßenopfer, um sich einen Überblick über das Ausmaß dieser Todesursache zu verschaffen. Dabei stellen sie immer wieder fest, dass im Herbst eine kritische Zeit anbricht. Die Dämmerung, in der Wildkatzen ihre höchste Aktivität haben, setzt nun früher ein und überlappt stärker mit dem Abendverkehr. Das wurde auch dem Wildkatzenmännchen im Kärntner Rosental zum Verhängnis. Zwischen September und November, aber auch in den Monaten Januar und Februar häufen sich die Verkehrsopfer. Seit 2005 steigt die Zahl kontinuierlich.[13] »In Hessen etwa zeigen sich zwei Spitzen mit besonders hohen Todeszahlen, eine im Verlauf des Spätwinters und Frühjahrs (Januar bis April) sowie eine im Herbst (September bis Oktober). Das Niveau der Todesfälle ist aber ganzjährig hoch«, sagt Biologe Olaf Simon vom Institut für Tierökologie und Naturbildung in Hessen. Dass die traurigen Funde mehr werden, und das zu allen Jahreszeiten, bestätigt auch Stefanie Huck, die sich in der Nähe von Bonn um pflegebedürftige Wildkatzen kümmert: »Früher war es im Herbst am schlimmsten, aber mittlerweile gibt es nicht eine Woche im Jahr, wo wir keine totgefahrenen Tiere finden.«

Lange Zeit nahm man an, dass hauptsächlich junge Männchen im Straßenverkehr verunglücken würden. Gerade selbstständig geworden, schwärmen sie über größere Distanzen aus als die Weibchen, um sich auf die Suche nach eigenen Streifgebieten zu begeben. Zwar lassen in der Tat mehr Männchen auf dem Asphalt ihr Leben – von zehn Wildkatzen sind es im Schnitt sechs Männchen und vier Weibchen[14] –, aber die meisten Wildkatzen, nämlich drei Viertel aller verunfallten Tiere, sind nicht mehr jung, sondern bereits ausgewachsen.[15] »Wenn erwachsene Weibchen im reproduktionsfähigen Alter betroffen sind, ist das für die Population ein gewichtiger Verlust«, gibt Olaf Simon zu bedenken. Im Schnitt sind das – egal ob in Hessen, Rheinland-Pfalz, Niedersachsen oder Sachsen-Anhalt – ein Viertel aller tot aufgefundenen Katzen.[16] Dort, wo die Populationsdichte noch gering ist und sich die Tiere erst ausbreiten, kann der Ausfall von Würfen wegen verunglückter Weibchen eine Besiedelung verzögern oder gar im Keim ersticken.[17]

Quer durch Europa sind Straßen und intensives Verkehrsaufkommen die dominierenden Bedrohungen.[18] Biologin Despina Migli hält gemeinsam mit sieben Kollegen regelmäßig nach Verkehrsopfern Ausschau. »Seit 2013 sind wir auf 75 tote Tiere gestoßen. Bis auf zwei fanden wir alle im Norden Griechenlands«, sagt sie.

Manch ein Individuum scheint entweder sehr genau aufzupassen oder einfach viel Glück zu haben. Zsolt Biró erinnert sich an ein besendertes Wildkatzenweibchen, das in einem Waldstück in der Nähe der Autobahn M3 östlich von Gödöllő lebte. »Jedes Jahr überquerte es die Hauptstraße, die Autobahn und die Bahngleise, um drei bis vier Wochen auf der anderen Seite zu verbringen. Dann kehrte es wieder zurück«, sagt Biró. Vier Jahre verfolgte der Forscher die Bewegungen der Katze, ehe sie doch von einem Fahrzeug auf der Autobahn erfasst wurde. Die meisten Wildkatzen fänden aber den Tod auf Bundesstraßen.[19]

Wir müssen nicht tatenlos zusehen bei diesem Sterben. Neuralgische Punkte, an denen sich Unfälle häufen, lassen sich in einigen Fällen gezielt entschärfen. So eine Stelle findet sich zum Beispiel in einem 750 Meter breiten Waldstück im Ostharz in Sachsen-Anhalt, das von einer Bundesstraße durchschnitten wird. »Hier verunglückten regelmäßig Wildkatzen, deshalb wurden nachträglich zwei Tunnel unter die Straße gebaut und wildkatzensichere Zäune mit Überkletterungs- und Untergrabungsschutz aufgestellt«, erzählt Malte Götz, der seit vielen Jahren mit dem Monitoring der Wildkatze in Sachsen-Anhalt beschäftigt ist. Das funktioniert einwandfrei. Neben Wildkatzen nutzen auch Füchse, Marder, Dachse, vereinzelt Rehe und sogar Luchse die Unterführung.

Vom Winde verweht

An Windparks in offenen Landschaften oder entlang von Meeresküsten haben wir uns schon gewöhnt. Immer öfter drehen sich die gigantischen Rotorblätter aber auch inmitten von Wäldern, wo sie bis in 200 Meter Höhe ragen und damit weit über den Baumwipfeln thronen. Bis Ende 2019 waren in Deutschland exakt 29456 Windenergieanlagen an Land in Betrieb.[20] Davon standen mehr als 2000 im Wald, vor allem im Westen und Süden des Landes. Das Ende der Fahnenstange ist aber noch lange nicht erreicht.[21] Sogar die »grüne Energie« rückt den Wildtieren zunehmend auf die Pelle.

Wildtierbiologe Manfred Trinzen erforschte vor einigen Jahren, ob und inwiefern sich Bau und Betrieb der Anlagen auf das Verhalten und die Aktivität der Wildkatzen auswirken. »Die Aktionsräume selbst haben sich relativ wenig verändert, das heißt, um von A nach B zu gelangen, laufen Wildkatzen auch einfach mal unter einer Windkraftanlage durch. Die Schlafplätze der Tiere finden sich allerdings weiter weg von den Anlagen«, erzählt der Wildtierbiologe über die Erkenntnisse seiner Arbeit. Außerdem konnte er gemeinsam mit anderen Kollegen nachweisen, dass sich Weibchen mit ihrem Nachwuchs nie näher als 200 Meter an die Windräder heranwagten. Alle genutzten Verstecke lagen außerhalb dieses imaginären Banngürtels.[22] »Dieses Vermeidungsverhalten ließ sich selbst dann beobachten, wenn sich die Windkraftanlagen mitten in den Streifgebieten der Kätzinnen befanden«, fügt Trinzen erklärend hinzu.

Windräder stellen massive Eingriffe in den Wald dar.[23] Betreiber rechnen meist vor, dass sich der Flächenbedarf pro Anlage auf weniger als einen Hektar beläuft[24], tatsächlich verschlingen die Megabauwerke aber viel mehr Raum. Gabriele Neumann vom in Rheinland-Pfalz ansässigen Umweltverband Naturschutzinitiative kennt sich damit aus: »Für die Zulieferung der bis zu 80 Meter langen und 35 Tonnen schweren Rotorblätter und des Betons zum Gießen der Fundamente müssen Zuwege gebaut werden, die die Ausmaße von Autobahnen annehmen.« Einmal errichtet, bleiben die Wege bestehen und in ihrem Schlepptau tauchen Freizeitsportler, Ausflügler und Erholungssuchende auf. Sie alle agieren aus der Wildtierperspektive »unvorhersehbar«. Das trifft auch auf Instandhaltungsarbeiten, Kontrollen oder andere Tätigkeiten rings um die fertiggestellte Anlage zu. »Das sind alles Störfaktoren, die Wildtiere schwer abschätzen können«, sagt Neumann. Für Weibchen, die Junge führen und dafür ruhige Ecken brauchen, sind das daher triftige Gründe, sich fernzuhalten.

Außerhalb des Waldes, inmitten von Wiesen, kann eine Windkraftanlage aber eine ganz andere Wertigkeit bekommen. Kater Gunnar, der sich viel im Offenland herumtrieb, suchte diese sogar gezielt auf: »Als im Sommer alle Wiesen gemäht waren und es sonst in der offenen Landschaft keinen Schutz gab, ging er tagsüber zum Schlafen unter die Windkraftanlagen. Dort fanden sich mit Büschen und Hochstauden ideale Verstecke«, so Manfred Trinzen. Nach dem Motto »Unter Blinden ist der Einäugige König« muss man in eintönigen Landschaften mit der wenigen verfügbaren Vegetation vorliebnehmen. Das darf dann auch in der Nähe eines Windrades sein. Im Wald dagegen – vorausgesetzt, es handelt sich nicht um eine Monokultur-Plantage – bieten sich vielfältigere Versteckoptionen. Die potenziell unruhigen Zonen rings um die Windkraftanlagen meidet man dann besser.

Manchmal jedoch sind uns Wildkatzen näher, als wir es für möglich halten würden. »Von einigen Tieren mit Halsbandsendern wissen wir, dass sie direkt oberhalb von gut besuchten Wanderwegen oder in eingezäunten Fichtenschonungen, wo Hunde nicht hineinkommen, entspannt rasten«, erzählt Neumann. Ein Weibchen sei sogar so forsch gewesen, dass es einen Holzpolter an einer Autobahnböschung nutzte, um ihre Jungen zur Welt zu bringen. Warum das für die Tiere funktioniert? Weil die Störung jeweils kalkulierbar ist. Angeleinte Hunde, Wanderer und Radler, die auf Wegen bleiben, und vorbeiratternde Autos, deren Fahrer nicht aussteigen, um etwa eine Böschung hochzukraxeln, das tolerieren die Pragmatischen unter den Wildkatzen. Aber irgendwann sind die Limits ausgereizt. Verbaute Flächen, Agrarwüsten, Siedlungen und Städte, Straßen und seit Neuestem auch die Windkraft im Wald sorgen dafür, dass die verbliebenen Lebensräume der Wildkatze nicht unbedingt aufgewertet werden.

Zwischen Melborn und Ettenhausen

Ich zoome mehr und mehr in das Satellitenbild hinein, rätsle aber immer noch, wo der Korridor verlaufen könnte. Als mir Thomas Mölich am Computerbildschirm den feinen Streifen zeigt, den ich nicht einmal in die engere Auswahl gepackt hätte, erlebe ich mein Korridor-Aha-Erlebnis. Ein Wald fängt eben klein an. Am besten, wir sehen uns das in natura an. Vom Wildkatzendorf Hütscheroda in Thüringen ist der wohl markanteste Wildkatzenkorridor Deutschlands in einer Viertelstunde mit dem Auto erreichbar. Er liegt auf halber Strecke zwischen den kleinen Ortschaften Melborn und Ettenhausen und verbindet mittlerweile das Nessetal, das Wildkatzen sonst – wenig sinnvoll – in die Stadt Eisenach lotsen würde, mit den Hörselbergen, die auf halber Strecke zwischen Hainich und Thüringer Wald liegen. Dort sollen die Wildkatzen auch hin.

Wir stapfen durch hüfthohes Gras und Gebüsch, vorbei an locker stehenden Eschen und Stieleichen, an Berg- und Feldahornen, vor allem aber an Vogelkirschen. Sie alle sind noch im jugendlichen Alter, Forscher Thomas Mölich spricht vom »Vorwaldstadium«. Mich erinnert der Streifen im Thüringer Becken an eine afrikanische Buschsavanne. Seit 2007 reifen die fast 20000 gepflanzten Bäume heran, über mehr als einen Kilometer Länge und 50 Meter Breite. »Im zentralen Bereich war die Esche vorgesehen, weil sie gut zu den schweren, kalkigen Tonböden passt. Wegen dem Eschensterben mussten wir aber in den Folgejahren immer wieder nachpflanzen«, erzählt Mölich von durchkreuzten Plänen. Aktuell tut sich die Vogelkirsche als Hauptbaumart des Korridors hervor.

Während wir Richtung Nesse wandern – vorbei an selbst aufgekommenen Hundsrosen, Hartriegeln, Schlehen und Weißdornen –, prägen immer mehr junge Schwarzpappeln und Schwarzerlen das Bild. Mölich erklärt, warum: »In der Nähe des Flusses sind die Böden feuchter, das haben wir bei den Pflanzungen berücksichtigt.« Er weist mich auf seltene Schmetterlinge wie Schecken- und Dickkopffalter hin. Ein ganzer Trupp von Schachbrettfaltern tanzt vor uns über dem Gras. Sie laben sich an Disteln und Karden, Johanniskraut und Wegwarten. Über uns zieht ein Rotmilan seine Kreise. Arten wie Braunkehlchen, Neuntöter oder Dorngrasmücken, die im leeren Agrarland fehlen, sind in diesen grünen Streifen, der mitten durchs Ackerland führt, wieder eingewandert.[25]

Links von uns springt plötzlich ein Fuchs durchs hohe Gras davon. »Wir müssen auf Wildschweine achten«, rät Thomas Mölich und fügt treffend hinzu: »Irgendwo hier im Gras könnte auch eine Wildkatze kauern.« Er weiß genau, wovon er spricht. Während seines Telemetrieprojekts im Hainich war er einem besenderten Tier auf der Fährte. Seine VHF-Antenne empfing heftige Signale aus unmittelbarer Nähe, doch weit und breit konnte er kein geeignetes Versteck ausmachen. Da fand sich kein Dachsbau, kein Reisighaufen, keine Felsnische. Alles, was sich zu seinen Füßen ausbreitete, war ein Bärlauchteppich. In der Annahme, die Katze hätte sich des Halsbandes entledigt, bückte er sich, um in der Vegetation danach zu suchen. Im selben Moment sprang die Katze direkt vor ihm auf und huschte davon.[26] »Wildkatzen vertrauen auf ihre Tarnung, drücken sich ganz dicht an den Boden und verharren dort«, kommentiert Mölich dieses unvergessliche Erlebnis. »Manchmal schleichen sie sich auch weg. Wenn kein Hund dabei ist, geht der Mensch fast immer an der Katze vorbei.«

Wildkatzen können sich quasi unsichtbar machen und brauchen dafür nicht unbedingt einen ausgewachsenen Wald. Schon ein grüner Streifen, der etwas mehr als ein Jahrzehnt gewachsen ist, tut seinen Dienst. Mit dem Pflanzen von Bäumen allein ist es aber nicht getan. Damit die in die Erde gesteckten Pflänzlinge nicht gleich von Wildschweinen umgegraben oder die frischen Triebe von Rehen und Hasen verspeist werden, ist die Korridorfläche umzäunt. »Mittlerweile könnte man den Zaun schon entfernen«, erklärt mir Thomas Mölich.

Wenige Wochen nach meinem Besuch wurden die Zäune an den Korridor-Stirnseiten tatsächlich abgebaut, vom Freistaat Thüringen, dem die Flächen gehören und der sie langfristig sichert. Das ist kein unwesentlicher Aspekt, denn so klein und überschaubar der Korridor wirkt, so arbeitsintensiv ist der Weg zum ersten gepflanzten Bäumchen. Skurrilerweise ist das grüne Band eng verknüpft mit dem Schicksal eines grauen Bandes, konkret mit jenem der A4. Gebaut in den späten 1930er-Jahren, zählt die A4 zu den ältesten Autobahnen Deutschlands und stellt eine wichtige Ost-West-Achse für den Verkehr dar. Ihren alten Streckenverlauf kann ich, zwischen Melborn und Ettenhausen unter Vogelkirschen und Schwarzpappeln stehend, nur erahnen, er liegt nämlich auf der anderen Seite der Hörselberge, am Südhang. Dort hätte sie ursprünglich ausgebaut werden sollen, denn vierspurig und ohne Standstreifen entsprach sie längst nicht mehr den heutigen Autobahnstandards. Da die Hörselberge aber gleichzeitig ein Natura-2000-Schutzgebiet sind, hätten dafür sämtliche Naturschutzvorgaben, wie sie in der Fauna-Flora-Habitat-Richtlinie definiert sind, gebrochen werden müssen. Deswegen war Anfang 2010 Schluss. Die Strecke am Südhang wurde stillgelegt und rückgebaut, die A4 komplett verlegt. Seither rollt der Verkehr nördlich der Hörselberge – in Blickweite des neuen Wildkatzenkorridors – und überspannt das Nessetal mit einer großen Autobahnbrücke.

»Für den Naturschutz war das gar nicht so schlecht«, sagt Thomas Mölich und erklärt das scheinbare Paradoxon: »Für jeden Eingriff in die Natur müssen in Deutschland Ausgleichs- und Ersatzmaßnahmen getätigt werden, das ist gesetzlich geregelt.« In diese Kerbe passte die Idee des Wildkatzenkorridors. »Das Problem war nur, dass die gesamte Autobahnplanung inklusive der Ausgleichsmaßnahmen schon abgeschlossen war, als der BUND den Korridor aufs Tableau brachte«, erzählt er weiter. Es brauchte Fingerspitzengefühl, Verhandlungsgeschick und Ausdauer, um den grünen Streifen vom Nessetal zum Nordhang der Hörselberge doch noch Wirklichkeit werden zu lassen. Zunächst galt es das Umweltministerium zu überzeugen und dann mit diesem die DEGES, die deutsche Autobahngesellschaft. Letztere ließ sich schließlich auf die Planänderungen ein. »So gelang es uns, das Konzept noch zu beeinflussen und die Maßnahmen für einen Korridor zu bündeln«, erzählt der BUND-Forscher erleichtert und betont: »Es ist gar nicht so einfach auf einem Acker einen vernünftigen Wald zu schaffen.«

Grüne Lebensadern

Eine intakte Wildkatzenpopulation, so die Experten-Einschätzung, benötigt mindestens 1650 Quadratkilometer geeigneten Lebensraum.[27] Am Stück findet sich das kaum wo. Nur wenige Flecken in Mitteleuropa, wie etwa der Harz oder der Pfälzerwald, die französischen Vogesen oder die belgischen Ardennen halten bei diesen Ausmaßen mit. Abhilfe soll die Vernetzung von Lebensräumen schaffen. Sie ist im Naturschutz schon seit Mitte der 1980er-Jahre ein Thema.[28] Immer öfter wird aber auch effektiv gehandelt. In Deutschland kommt der Wildkatze dabei eine Schlüsselrolle zu, insofern als sie zum Aushängeschild für das Verbinden von fragmentierten Lebensräumen geworden ist.[29] Sie sorgt für praktisch keine Konflikte und obendrein ist die Hauskatze das beliebteste Tier der Deutschen[30], da fallen auch ein paar Sympathiepunkte für die Wildkatze ab.

Im Naturschutz ist das essenziell. Das weiß auch der BUND, der Bund für Umwelt und Naturschutz Deutschland, der die Lebensraumvernetzung seit 2004 fördert und insbesondere im Projekt »Wildkatzensprung« zwischen 2011 und 2017 massiv vorantrieb. Dabei entstanden in sechs Bundesländern – in Baden-Württemberg, Hessen, Niedersachen, Nordrhein-Westfalen, Rheinland-Pfalz und Thüringen – grüne Achsen, die sich über mehrere Kilometer durch die Landschaft ziehen. Gebildet werden sie von Vegetationstrittsteinen in Form von kleinen Feldgehölzen, Hecken oder Waldinseln. Diese machen das ausgeräumte Agrarland überwindbar, vorausgesetzt, die Trittsteine liegen nicht weiter als 200 bis maximal 500 Meter voneinander entfernt.[31] Das funktioniert aber auch über das Pflanzen von durchgängigen Korridoren. Standorttypische Bäume und Sträucher, durchmischt und möglichst unregelmäßig angeordnet – bloß nicht in Reih und Glied –, bilden dafür die Grundlage. Im Idealfall besteht ein Korridor aus einem zentralen Waldbereich, einem diesen umgebenden Mantel aus niedrigeren Sträuchern und einer krautigen Randzone.[32]

Der Anker in den Thüringer Wald

»Für einen Blick von oben auf den zweiten Korridorabschnitt parken Sie am besten in Sättelstädt und gehen von dort auf den Berg«, rät mir Thomas Mölich. Gut ausgeschildert ist der Wanderweg zwar nicht, aber hinter der kleinen Weinstube, die ich passiere, muss es wohl der ansteigende Abzweiger sein, der mich entlang des Kamms in die knapp 480 Meter hohen Hörselberge bringt. Sie erinnern mich ein wenig an den Granitzsteig im Thayatal an der österreichisch-tschechischen Grenze. Der Untergrund ist anders – hier dominiert ein trockener Kalkstock –, aber Stieleichen, Buchen, Ahorne und dicke Föhren, exponierter Fels und der aromatische Duft von Kräutern lassen eine ähnliche Atmosphäre entstehen. Auf dem Weg nach oben spähe ich immer wieder in den Wald, als könnte ich eines der am besten getarnten Tiere unserer Breiten rein zufällig ausfindig machen. Zumindest theoretisch lebt die Chance, dass vielleicht gerade jetzt eine Wildkatze, die den ersten Teil des Korridors bereits hinter sich gebracht hat, durch mein Blickfeld huscht. Sie könnte aber auch gerade beschäftigt sein.

In vor- und frühgeschichtlicher Zeit galten die Hörselberge als Wohnort der Götter. Die germanische Göttin Hulda, uns besser bekannt als Frau Holle aus den Märchen der Brüder Grimm, soll hier einst gelebt haben und in einem Wagen gefahren sein, der von zwei Wildkatzen gezogen wurde.[33]

Ich sehe weder Götter noch Wildkatzen, aber dafür ein helles Gebäude in der Ebene unter mir. Thomas Mölich hat mir geraten, danach Ausschau zu halten. Unmittelbar davor würde der grüne Streifen liegen. Sein Rat ist in der Tat Goldes wert, denn aus der Distanz lässt sich der knapp 680 Meter lange zweite Korridor nur mit konkretem Vorwissen entdecken. Er wurde erst 2014 bepflanzt und befindet sich daher noch eher in einem »Vorvorvorwaldstadium«. In jedem Fall schließt er, zwischen den Ortschaften Kälberfeld und Schönau gelegen, die letzte Wanderlücke für entdeckungsfreudige Hainich-Wildkatzen. Er verbindet den Fuß des Hörselberge-Südhangs mit den Ausläufern des Thüringer Waldes. Die Bahngleise und die Hörseltalstraße gilt es zwar auch noch zu überwinden, aber dann ist die Katze durch.

»Ich bin von hier, was willste wissen?«, fragt mich ein junger Bursche am Retourweg. Von Natur aus neugierig, lasse ich mich nicht zweimal bitten und erinnere mich an den alten Verlauf der rückgebauten A4. Beim Aufstieg war ich so auf den zweiten Korridor fokussiert, dass ich das Suchkriterium »ehemalige Autobahntrasse« völlig ausgeblendet hatte. Luca zeigt mir die Stelle. »Hier soll vor knapp zehn Jahren noch eine Autobahn durchgelaufen sein?«, frage ich zur Sicherheit nach. »Da, wo die Bäume sind, war die äußere Spur, daneben die innere«, antwortet er mir ganz selbstverständlich. Heute lässt kaum mehr etwas darauf schließen, dass am Südhang der Hörselberge der Verkehr einst in Massen rollte. Ganz im Gegenteil: Auf der renaturierten Trasse gedeihen wieder mehr als 200 verschiedene Pflanzenarten. Darunter finden sich sogar Exoten, wie das Dänische Löffelkraut, das sonst nur an der Nordseeküste vorkommt. Das viele Salzstreuen auf der einstigen A4 könnte dafür den Boden bereitet haben.[34]

Luca, der in der Gegend als Mechaniker in einem landwirtschaftlichen Betrieb arbeitet, hat noch keine Wildkatze gesehen, auch nicht bei der Jagd. »Ich bin Treiber, schießen darf ich noch nicht«, erzählt er mir. Die Leute hier würden die Wildkatze kennen. »Das war eine große Sache, als der Streifen gepflanzt wurde«, sagt Luca. Vier Wochenenden arbeiteten Dutzende Freiwillige daran, aus rund 8000 Bäumen einen Korridor entstehen zu lassen. Beim Abstieg erfahre ich nicht nur, dass Luca in Sättelstädt lebt, sondern auch, dass sich hier der kleinste Weinberg Deutschlands befindet, dass ein Freund von ihm aus österreichischem Heu Schnaps herstellt und dass Luca selbst mit einer Genossenschaft zum Hobby Christbäume züchtet, nicht weit vom Wildkatzenkorridor entfernt.

»Beim zweiten Korridorabschnitt hatten wir nicht die gleiche Rückendeckung wie beim ersten. Hier konnten wir nicht auf Ersatzleistungen pochen, diese waren in Bezug auf die A4 ja schon erbracht worden«, beschreibt Thomas Mölich das Dilemma des BUND. Es musste einen anderen Weg geben. Der BUND trat in Kontakt mit dem Amt für Landentwicklung und Flurneuordnung in Meiningen, das bereits für die Umsetzung des ersten Korridorabschnitts zuständig war. Insofern traf man »alte Bekannte« und tat sich leichter, den Sachverhalt darzulegen. »Es gelang uns, begreiflich zu machen, dass der erste Korridor, auf der Nordseite der Hörselberge, seinen Zweck nur unvollständig erfüllt, solange die Lücke auf der Südseite bestehen bleibt«, sagt Mölich.

Dass die ansässigen Gemeinden schon seit vielen Jahren ein Flurneuordnungsverfahren anstrebten, war für die Korridoridee ein Glücksfall. Das Verfahren kam in Gang und brachte die Instandsetzung von Landwirtschaftswegen sowie die bessere Erreichbarkeit von Grundstücken mit sich. Im Gegenzug erklärten sich die Eigentümer bereit, Flächen für den zweiten Abschnitt des Korridors zur Verfügung zu stellen. »2014 erhielten wir dafür die Genehmigung und fingen an, Bäume zu setzen«, erzählt Mölich von diesem Meilenstein. Bis klar war, welche Flächen konkret für die Wildkatze reserviert sein würden, vergingen aber noch ein paar Jahre, sodass der BUND erst 2017 die letzten Teilflächen bepflanzen konnte. Tatsächlich läuft das Verfahren zur Neuordnung immer noch. Es kann sich zehn bis 15 Jahre hinziehen, bis die neuen Besitzansprüche auch offiziell verbrieft sind.

Jahrelanger bürokratischer, rechtlicher und finanzieller Aufwand haben letztlich zwei Korridore mit 1,7 Kilometern Länge und 50 Metern Breite hervorgebracht. Kann der ambitionierte Plan, Deutschlands Waldlebensräume zu vernetzen, angesichts der vielen Hürden langfristig aufgehen?

Der Wildkatzenwegeplan

In einem Spiegel-Online-Artikel vom September 2007 heißt es optimistisch, ja geradezu messianisch: »Biologen planen das größte Naturschutzprojekt Mitteleuropas: Sie wollen alle grünen Oasen Deutschlands durch Waldkorridore verbinden.«[35] Wildkatzen galten zu dieser Zeit als gefährdet oder vom Aussterben bedroht, in einigen deutschen Bundesländern waren sie schon ganz verschwunden. »Wir müssen ihre Lebensräume wieder verknüpfen, dann haben sie eine Chance«, sagte Mölich damals in dem Beitrag. Bis heute setzt er sich gemeinsam mit seinem Kollegen Burkhard Vogel, der ebenfalls als Biologe beim BUND arbeitet, für einen ambitionierten Plan ein: Verbuschte und bewaldete Korridore im Ausmaß von 20000 Kilometern sollen ganz Deutschland wie ein gigantisches grünes Wegenetz durchziehen und nicht nur den Hainich mit dem Thüringer Wald, sondern auch die Lüneburger Heide mit dem Solling oder den Hunsrück mit dem Pfälzerwald verknüpfen.[36] Dafür gibt es mittlerweile einen ausgearbeiteten Wildkatzenwegeplan, der sämtliche potenziellen Migrationskorridore zwischen relevanten Wäldern quer durch Deutschland aufzeigt.[37]

Pragmatisch gesehen ließe sich das ohne Weiteres bewerkstelligen. Bei einer durchschnittlichen Korridorbreite von 50 Metern ergibt sich ein Flächenbedarf von 1000 Quadratkilometern. Das entspricht ungefähr 0,3 Prozent der Fläche Deutschlands.[38] Dieser Bedarf schrumpft sogar, weil auch vorhandene Strukturen mitgenutzt werden können.[39] Auch die Kosten bleiben im Rahmen: Für den Aufbau eines ein Kilometer langen Korridors inklusive Flächenankauf und kompletter Bepflanzung müssen rund 300 000 Euro kalkuliert werden. Das ist geradezu ein Taschengeld im Vergleich zu einem Kilometer Autobahn, für den man durchschnittlich zwölf Millionen Euro und damit 40 Mal so viel berappen muss.[40]

Entlang dieses Plans sind in mehreren Bundesländern, ähnlich wie im Hainich, bereits Modellprojekte umgesetzt worden. Konkret hat der BUND bisher Korridore und Trittsteinvernetzungen in mehr als 20 Regionen in ganz Deutschland realisiert.[41] »Korridormodelle wie der Wildkatzenwegeplan sind sehr zuverlässig und die Notwendigkeit eines länderübergreifenden Lebensraumverbunds ist wissenschaftlich unbestritten – aber es fehlt noch immer an einer abgestimmten Umsetzung, die von Bund und Ländern konsequent gestützt wird«, konstatiert Thomas Mölich. Ohne ihre Mithilfe mutiert die Vision vom vernetzten Deutschland zu einem Kampf gegen Windmühlen, den der BUND und andere Naturschutzorganisationen, die sich um Lebensraumvernetzung bemühen, allein austragen.

Dieser Kampf beginnt schon bei der Landakquise. An Naturschutzverbände, die Flächen womöglich einfach »verwildern« lassen, verkauft man nicht gern. Hinzu kommt, dass der Druck auf die weniger werdenden verfügbaren Grundstücke und damit auch die Konkurrenz um sie steigt. »Wir bemühen uns, die Wanderkorridore so breit wie möglich anzulegen, 50 Meter wäre ideal, aber es ist enorm schwer, diese Fläche der genutzten Landschaft abzuringen«, erklärt Mölich und fügt hinzu: »Zum Teil steht mehr Geld zur Verfügung, als es Flächen gibt, die wir kaufen könnten.«

In der Landwirtschaft herrscht aktuell die Maxime der Flächenmaximierung und -optimierung vor. Jeder Strauch und jede Hecke – im Weg stehende Bäume sowieso – werden geopfert, um mehr Subventionen für mehr (intensiv) bewirtschaftete Fläche zu erhalten. In Summe zahlt die EU pro Jahr Förderungen im Ausmaß von rund 58 Milliarden Euro an die Landwirte aus, das sind 40 Prozent des gesamten EU-Budgets.[42] Ökologische Dienstleistungen werden dagegen in der Landwirtschaft praktisch nicht belohnt, noch nicht.

Für die Agrarreform 2020 einigten sich die Minister erstmals auf verpflichtende Ökoregeln, die bei mindestens 30 Prozent der Direktzahlungen erfüllt sein müssen. Wirkung zeigen können diese Maßnahmen aber frühestens ab 2023, wenn sie nach einer zweijährigen »Lernphase« in Kraft treten.[43] Vielen Umweltschützern greift das deutlich zu kurz. Berechtigterweise.[44] Laut dem letzten Statusbericht über den Zustand der Natur in der EU zählt die Landwirtschaft zu den größten Bedrohungen für Lebensräume und die Artenvielfalt.[45] Die biologische Landwirtschaft soll deshalb EU-weit bis ins Jahr 2030 einen Anteil von 25 Prozent einnehmen[46], was einer Verdreifachung des aktuellen Niveaus entspricht.[47] Weiters soll die Verwendung von Pestiziden in den nächsten zehn Jahren um 50 Prozent sinken, es soll Platz für Wildtiere, Pflanzen, Bestäuber und natürliche Schädlingsbekämpfer entstehen und es sollen nebenbei noch mindestens zehn Prozent der Landwirtschaftsflächen in »strukturreiche Landschaftselemente«, die die Artenvielfalt fördern, umgewandelt werden.[48]

Die Antwort auf diese Forderungen sind ein paar Ökoregeln. Aus Sicht der Politik ist die Agrarreform freilich ein »wesentlicher Schritt in Richtung mehr Klima- und Umweltschutz in der europäischen Agrarpolitik«.[49] Vielleicht sind viele Politiker, was das Thema Biodiversität angeht, auf dem gleichen Stand wie die rund 27000 Teilnehmer einer Eurobarometer-Umfrage, die 2018 durchgeführt wurde. Über 70 Prozent gaben an, zumindest einmal schon von Biodiversität gehört zu haben, aber nur vier von zehn Europäern wissen auch, was das Wort bedeutet und wie wichtig es für uns ist.[50]

Um einen Acker in einen vielfältigen Lebensraum zu verwandeln, braucht es Zeit. Vom Reißbrett bis zur Realisierung der Verbindung zwischen Hainich und Thüringer Wald dauerte es zehn Jahre.[51] Bis Bäume und Sträucher hoch genug stehen, um ausreichend Deckung zu bieten, vergehen einige weitere Jahre. Bis 2030 gibt es also noch viel zu tun, um »strukturreiche Landschaftselemente« auf mindestens zehn Prozent des Ackerlandes zurückzubringen. Es mag schwer sein, aktiv genutzte Flächen dafür zu gewinnen, aber immer mehr Land wird in Europa aufgegeben. Die Europäische Kommission schätzt, dass dies bis 2030 5,6 Millionen Hektar Landwirtschaftsflächen betrifft.[52] Schon jetzt lebt mehr als die Hälfte der Weltbevölkerung in Städten, bis 2050 sollen es sogar 68 Prozent sein.[53] Das frei werdende Land birgt viel Potenzial für ökologische Wiedergutmachungen, es besteht aber auch die Gefahr, dass dieses Land von Agrarkonzernen aufgekauft und noch intensiver bewirtschaftet wird.

»Diese Entwicklung begann bei uns vor etwa einem Jahrzehnt und hat sich in der letzten Zeit beschleunigt«, erzählt der polnische Biologe Henryk Okarma. In Polen finden sich Wildkatzen nur im Süden des Landes. Dort verlassen immer mehr junge Menschen die Dörfer und ziehen in die Städte. Zurück bleiben die Alten, die es mit der Zeit nicht mehr schaffen, ihre Felder zu bewirtschaften. Wenn sie sterben, verwildert die Landschaft zusehends.

Zunächst wachsen auf den verlassenen Feldern nur winzige Büsche, doch mit der Zeit ragen sie immer höher auf. »Nach zehn Jahren ist die Deckung hoch genug, sodass Wildkatzen dort nicht nur für die nächtliche Jagd auftauchen, sondern das Gebiet dauerhaft besiedeln«, so der Biologe. Noch scheint kein Agrarkonzern auf die Flächen aufmerksam geworden zu sein und die Einwohner tolerieren die wilden Ecken. »Aus dem Blickwinkel deutscher Gründlichkeit betrachtet, ist diese Rückkehr der Natur in eine ehemals so perfekt geordnete Landschaft schwer zu akzeptieren«, räumt er ein. Für die Biodiversität, also die Artenvielfalt, sei sie aber ein Segen.

Die Vernetzung zeigt Wirkung

Die Vorteile von Wildtierkorridoren werden oft gepriesen, Kritiker monieren jedoch, es würde an Studien fehlen, die die Wirksamkeit dieser grünen Verbindungslinien stichhaltig belegen.[54] Das trifft auch für Wildkatze zu. Dennoch lässt sich feststellen, dass sie ein Faible für Korridore haben und rasch auf neu geschaffene Strukturen reagieren.[55] »Sobald Korridore gepflanzt sind, nutzen sie diese auch«, sagt dazu Wildbiologe Mathias Herrmann. Mittels Peilung gelang es ihm und einer Studentin wiederholt zu zeigen, dass vier Tiere, darunter Frau Holle, Prinzessin und Strolch, entlang der Verbindungsachsen des Wildkatzenwegeplans wandern. »Zwischen Bienwald bei Karlsruhe und dem Pfälzerwald zum Beispiel bewegen sie sich entlang zweier Korridore durchs Offenland«, weiß er zu berichten.

Zwischen Nessetal und dem Fuß der Hörselberge montierte Thomas Mölich über mehrere Jahre hinweg Lockstöcke. Im fünften Jahr, als sich die Bäumchen und Sträucher schon ein wenig in die Höhe streckten, tauchten die ersten Haare auf.[56] »Zumindest fünf verschiedene Individuen konnten wir seinerzeit eindeutig feststellen«, lässt er mich wissen. Für den zweiten Korridor gibt es bis dato keine Untersuchung, weil die finanziellen Mittel dafür fehlen. Hier lässt sich nur mutmaßen, dass die im Wachsen begriffene Vegetation ihren Dienst tut. »Seit der Verlegung der A4 stellen die Hörselberge keine ökologische Falle mehr dar, sondern einen wertvollen Trittstein. Ich gehe deshalb davon aus, dass die Wildkatze nun auch den Thüringer Wald erreicht«, meint der Biologe. In jedem Fall gibt es dort wieder Wildkatzen, die wohl über den Verteilerkreis Hainich/Hörselberge und vermutlich aus dem hessischen Bergland eingewandert sind. Da Wildkatzen mittlerweile wieder in vielen Gebieten vorkommen, die bis vor Kurzem als ungeeignet galten, lässt sich auch indirekt annehmen, dass sie dic Korridore effizient nutzen.[57]

Andererseits muss man sich die Frage gefallen lassen, ob es durchgängig bepflanzte Verbindungswege an explizit definierten Stellen unbedingt braucht. Reichen nicht die bestehenden Strukturen in der Landschaft?[58] Die Antwort wird wohl von Fall zu Fall variieren. Gepflanzte Korridore haben die aktuelle Ausbreitungswelle der Wildkatze in Deutschland, Frankreich, der Schweiz und anderen Ländern vermutlich unterstützt, aber sie haben nicht ursächlich dazu beigetragen. Die Vision von 20000 Kilometern verbundenen Wäldern darf dennoch in unseren Köpfen bleiben, vielleicht muss sie nur ein wenig adaptiert werden.

»Früher gab es überall Randstrukturen mit natürlichem Aufwuchs. Entlang von Wegen und Feldern erstreckten sich bis zu zwölf Meter breite Säume, die abwechselnd von einzelnen Bäumen, Sträuchern und Hochstauden mit lichten Grasfluren geprägt waren. Das fehlt heutzutage«, sagt Wildkatzenforscher Malte Götz aus Sachsen-Anhalt. Diese Vegetation, die als »wirtschaftlich nutzlos« entfernt und zu Acker umgewandelt wurde, gilt es wieder zu reaktivieren und weitestgehend der natürlichen Entwicklung zu überlassen.[59]

Auch wiederbelebte Ufersäume entlang von Gewässern sowie Trittsteine in Form von Hecken, Baumgruppen und Streuobstwiesen würden unseren mitteleuropäischen Landschaften wieder mehr Leben einhauchen. Genau hier muss die Agrarreform ansetzen.

Andernorts in Europa, auf dem Balkan oder in Griechenland, ist es nach wie vor üblich, Vegetationsstreifen rings um die Felder stehen zu lassen. »In erster Linie dienen sie dazu, die Grenzen zum Nachbarfeld klar zu definieren«, erklärt Biologin Despina Migli. Nebenbei helfen die Streifen freilich der Artenvielfalt. Und Wissenschaftlerin Diana Zlatanova aus Bulgarien betont: »In vielen Gebieten des Balkans weisen sogar intensiv bewirtschaftete Kulturen umgebende Hecken und Sträucher auf.« Wenn jeder einzelne Bauer, Förster, Grundstücksbesitzer ein paar Ökovorgaben einhält, vordefinierte wie selbstauferlegte, würde das alles verändern. Was wir nämlich am dringendsten brauchen, sind naturnahe Lebensräume, gesunde Wälder und vielfältige Wiesen. Diese gilt es zu erhalten und über grüne Lebensadern zu verknüpfen, gleich ob durchgängig oder punktuell.

Ein Blick in die Kristallkugel

Rosig sieht die Zukunft zugegebenermaßen nicht aus. Eine Million Tier- und Pflanzenarten könnten schon in den nächsten Jahren für immer von unserem Planeten verschwinden.[60] Zahlen wie diese zeigen uns schonungslos, was der Mensch in kürzester Zeit angerichtet hat. Statt uns zu lähmen, sollten uns diese Hiobsbotschaften aber wachrütteln und an den Wert jeder einzelnen Art erinnern. Die Europäische Wildkatze ist nur eine von unzähligen Lebensformen, die die Evolution im Verlauf von Jahrtausenden hervorgebracht hat. Sie verfügt über einen ureigenen genetischen Code, der sie perfekt an ihren Lebensraum anpasst, ihr spezifische Charakterzüge zuschreibt, ihr die Flexibilität verleiht, sich auf geänderte Umstände einzustellen, und sie zu einem sozial interagierenden Wesen macht, wenn auch auf ihre eigene, immer etwas geheimnisvolle felide Weise.

Während ihre Bestände in vielen Gegenden gerade Aufwind haben, sehen wir andernorts, dass ein Zuviel an menschengemachten Hindernissen und Bedrohungen das Blatt schnell wenden kann. Einmal in der Natur verloren, ist eine Tierart nur mit massivem Aufwand zurückzubringen. In Schottland bekommt man das gerade nur allzu deutlich zu spüren.

Ihr unzähmbares Wesen, in dem das Wilde nie ganz erlischt, ist wie ein Fingerzeig auf die Wildheit, die auch in uns – tief vergraben – schlummert. Diese Wildheit gilt es wieder zu entfachen, um uns nicht länger als vom Rest der Natur getrennte Einheiten, sondern als Teil der unkontrollierbaren Natur mit all ihren vielfältigen Protagonisten, Prozessen und Rhythmen zu begreifen.

Vor rund 20 Jahren äußerte sich Naturschützer Hubert Weinzierl, der viele Jahre als Vorsitzender des BUND fungierte, in dem Buch »Die Wildkatze – Zurück auf leisen Pfoten« folgendermaßen zur Wildnis: »Mut zur Wildnis, das ist auch der Mut zur Selbstbeherrschung. Zum Schauen statt zum Tun.«[61] Nichtstun als Naturschutzmaxime steckte zu dieser Zeit in Europa noch in den Kinderschuhen. Zwei Jahrzehnte später hat sich das verhaltene Knistern aber zu einem kleinen, prasselnden Feuer entwickelt. Die Idee, der Natur wieder freiere Hand zu geben, findet immer mehr Zulauf. Wichtig wird es sein, in der Zukunft die richtige Mischung zu finden. Wo gesunde, naturnahe Wälder noch vorhanden sind, gilt es die Natur weitgehend sich selbst zu überlassen. Wo die Kulturlandschaft ausgeräumt und strukturlos ist, gilt es einzugreifen, um der zurückgedrängten Natur wieder auf die

Sprünge zu helfen. Der effektivste Artenschutz ist und bleibt der Lebensraumschutz, denn unter dem charismatischen Schirm der Wildkatze finden auch etliche andere Arten Zuflucht. Sie alle – von den größten bis hin zu den kleinsten – gehören dazu. Vielleicht geht uns das irgendwann in Fleisch und Blut über und es wird uns plötzlich klarer, wie Hubert Weinzierl betont, »warum zum Wesen des Waldes auch eine Wildkatze gehört, selbst wenn wir sie nicht zu Gesicht bekommen«.[62]

Wem ein Aufeinandertreffen doch einmal vergönnt sein sollte, der erlebt vielleicht das, was Wildkatzenforscher Stefano Anile als »zehn Sekunden Magie« beschreibt. »Das Tier blickt dich an, es will aber rein gar nichts von dir, sondern betrachtet dich einfach nur als Eindringling. Dann nimmt es seine Augen wieder von dir und streift einfach seiner mysteriösen Wege.«

Auf bislang unergründlichen Pfaden muss die Wildkatze auch irgendwie in die Wachau gelangt sein, wo sich an den steilen, mit Hainbuchen und Traubeneichen besetzten Hangwäldern eine kleine Population niedergelassen und bereits für Nachwuchs gesorgt hat. Im Nationalpark Thayatal bemüht man sich gerade herauszufinden, ob es geeignete Verbindungswege zwischen dem Vorkommen in der Wachau und dem Thayatal gibt.[63] Gezielte ökologische Trittsteine könnten auch hier den einen oder anderen landwirtschaftlichen Engpass leichter passierbar machen. Um aber aktiver für den Schutz der Wildkatze einzutreten, muss sich etwas ändern. Es ist an der Zeit, ihre Anwesenheit, wenn auch in noch bescheidenen Zahlen, offiziell anzuerkennen. Aktuell gilt *Felis silvestris* in Österreich nach wie vor als »ausgestorben«. Vielleicht kann neben genetischen Beweisen auch ein markantes Foto diesen Prozess der Anerkennung beschleunigen?

Es mutet ein wenig wie die perfekte Choreografie an: Ende Oktober 2020 verkündet das Senckenberg Forschungsinstitut die guten Nachrichten für die Wachau und nur wenige Tage später, am 2. November, spaziert erstmals eine Wildkatze an einer der beiden dort postierten Fotofallen vorbei. Sie würdigt die Kamera keines Blickes. Aber Fotoanalyse hin oder her: Das ist Europas kleiner Tiger, dafür lege ich meine Hand ins Feuer.

Kapitel 9

Die Wildkatze auf einen Blick

Die Europäische Wildkatze (*Felis silvestris*)

Erscheinung

Die Europäische Wildkatze zählt innerhalb der Ordnung Carnivora (Raubtiere) zur Familie der Katzenartigen (Feliformia), die weiter in die Unterfamilie der Kleinkatzen (Felinae) gegliedert wird. Trotz ihrer großen äußerlichen Ähnlichkeit mit der getigerten Hauskatze hat sich die Art komplett unabhängig von dieser entwickelt. Wildkatzen sind einen Tick größer, gedrungener und schwerer als Hauskatzen. Weibliche Wildkatzen wiegen im Schnitt drei bis fünf Kilogramm, Männchen vier bis acht Kilogramm. Im Spessart wurde im Dezember 2013 ein 8,5 Kilogramm schwerer Wildkatzenkater tot aufgefunden. Das enorme Gewicht ist jahreszeitlich bedingt. Von September bis Januar sind die Fettdepots der Tiere am prallsten gefüllt. Bei diesem Kater betrug der Fettvorrat ein Viertel seines Körpergewichts. Übrigens: Von allen europäischen Regionen bilden die Wildkatzen in Spanien die größten Individuen aus. Während die Fellzeichnung auf der Iberischen Halbinsel sehr kontrastreich ist, nimmt diese in Richtung Osteuropa ab und bekommt eine zusehends verwaschenere Erscheinung.

Wichtigste Unterscheidungsmerkmale zwischen Wild- und Hauskatze

Das Fell der Wildkatze ist auffallend dicht und weist auf der ocker- bis gelblich grauen Grundfarbe zahlreiche stärker oder schwächer ausgeprägte schwarze Streifen auf. Besonders markant sind der Aalstrich, der entlang des Rückens verlaufend an der Schwanzwurzel endet (bei Hauskatzen geht der Aalstrich fast immer in den Schwanz über), und das Tigermuster an den Flanken. Letzteres wirkt eher schwach ausgeprägt, während die Streifung bei der Hauskatze auf ihrem eher blaugrau gefärbten Fell wesentlich deutlicher ausfällt. Der buschige, breite Schwanz von *Felis silvestris* verfügt in der Regel über zwei bis drei voneinander abgesetzte, schwarze Ringe und ein stumpfes, schwarz gefärbtes Ende. Hauskatzen haben dagegen einen deutlich schmäleren, am Ende spitz auslaufenden Schwanz, der oft mehr Ringe aufweist, die außerdem miteinander verbunden sein können.

Verbreitung in Europa

Die Europäische Wildkatze kommt quer durch Europa vor – von Schottland über die Iberische Halbinsel bis hin zum Balkan und den Südosten der Türkei. Aktuell ist sie in 34 Ländern Europas zu finden. Während sie auf dem Balkan weit verbreitet und in üppigeren Zahlen vorkommt, lebt die Art im Rest Europas aufgesplittet in größere und kleinere Populationen, die zum Teil stark voneinander isoliert sind. Das bedeutendste geschlossene Wildkatzenvorkommen Mitteleuropas erstreckt sich derzeit vom Südwesten Deutschlands, von der Eifel, über die französischen Vogesen bis hin zu den Ardennen Belgiens und Luxemburgs. In der Schweiz breitet sich die Wildkatze zunehmend aus, der Jura ist bereits komplett besiedelt, vereinzelt gibt es Vorkommen bis ins Alpenvorland. In Österreich kommt sie erst in geringen Zahlen vor und wird offiziell noch immer als »ausgestorben« geführt. Aufgrund der aktuell positiven Entwicklungen könnte sich dies aber in absehbarer Zeit ändern.

Lebensraum

Die Tiere bevorzugen waldreiche Mittelgebirgslebensräume, die von Laub- und Mischwäldern geprägt sind. Sonnige und warme Lebensräume kommen ihnen dabei stets entgegen. Gebiete mit lang anhaltenden, hohen Schneedecken meiden sie insbesondere im Winter, weil dann das Jagen deutlich erschwert wird.

Was sie in jedem Fall brauchen, sind ausreichend Deckung und geeignete Unterschlüpfe – etwa in Form von dichter Vegetation im Unterwuchs, viel Totholz mit hohlen Bäumen und umgestürzten Wurzeltellern sowie Reisighaufen oder Fuchs- und Dachsbauen. Windwurfflächen, die sich aktuell aufgrund von Sturmereignissen und Borkenkäferausbrüchen häufen, stellen ideale Lebensräume für die mittelgroßen Räuber dar. Auch die Bedingungen in Hecken- und Buschlandschaften oder in feuchtgeprägten Schilfgürteln behagen ihnen. Zum Jagen nutzen sie häufig Lichtungen, Wiesen und Waldränder. Lange galt die Art in Mitteleuropa als ausschließliche »Waldkatze«, seit einiger Zeit weiß man jedoch, dass sie auch im strukturreichen Offenland ein Zuhause finden kann. Je nach Lebensraumbedingungen und Nahrungsangebot variieren die Streifgebiete der Tiere beträchtlich. Jene der Weibchen sind ungefähr 200 bis 2000 Hektar groß und jene der Männchen etwa 400 bis 4000 Hektar (im Schnitt 1500 bis 3000 Hektar). In der Regel überlappt ein Männchenrevier zwei bis drei Weibchenreviere. Selbst zwischen den Revieren von Weibchen kann es zu Überschneidungen kommen.

Lebensweise und soziale Fähigkeiten

Wildkatzen mögen den größten Teil ihres Lebens einzelgängerisch verbringen, sie pflegen aber – wie Forscher mittlerweile herausgefunden haben – weit mehr Kontakte als bisher angenommen. Neben dem Austausch von »Fernbotschaften«, die sie ihren Artgenossen über Kratzspuren, Duftmarken und deponierten Urin sowie Kot hinterlassen, teilen sie – wenn auch zu unterschiedlichen Zeiten – Verstecke und Schlafplätze. An bestimmten Orten, wie an Teichen entlang von Bachläufen oder an Plätzen, die besonders reich an Beute- und Versteckangeboten sind, entstehen regelrechte »Wildkatzen-Hotspots«, wo sich mehrere Tiere zur gleichen Zeit aufhalten können, und außerhalb der Paarungszeit. Im Freiland stießen Forscher bislang zumindest einmal auf Würfe von zwei Kätzinnen, die sich in unmittelbarer Nähe zueinander befanden. Darüber hinaus lassen sich aus der wissenschaftlichen Beobachtung in artgerechten Gehegehaltungen noch mehr soziale Verhaltensweisen ableiten, wie etwa das Unterdrücken von Verhaltensreaktionen, um keine Aufmerksamkeit auf sich zu ziehen, oder das Beruhigen von Familienmitgliedern etwa durch Fellpflege. Beides kennt man ansonsten nur von Primaten oder anderen in Gruppen lebenden Tieren.

Nachwuchs

Wildkatzen werden mit rund einem Jahr geschlechtsreif. In der Regel dauert die Paarungszeit, die auch als Ranzzeit bezeichnet wird, von Jänner bis März. Dabei werben meist mehrere Kater um die Gunst einer Katze und tragen oft heftige Kämpfe aus, die von lautstarkem Knurren und Kreischen begleitet sein können. Das Resultat ist normalerweise ein Wurf pro Jahr mit zwei bis vier Jungen, die ab der zweiten Märzhälfte zur Welt kommen. Heutzutage sind aber auch größere Würfe mit bis zu sechs, manchmal sogar mehr Jungen möglich. Verliert die Mutter ihren Wurf, kann es einen zweiten Wurf im Sommer geben. Es wurden aber auch schon zwei Würfe ohne vorhergehenden Verlust innerhalb eines Jahres dokumentiert und die Forschung geht davon aus, dass sogar drei Würfe möglich sind.

Die Tragezeit dauert durchschnittlich 68 Tage. Wenn die Jungen in einer geschützten Wurfhöhle zur Welt kommen, sind sie zunächst blind, erst nach ein bis zwei Wochen öffnen sich die Augen. Ab der vierten Woche beginnt sich die blaue Augenfarbe dann sukzessive zu verändern, bis sie den für ausgewachsene Wildkatzen charakteristischen gelblichen bis weißlichgrünen Farbton angenommen hat. Die hilflosen Jungen sind komplett auf die Mutter angewiesen, die sie etwa sieben Wochen säugt. Im Alter von rund vier Wochen können die Kleinen aber bereits zusätzlich feste Nahrung aufnehmen, sie verlassen zu diesem Zeitpunkt auch erstmals die Wurfhöhle. Die Jagdlektionen beginnen mit zirka zwei Monaten. Bis zum Alter von fünf Monaten braucht der Nachwuchs aber definitiv Betreuung, erst dann werden die Jungen langsam selbstständig.

Beutetiere

Wildkatzen sind sogenannte Hypercarnivoren, das bedeutet sie nehmen ausschließlich fleischliche Kost zu sich, was sich im Vergleich zu Hauskatzen auch in einer kürzeren Darmlänge manifestiert. Als effiziente Jägerinnen haben sie es aber nicht - wie in früheren Zeiten gerne behauptet - auf Rehe, Auerhühner und Konsorten abgesehen, sondern sie fressen hauptsächlich Nagetiere. In Mitteleuropa sind das insbesondere Feldmäuse und andere Wühlmäuse wie Scher- oder Rötelmäuse. Der Verzehr von Singvögeln, Reptilien, Amphibien und Insekten ist dagegen als marginal einzustufen. Auf der Iberischen Halbinsel haben es jene Wildkatzen, die im mediterranen Zentrum und Süden des Landes beheimatet sind, vor allem auf Wildkaninchen abgesehen. Auch in Schottland sind bzw. waren Wildkaninchen ihre Hauptbeute. Dort wie da haben virusbedingte Kaninchenkrankheiten die Nager aber stark dezimiert. Oft wird die Wildkatze als ausschließliche Mäusespezialistin eingestuft. Wo aber Wildkaninchen vorkommen, lässt sie sich nicht zweimal bitten. Deshalb ist es wohl angebrachter, von ihr als »fakultativer Nahrungsspezialistin« zu sprechen.

Feinde und Gefahren

Wildkatzen weisen eine hohe Jungensterblichkeit auf. Nur mit Glück erreicht eines von vier Tieren das Erwachsenenalter. Grund dafür sind vor allem Luchs, Wolf, Fuchs, Baum- und Steinmarder, Hermelin und Uhu. Um den Nachwuchs vor diesen Fressfeinden in Sicherheit zu bringen, zieht die Mutter nach dem ersten Monat häufiger um und wechselt alle paar Tage oder auch nur alle zwei Wochen das Quartier. Die größte Gefahr für die Jungen besteht dann, wenn sie im Versteck allein gelassen werden, während die Mutter auf Beutejagd geht. Heutzutage muss - speziell in Deutschland - der Mensch als zusätzlicher »Feind« gelistet werden. Aus Unwissenheit kommt es immer wieder vor, dass scheinbar verwaiste Jungkatzen von wohlmeinenden Spaziergängern aufgelesen werden.

Auch im ausgewachsenen Stadium reißen die Bedrohungen nicht ab. War es früher die direkte Verfolgung, die der Wildkatze massiv zusetzte, so ist es heute vor allem der Straßenverkehr, der für die meisten Todesopfer verantwortlich ist.

In Spanien und Portugal kommt hinzu, dass Iberische Luchse eine ernstzunehmende Bedrohung darstellen. Sie sind mit neun bis maximal 16 Kilogramm Gewicht deutlich kleiner als die im Rest Europas vorkommenden Eurasischen Luchse und statt auf Rehe hauptsächlich auf Wildkaninchen spezialisiert. Sie konkurrieren daher mit Wildkatzen um die gleiche Beute. In Gebieten, wo Iberische Luchse leben, können sich Wildkatzen deshalb kaum behaupten.

Maximales Alter

Zur Bestimmung des Alters von Wildkatzen eignet sich am besten ein Eckzahn des Oberkiefers. Anhand eines Wurzeldünnschliffs des Zahns lassen sich die stoffwechselbedingten Zuwachslinien im Zahnzement ähnlich wie die Ringe von Bäumen zählen. Auf diese Weise entdeckte man im Freiland bereits bis zu zwölf Jahre alte Individuen. Das Höchstalter von Katern beträgt basierend auf dieser Methode etwa elf bis zwölf Jahre, jenes von Katzen neun bis zehn Jahre. Da nur wenige Tiere, die eines natürlichen Todes gestorben sind, auch gefunden werden, sind exakte Angaben allerdings sehr schwierig. In Gefangenschaft können Wildkatzen bis zu 16 Jahre alt werden.

Schutzstatus

In der Roten Liste der gefährdeten Arten der Weltnaturschutzunion (IUCN) wird die Wildkatze als »nicht gefährdet« geführt. Dennoch gilt sie als selten und versteckt lebende Art, die trotz ihrer aktuellen Ausbreitungstendenz auf nationaler und lokaler Ebene in ihrem Fortbestand bedroht ist. Sie rangiert deshalb europaweit unter den »streng zu schützenden Arten« und ist u.a. in Anhang IV der Europäischen Habitatschutzdirektive (92/43/EWG) aufgeführt, die im allgemeinen Sprachgebrauch besser als Fauna-Flora-Habitat-Richtlinie bekannt ist. Die einzelnen Länder haben diesen hohen Schutzstatus in ihre nationalen Naturschutzgesetze übernommen.

Mehr zur Europäischen Wildkatze

EUROWILDCAT

Im Nationalpark Bayerischer Wald findet sich der Sitz von EUROWILDCAT, einem Zusammenschluss von Forschenden aus aktuell 41 Wissenschaftsgruppen und 13 verschiedenen europäischen Ländern, die ihr Wissen und ihre Daten bündeln, um mehr über die Europäische Wildkatze herauszufinden.

www.eurowildcat.org

Wildkatzendatenbank des Senckenberg Forschungsinstituts

Der Bund für Umwelt und Naturschutz Deutschland (BUND) sammelt seit vielen Jahren Haarproben der Wildkatze in Deutschland, die vom Senckenberg Forschungsinstitut genetisch analysiert werden. Daraus ist Deutschlands erste Wildkatzen-Genotypen-Datenbank entstanden, die kontinuierlich aktualisiert wird.

www.wildtiergenetik.de/wildkatzendatenbank

Ein Rettungsnetz für die Wildkatze

Der BUND setzt sich im Rahmen mehrerer Projekte seit 2004 für den Schutz der Wildkatze und die Vernetzung ihrer Lebensräume in Deutschland ein. »Citizen Scientists«, d.h. freiwillige Laienforscherinnen und Laienforscher, können beim Kontrollieren der Lockstöcke und Bepflanzen der Korridore mithelfen. Über 350 Freiwillige waren in den letzten Jahren bereits in diese Aktivitäten involviert.

www.bund.net/themen/tiere-pflanzen/wildkatze

Totfundmonitoring Deutschland

Um die Erforschung und den Schutz der Wildkatze zu unterstützen, betreibt die Wildtierstation Retscheider Hof ein bundesweites Totfundmonitoring, an dem sich die ganze Bevölkerung beteiligen kann.

www.buergerschaffenwissen.de/projekt/wildkatze-totfundmonitoring

Wildkatze in Schottland

»Saving Wildcats« ist ein Naturschutzprojekt, das die in Schottland funktional ausgestorbene Wildkatze durch eine Wiederansiedlung zurückbringen will. Ziel ist es, über die kommenden Jahre eine sich selbst erhaltende Population von Wildkatzen in den schottischen Highlands aufzubauen.

www.savingwildcats.org.uk

Wildkatze in der Schweiz

Der Verein Wildtier Schweiz leitet das Wildkatzen-Monitoring in der Schweiz und sammelt Sichtungen und Hinweise auf Totfunde aus der Bevölkerung.

www.wildtier.ch/projekte/wildkatzenmonitoring/meldung

Wildkatze in Österreich

2009 wurde die Plattform Wildkatze gegründet. Sie ist ein Zusammenschluss verschiedener Organisationen, die sich für den Schutz und die Förderung der Wildkatze in Österreich einsetzen. Die Koordinations- und Meldestelle, die vom Naturschutzbund Österreich betrieben wird, sammelt seither sämtliche Wildkatzenmeldungen.

www.wildkatze-in-oesterreich.at

Naturschutzhunde

Seit einigen Jahren kommen speziell ausgebildete Naturschutzhunde im Rahmen von wissenschaftlichen Untersuchungen oder bei Naturschutzprojekten zum Einsatz. Sarek und einige seiner Kollegen erschnüffeln Wildkatzenkot.

www.naturschutzhunde.at

Wo kann ich Wildkatzen sehen?

Wenn man nicht viel Zeit und Aufwand investiert, ist es in freier Wildbahn so gut wie ausgeschlossen, eine Wildkatze zu Gesicht zu bekommen. Es gibt aber einige Zoos und Gehege, in denen die Tiere besucht werden können. Hier eine kleine Auswahl:

ÖSTERREICH

Nationalpark Thayatal

Im niederösterreichischen Nationalpark Thayatal findet sich Österreichs größte Wildkatzenanlage, in der die beiden Wildkatzen Frieda und Carlo leben. Schaufütterungen ermöglichen Einblicke in das jagdliche Geschick der beiden.

www.np-thayatal.at

Alpenzoo Innsbruck

Der Alpenzoo Innsbruck beherbergt seit seiner Gründung in den frühen 1960er-Jahren Wildkatzen.

www.alpenzoo.at

Tiergarten Wels

Die Wildkatzen des Tiergartens Wels können das ganze Jahr über bei freiem Eintritt beobachtet werden.

www.wels.at

Zoo Hirschstetten

Die in Wien ansässigen Blumengärten Hirschstetten sind die jüngsten Wildkatzenhalter Österreichs. Die Tiere können dort von März bis Oktober bei freiem Eintritt besucht werden.

www.wien.gv.at/umwelt/parks/blumengaerten-hirschstetten/zoologischer-garten

DEUTSCHLAND

Wildkatzendorf Hütscheroda

Das Wildkatzendorf Hütscheroda liegt unmittelbar am Nationalpark Hainich in Thüringen und widmet sich ganz dem Wappentier des Hainichs, der Wildkatze. In der Wildkatzenscheune erwartet die Besucher eine interaktive Ausstellung. Auf zwei Rundwanderwegen können sie in den Lebensraum der Tiere eintauchen und auf der »Wildkatzenlichtung« die Tiere selbst in Gehegen beobachten.

www.wildkatzendorf.com

Wildpark Bad Mergentheim

Der Wildpark Bad Mergentheim in Baden-Württemberg beherbergt fast ausnahmslos europäische Tierarten, darunter auch Wildkatzen. Natürlichkeit und artgerechte Tierhaltung stehen in dem familiengeführten Wildpark im Vordergrund.

www.wildtierpark.de

Opel-Zoo

Neben rund 200 verschiedenen Tierarten beherbergt der Opel-Zoo in Hessen auch einige Wildkatzen.

www.opel-zoo.de

Wildpark Düsseldorf

In weitläufig angelegten Gehegen können die etwa 100 Tiere selbst entscheiden, ob sie sich den Menschen zeigen. Manchmal ist etwas Geduld gefragt, dafür erhält man in einem der ältesten Wildparks in Deutschland natürliche Einblicke in die heimische Tierwelt, inklusive Wildkatzen.

www.wildpark-duesseldorf.de

SCHWEIZ

Tierpark Langenberg

Seit 2006 leben die Wildkatzen im Tierpark Langenberg – dem ältesten Zoo der Schweiz, südlich von Zürich gelegen – in einer neuen, strukturreichen Anlage. Mittels steuerbarer Automaten, die zu unterschiedlichen Zeiten und an verschiedenen Orten Futter freigeben, können die Wildkatzen ihrem natürlichen Jagdtrieb weitestgehend nachgehen.

www.wildnispark.ch/de/der-park/tierpark-langenberg

Natur- und Tierpark Goldau

Der Natur- und Tierpark Goldau am Zugersee ist ein wissenschaftlich geführter Zoo, der sich für die Aufzucht und Wiederansiedlung von bedrohten Tieren einsetzt und u.a. auch Wildkatzen beherbergt.

www.tierpark.ch

Die Online-Zootierliste gibt für sämtliche Tierarten an, wo sie innerhalb Europas in Zoos und Wildparks zu finden sind. Geben Sie dafür einfach »Europäische Wildkatze« im Suchfeld ein:

www.zootierliste.de

Pflegebedürftige Wildkatzen richtig versorgen

Wildkatze gefunden – was tun?

Wer beim Spazierengehen oder Radeln auf junge Wildkatzen stößt, sollte diese nur dann mitnehmen, wenn sie tatsächlich in Not sind. Das ist der Fall, wenn die Tiere selbstständig auf einen zugehen, kläglich schreien und jammern. Laufen die Kätzchen weg, fauchen oder spucken sie, gilt es unbedingt die Finger von ihnen zu lassen. In den meisten Fällen ist die Mutter vermutlich gerade zum Jagen unterwegs oder sogar in unmittelbarer Nähe. Sobald sie erfolgreich Beute gemacht hat oder wieder Ruhe einkehrt, kommt sie zu ihren Jungen zurück.

Wer sich unsicher ist, ob ein Wildtier tatsächlich Hilfe braucht und wie zu handeln ist, sollte die Notrufnummer einer Wildtierstation anrufen bzw. Experten um Rat fragen.

Die dauerhafte Haltung von Wildkatzen im Privathaushalt ist verboten. Pflegebedürftige Wildkatzen gilt es in geeigneten Wildtierstationen zu betreuen und dann wieder in die Freiheit zu entlassen. Wildkatzen werden nicht zahm! Spätestens wenn sie geschlechtsreif sind, kommt das Wildtier in ihnen vollends durch.

Nehmen Sie Kontakt mit folgenden Wildtierstationen bzw. Experten auf:

Retscheider Hof in Nordrhein-Westfalen

Der Retscheider Hof hat eine Broschüre zusammengestellt, die Empfehlungen für die Erstversorgung junger und ausgewachsener Wildkatzen gibt. Wer Interesse an der Broschüre hat, meldet sich bitte unter: kontakt@retscheider-hof.de, 24-Stunden-Notfallnummer (Telefon/Whatsapp): +49 (0)2224 9769082-0

www.retscheider-hof.de

TIERART in Rheinland-Pfalz

Die Wildtierstation TIERART wird von VIER PFOTEN betrieben und bietet auf der Website wichtige Hinweise für das richtige Verhalten bei Wildtiernotfällen. Kontakt bei Notsituationen: +49 (0)176 84305545 (vor 8 und nach 17 Uhr)

www.tierart.de

Wildtier- und Artenschutzstation Sachsenhagen in Niedersachsen

In der Wildtierstation Sachsenhagen werden jährlich rund 3000 Tiere aufgenommen und versorgt, darunter auch Wildkatzen. Weiterführende Fragen werden unter +49 (0)5725 7087-30 beantwortet.

www.wildtierstation.de

NABU-Artenschutzzentrum Leiferde in Niedersachsen

Die Website bietet wichtige Hinweise zum richtigen Umgang mit tierischen Ausnahmesituationen. In Notfällen, außerhalb der Bürozeiten: +49 (0)900 11667711 (kostenpflichtige Telefonnummer).

www.nabuzentrum-leiferde.de

Opel-Zoo in Hessen

Auch der Opel-Zoo nimmt verwaiste Wildkatzen zur Pflege auf. Außerdem kooperiert er aktuell mit der Justus-Liebig-Universität Gießen, um im Rahmen einer wissenschaftlichen Studie herauszufinden, wie erfolgreich sich rehabilitierte Wildkatzen nach der Freilassung behaupten.

www.uni-giessen.de/ueber-uns/pressestelle/pm/pm161wildkatzenindienatur oder www.opel-zoo.de

Artbestimmung und Fachfragen zur Wildkatze

Christine Thiel-Bender und Manfred Trinzen haben auf dieser Website eine umfangreiche Sammlung von wissenschaftlichen Texten und Unterscheidungsmerkmalen von Haus- und Wildkatzen kompiliert. Unter der Rubrik »Findlinge« erhalten Sie wichtige Tipps, wie in Notfällen gehandelt werden muss. Notfallnummer: +49 (0)151 56656360

www.europäischewildkatze.de

Wildtier Schweiz in Zürich

Der Verein gibt grundlegende Tipps zur Pflege von Wildtieren und listet einige Pflegestationen in der Schweiz auf.

www.wildtier.ch/fachinfos/gefundene-wildtiere

Plattform Wildkatze in Österreich

Die Melde- und Koordinationsstelle der Plattform beantwortet Fragen rund um die Wildkatze.

www.wildkatze-in-oesterreich.at

Danke

Wo soll ich bloß anfangen? Am besten da, wo alles begonnen hat, mit BIORAMA-Herausgeber Thomas Weber. Er hat den Stein des Anstoßes gegeben, mich gefragt, ob ich Lust hätte, ein Buch über die Wildkatze zu schreiben, da schon lange kein umfassendes Werk mehr über sie erschienen sei. »Warum nicht?«, meinte ich und konnte mir zu diesem Zeitpunkt noch nicht vorstellen, dass mich Europas kleine Tiger vollends in Beschlag nehmen würden. Das taten sie aber und sie füllten problemlos die coronabedingt entstandenen Freiräume. So sehr, dass ich gar nicht weiß, wie das Buch andernfalls entstanden wäre. Auch wenn die Wildkatzenzeit eine außerordentlich arbeitsintensive Phase war, bin ich froh über den gesetzten Impuls, denn ich wollte immer schon einen guten »Vorwand« finden, um mich intensiver auf *Felis silvestris* einzulassen.

Neben der Literatur, die ich durchforstet habe, war es mir besonders wichtig, direkte Einblicke in die Welt der Wildkatze zu gewinnen. Insofern geht ein besonderes Dankeschön an all jene Forscher, die sich extra Zeit genommen haben, um mir ihre Arbeit persönlich näherzubringen und mir Sachverhalte intensiver zu erklären. Carsten Nowak hat mich am Senckenberg Forschungsinstitut in Gelnhausen in die Geheimnisse rund um die Wildkatzengenetik eingeweiht. Mit Thomas Mölich vom BUND bin ich durch die Wildkatzenkorridore in Thüringen gestreift und habe erfahren, wie viel Mühe und Durchhaltevermögen in der Naturschutzarbeit stecken können. Die Forscher vom Naturhistorischen Museum Wien, Katharina Stefke und Frank Zachos, brachten mir die mikroskopische Analyse der Wildkatzenhaare näher, bläuten mir für immer ein, was der *Processus angularis* ist, und sie kramten extra für mich die Knochen der berühmten Wachau-Wildkatze hervor, die von Christa Friembichler, einem aufmerksamen Elternteil, 2013 am Straßenrand hinter Weißenkirchen entdeckt wurde. Ich kann es nur noch einmal betonen: Eltern, hört auf eure Kinder! Und mit Leopold Slotta-Bachmayr und seinem Hund Sarek durfte ich mich auf die Suche nach Wildkatzenlosung begeben. Noch immer bin ich baff, mit welcher Energie Sarek dabei ans Werk ging. Auch wenn wir bei unserem gemeinsamen Ausflug nicht fündig wurden – klassischer Vorführeffekt –, zeigte sich einmal mehr, welch intensive Bemühungen unternommen werden, um für den Artenschutz Erfolge zu erzielen. Naturschutzhunde haben es drauf!

Nicht alle meine Gesprächspartner konnte ich persönlich treffen. Das lag zum einen an logistischen Gründen, zum anderen an Corona-Beschränkungen oder einfach daran, dass Besuche quer durch Europa – von Schottland bis Griechenland – mein Reisebudget gnadenlos gesprengt hätten. Dennoch war es mir ein Anliegen, mit möglichst vielen Menschen zu sprechen, mit Forschern, die an der Wildkatze arbeiten, genauso wie mit Förstern, Jägern, Naturschützern und auch mit Betreibern von Wildtierstationen, die sich um pflegebedürftige Wildkatzen kümmern. Mein Ziel dabei war stets, ein umfassendes Bild der kleinen Tiger zu zeichnen. So führte ich viele Dutzende Interviews, die zum Teil unter skurrilen Bedingungen und zu allen erdenklichen Uhrzeiten stattfanden.

Nachdem der erste Corona-Lockdown aufgehoben wurde und eine gewisse spätsommerliche Normalität eintrat, leitete ich eine Fotoreise in Slowenien. Parallel telefonierte ich um ein Uhr nachts mit Stefano Anile, einem italienischen Wildkatzenforscher, der in den USA lebt. Die spannenden Einblicke, nicht nur in seine Forschungsarbeit, sondern auch in seine persönlichen Erlebnisse mit den Tieren, haben mich die Zeit völlig vergessen lassen. Ein andermal war ich gerade mit meinem Partner Marc in der deutschen Lausitz unterwegs. Für ein Fotoprojekt versuchten wir Wölfe vor die Linse zu bekommen, was letztlich auch glückte, allerdings nicht bei diesem Aufenthalt. Dafür konnte ich in der einen oder anderen Mittagspause – bevor ich mir wieder mein Tarngewand überwarf – gute Gespräche führen, etwa mit David Barclay und Keri Langridge, den Forschern des schottischen »Saving Wildcats«-Projektes, die sich viel Zeit für meine Fragen genommen haben.

Es wurde gezoomt, geskypt oder ganz klassisch telefoniert und jede Menge gemailt, bis der Posteingang rauchte. Und auch wenn meine Nachfragen vielleicht manchmal unnötig oder auch lästig erschienen, weil sie für alle Beteiligten einen Zusatzaufwand darstellten, waren die Antworten darauf immer hilfreich. Ich bin für jede Unterstützung, die mir zuteilwurde, sehr dankbar. Insofern möchte ich mich für den intensiven Kontakt und Austausch vor allem auch bei Marianne Hartmann, Manfred Trinzen und Stefanie Huck bedanken, die mir viel über das Wesen der Wildkatze, ihre sozialen Fähigkeiten und das heikle Thema der Wildkatzenpflege beibrachten. Ein herzliches Dankeschön geht auch an Ingrid Hagenstein vom Naturschutzbund Österreich und an Christian Übl, den Direktor des Nationalparks Thayatal. Mit beiden stehe ich schon seit vielen Jahren in puncto Wildkatze in Kontakt und ich darf so die Entwicklungen in Österreich aus erster Hand mitverfolgen. Ihr unermüdlicher Einsatz für die Wildkatze trägt nun die verdienten Früchte!

Ein explizites Danke geht weiters an Ambros Aichhorn, der mit mir seine Erkenntnisse aus der Hummelforschung teilte und extra Passagen aus seinem Buch für mich abtippte. Vielen Dank auch all jenen Forschern, mit denen ich von Griechenland bis nach Portugal intensiver in Kontakt stand, darunter Despina Migli, Diana Zlatanova, Hubert Potočnik, Zsolt Biró, Henryk Okarma, Malte Götz, Darius Weber, Beatrice Nussberger, Pedro Monterroso und viele, viele andere mehr. Ihr alle habt mit euren Erkenntnissen und eurer engagierten Arbeit dazu beigetragen, dass dieses Buch entstehen konnte. Für den sprachlichen Feinschliff und sein genaues Auge möchte ich mich zudem bei meinem Lektor Manuel Fronhofer bedanken.

Komplett ist das Buch für mich aber erst, wenn es zumindest ein Bild von der Wildkatze gibt. Am ehesten gelingt diese »Mission« mittels Fotofalle, also einer Kamera mit Weitwinkelobjektiv in einer witterungsbeständigen Box, verbunden mit einem Bewegungsmelder und Blitzen. Positioniert waren insgesamt drei dieser Fotofallen im Felde, eine in Slowenien und zwei in der Wachau in Österreich. Vier Monate später als geplant, Corona hatte wieder zugeschlagen, konnte es in Slowenien endlich losgehen. Und schon wenig später klappte es! Herzlichen Dank an Rok Černe, den Leiter des Projekts LIFE Lynx, und seine Kollegin Urša Fležar, die mich bei der Planung im Vorfeld unterstützten, sowie an die lokalen Jäger, die den perfekten Platz dafür ausgewählt hatten.

Dass es auch in der Wachau möglich war, Fotofallen zu montieren, verdanke ich dem Naturschutzbund, den Österreichischen Bundesforsten und insbesondere Peter Gerngross, der außerdem über den ganzen Verlauf der Buchentstehung als wertvoller Ansprechpartner fungierte und die Daten für die Wildkatzenverbreitungskarte im Buch zur Verfügung stellte.

Beim Montieren der Fotofallen hatte ich stets tatkräftige Unterstützung von meinem Partner Marc Graf, mit dem ich sowohl zusammenlebe als auch zusammenarbeite. Wenn ich selbst vor den Computer gefesselt war, um mit dem Buch voranzukommen, kontrollierte er gelegentlich für mich die Kameras im Felde. Außerdem versorgte er mich mit dem einen oder anderen Abendessen, wenn ich wieder einmal tippend die Zeit aus den Augen verloren hatte, und er erinnerte mich – manchmal sanfter, manchmal nachdrücklicher – an ein Leben jenseits meiner entstehenden Buchseiten.

Ich hoffe, dass letztlich ein Bild von der Europäischen Wildkatze entstanden ist, das allen Leserinnen und Lesern eine gleichermaßen interessante wie spannende Lektüre bietet. Und schließlich: Danke vor allem der Wildkatze und der Wildheit, die in ihr steckt. Hoffentlich springt der wilde Funke über, sodass wir uns in einer von Menschen dominierten Welt ein »Leben auf Sicht« bewahren können. Für uns und all die anderen Lebewesen, mit denen wir diese Welt teilen.

Anmerkungen

Kapitel 1 – Alles für die Katz!

1 Balzer, S. et al. (2018): Status der Wildkatze in Deutschland. Natur und Landschaft 93 (4): 146–152.

2 Piechocki, R. (1990): Die Wildkatze. *Felis silvestris*. Die Neue Brehm-Bücherei 189.

3 BUND Wildkatzensymposium 2016. Strategien für die Biotopvernetzung bis 2025. Tagungsband, Erfurt. www.bund.net/fileadmin/user_upload_bund/publikationen/wildkatze/wildkatze_syposium_tagungsband.pdf (abgerufen am 5.1.2021)

4 BUND Wildkatzensymposium 2016. Strategien für die Biotopvernetzung bis 2025. Tagungsband, Erfurt. www.bund.net/fileadmin/user_upload_bund/publikationen/wildkatze/wildkatze_syposium_tagungsband.pdf (abgerufen am 5.1.2021)

5 Götz, M. (2014): Die Wildkatze in Sachsen-Anhalt. Landesamt für Umweltschutz Sachsen-Anhalt (Hrsg.).

6 Ehrlich, P. & Ehrlich, A. (1981): Extinction: Causes and Consequences of the Disappearence of Species, Random House, New York.
Millennium Ecosystem Assessment (2005): Ecosystems and Human Well-Being: Synthesis. Island Press, Washington, D.C.
www.millenniumassessment.org/documents/document.356.aspx.pdf (abgerufen am 8.1.2021)

7 de Groot, R. et al. (2012): Global estimates of the value of ecosystems and their services in monetary units. Ecosystem Services 1, 50–61.

8 Weinzierl, H. (2001): Was ist eine Wildkatze wert? Gedanken über den Mut zur Wildnis. In: Grabe, H. & Worel, G. (Hrsg.): Die Wildkatze. Zurück auf leisen Pfoten. Buch & Kunstverlag Oberpfalz, Amberg, 8–13.

9 Dieberger, J. (2001): Wildkatze und Mensch. Geschichte des gegenseitigen Misstrauens. In: Grabe, H. & Worel, G. (Hrsg.): Die Wildkatze. Zurück auf leisen Pfoten. Buch & Kunstverlag Oberpfalz, Amberg, 61–67.

10 Weinzierl, H. (2001): Was ist eine Wildkatze wert? Gedanken über den Mut zur Wildnis. In: Grabe, H. & Worel, G. (Hrsg.): Die Wildkatze. Zurück auf leisen Pfoten. Buch & Kunstverlag Oberpfalz, Amberg, 8–13.

11 Freiwilliges Engagement in Deutschland. Der Deutsche Freiwilligensurvey 2014 (2017), Simonson, J., Vogel, C. & Tesch-Römer, C. (Hrsg.), Springer VS, Wiesbaden.
Freiwilliges Engagement in Österreich (2019), Bundesministerium für Arbeit, Soziales und Konsumentenschutz (Hrsg.), Wien. https://broschuerenservice.sozialministerium.at/Home/Download?publicationId=241 (abgerufen am 8.1.2021)

12 Freiwilliges Engagement in Deutschland. Der Deutsche Freiwilligensurvey 2014 (2017), Simonson, J., Vogel, C. & Tesch-Römer, C. (Hrsg.), Springer VS, Wiesbaden.

13 Chapron, G. et al. (2014): Recovery of large carnivores in Europe's modern human-dominated landscapes. Science 346, 1517.

14 Web-Doku »Die Rückkehr der Wildkatze (2020)«: www.holymountains.de/wildkatze/ (abgerufen am 8.1.2021)

15 García, N., Arsuaga, J. L. & Torres, T. (1997) The carnivore remains of Sima de los Huesos Middle Pleistocene site (Sierra de Atapuerca, Spain). J Hum Evol 33: 155–174.
Sommer, R. S. & Benecke, N. (2006): Late Pleistocene and Holocene development of the Felid fauna (*Felidae*) of Europe: a review. J. Zool. 269: 7–19.

16 Kitchener, A. C. et al. (2017): A revised taxonomy of the Felidae. The final report of the Cat Classification Task Force of the IUCN/SSC Cat Specialist Group. Cat News Special Issue 11.

17 Balzer, S. et al. (2018): Status der Wildkatze in Deutschland. Natur und Landschaft 93 (4): 146–152.

International European Wildcat Symposium – Internationales Symposium über Europäische Wildkatzen (2015), Bund für Umwelt und Naturschutz Deutschland e. V., Achen www.bund-nrw.de/fileadmin/nrw/dokumente/Naturschutz/Wildkatze/Tagungsband-Symposium-2015-Aachen.pdf (abgerufen am 5.1.2021)

18 Neumann, G. (2019): Die Europäische Wildkatze. NATURSCHUTZINITIATIVE e. V. (NI) (Hrsg.). www.naturschutz-initiative.de/images/PDF2019/Wildkatzenbroschuere.pdf (abgerufen am 8.1.2021)

19 Weber, D. (2020): Auf den Spuren der Wildkatze. Pro Natura Magazin Spezial 2020.

20 Mehrere Lokalzeitungen berichteten von der Wiederentdeckung der Wildkatze in Brandenburg, darunter die Märkische Allgemeine Zeitung: www.maz-online.de/Brandenburg/Wildes-Brandenburg-Erster-Nachweis-fuer-Wildkatzen (abgerufen am 14.1.2021)

21 Keilbach, M. & Slotta-Bachmayr, L. (2015): Aktiv für Wildkatzen. Anregungen für Forstleute, Landwirte und Jäger. Österreichische Bundesforste AG (Hrsg.), Purkersdorf. www.bundesforste.at/fileadmin/wienerwald/PDF-DATEIEN/Projekte/Wildkatze/Aktiv_fuer_Wildkatzen_2015_Internetversion.pdf (abgerufen am 5.1.2021)

22 Jerosch, S., Götz, M. & Roth, M. (2017): Spatial organisation of European wildcats (*Felis silvestris silvestris*) in an agriculturally dominated landscape in Central Europe. Mammalian Biology 82, 8–16.

23 Piechocki, R. (1990): Die Wildkatze. *Felis silvestris*. Die Neue Brehm-Bücherei 189.

24 European Pet Food Industry (2019) Facts and figures 2019 European Overview. www.fediaf.org/images/FEDIAF_facts_and_figs_2019_cor-35-48.pdf (abgerufen am 8.1.2021)

Kapitel 2 – Die Wildkatze – früher und heute

1 LIFE Lynx Artenschutzprojekt: www.lifeslovenija.si/en/the-project-life-lynx-for-preventing-the-extinction-of-lynx/ (abgerufen am 8.1.2021)

2 Dieberger, J. (1994): Die Wiederansiedelung der Wildkatze in Österreich. In: Bund und Naturschutz in Bayern (Hrsg): Die Wildkatze in Deutschland Vorkommen Schutz und Lebensraum, Wiesenfeldner Reihe Heft 13.

3 Giebel, C.G. (1859): Naturgeschichte des Thierreiches. 1. Bd. Die Säugethiere. Leipzig

4 Condé, B. & Schauenberg, P. (1971): Das Körpergewicht der europäischen Wildkatze (*Felis silvestris* Schreber, 1777). Rev. Suisse Zool. 78: 295–315.

5 Piechocki, R. (1990): Die Wildkatze. *Felis silvestris*. Die Neue Brehm-Bücherei 189.

6 Phoebus, G. (ca. 1407): Das Buch der Jagd, Paris. www.ziereis-faksimiles.de/faksimiles/gaston-phoebus-das-buch-der-jagd (abgerufen am 8.1.2021)

7 Im Gegensatz zur Wildkatze verfügt der Luchs über einen kurzen Stummelschwanz mit schwarzer Spitze.

8 Müller F, & König, R. (2016): Morphometrische Messungen an Wildkatzen und wildfarbenen Hauskatzen – welche Parameter sind zur Unterscheidung tauglich? In: Volmer, K. & Simon, O. (Hrsg.): FELIS Symposium vom 16.–17. Oktober 2014 in Gießen »Der aktuelle Stand der Wildkatzenforschung in Deutschland«. Schriften des Arbeitskreis Wildbiologie an der Justus-Liebig-Universität Giessen e. V., Heft 26; Giessen, VVB Laufersweiler Verlag, 28–40.
Piechocki, R. (1990): Die Wildkatze. *Felis silvestris*. Die Neue Brehm-Bücherei 189.

9 Müller F, & König, R. (2016): Morphometrische Messungen an Wildkatzen und wildfarbenen Hauskatzen – welche Parameter sind zur Unterscheidung tauglich? In: Volmer, K. & Simon, O. (Hrsg.): FELIS Symposium vom 16.–17. Oktober 2014 in Gießen »Der aktuelle Stand der Wildkatzenforschung in Deutschland«. Schriften des Arbeitskreis Wildbiologie an der Justus-Liebig-Universität Giessen e. V., Heft 26; Giessen, VVB Laufersweiler Verlag, 28–40.

10 https://blogs.scientificamerican.com/running-ponies/a-cat-that-can-never-be-tamed/ (abgerufen am 15.1.2021)

11 Müller F, & König, R. (2016): Morphometrische Messungen an Wildkatzen und wildfarbenen Hauskatzen – welche Parameter sind zur Unterscheidung tauglich? In: Volmer, K. & Simon, O. (Hrsg.): FELIS Symposium vom 16.–17. Oktober 2014 in Gießen »Der aktuelle Stand der Wildkatzenforschung in Deutschland«. Schriften des Arbeitskreis Wildbiologie an der Justus-Liebig-Universität Giessen e. V., Heft 26; Giessen, VVB Laufersweiler Verlag, 28–40.
Piechocki, R. (1990): Die Wildkatze. *Felis silvestris*. Die Neue Brehm-Bücherei 189.

12 Wildanger. Skizzen aus dem Gebiete der Jagd und ihrer Geschichte mit besonderer Rücksicht auf Bayern (1859), Cotta, Stuttgart. www.projekt-gutenberg.org/kobell/wildangr/wild109.html (abgerufen am 8.1.2021)

13 Keller, F.C. (1910): Der waidgerechte Jäger Österreichs. Ein Handbuch für Jäger und Jagdfreunde, Verlag der illustrierten Jagdzeitung »Waidmansheil« Joh. Leon sen., Klagenfurt

14 Winckell, G.F.D. (1858): Handbuch für Jäger, Jagdberechtigte und Jagdliebhaber. Zweiter Band, Brockhaus, Leipzig, 781.
Giebel, C.G. (1859): Naturgeschichte des Thierreiches. 1. Bd. Die Säugethiere. Leipzig
Piechocki, R. (1990): Die Wildkatze. *Felis silvestris*. Die Neue Brehm-Bücherei 189.

15 Piechocki, R. (1990): Die Wildkatze. *Felis silvestris*. Die Neue Brehm-Bücherei 189.

16 Winckell, G.F.D. (1858): Handbuch für Jäger, Jagdberechtigte und Jagdliebhaber. Zweiter Band, Brockhaus, Leipzig, 781.

17 Dieberger, J. (2001): Wildkatze und Mensch. Geschichte des gegenseitigen Misstrauens. In: Grabe, H. & Worel, G. (Hrsg.): Die Wildkatze. Zurück auf leisen Pfoten. Buch & Kunstverlag Oberpfalz, Amberg, 61–67.

18 Dieberger, J. (1994): Die Wiederansiedelung der Wildkatze in Österreich. In: Bund und Naturschutz in Bayern (Hrsg): Die Wildkatze in Deutschland Vorkommen Schutz und Lebensraum, Wiesenfeldner Reihe Heft 13.

19 Rörig, G. (1912): Wild, Jagd und Bodenkultur – Ein Handbuch für den Jäger, Landwirt und Forstmann. Neudamm (Neumann), 419.

20 Brehm, A.E. (1864): Illustrirtes Thierleben: eine allgemeine Kunde des Thierreichs. Erster Band. Erste Abtheilung: Die Säugethiere. Erste Hälfte: Affen und Halbaffen, Flatterthiere und Raubthiere. Hildburghausen: Bibliographisches Institut. www.projekt-gutenberg.org/brehm/001/chap066.html (abgerufen am 8.1.2021)

21 Weber, D. (2020): Auf den Spuren der Wildkatze. Pro Natura Magazin Spezial 2020.

22 Hartmann-Furter, M. (2001): Das Charisma des Phantoms. Biologie und Verhalten von Wildkatzen in Gehegen. In: Grabe, H. & Worel, G. (Hrsg.): Die Wildkatze. Zurück auf leisen Pfoten. Buch & Kunstverlag Oberpfalz, Amberg, 29–47.

23 Piechocki, R. (1990): Die Wildkatze. *Felis silvestris*. Die Neue Brehm-Bücherei 189.

24 Tucker, A. (2017): Der Tiger in der guten Stube. Wie die Katzen erst uns und dann die Welt eroberten. Theiss, Darmstadt.

25 Lang, J. (2016): Die Katze lässt das Mausen nicht – Aktuelle Ergebnisse einer Nahrungsanalyse an Europäischen Wildkatzen aus dem Zentrum ihrer Verbreitung. In: Volmer, K. & Simon, O. (Hrsg.): FELIS Symposium vom 16.–17. Oktober 2014 in Gießen »Der aktuelle Stand der Wildkatzenforschung in Deutschland«. Schriften des Arbeitskreis Wildbiologie an der Justus-Liebig-Universität Giessen e. V., Heft 26; Giessen, VVB Laufersweiler Verlag, 119–127.

26 Piechocki, R. (1990): Die Wildkatze. *Felis silvestris*. Die Neue Brehm-Bücherei 189.
Lang, J. (2016): Die Katze lässt das Mausen nicht – Aktuelle Ergebnisse einer Nahrungsanalyse an Europäischen Wildkatzen aus dem Zentrum ihrer Verbreitung. In: Volmer, K. & Simon, O. (Hrsg.): FELIS Symposium vom 16.–17. Oktober 2014 in Gießen »Der aktuelle Stand der Wildkatzenforschung in Deutschland«. Schriften des Arbeitskreis Wildbiologie an der Justus-Liebig-Universität Giessen e. V., Heft 26; Giessen, VVB Laufersweiler Verlag, 119–127.
Götz, M. (2015): Die Säugetierarten der Fauna-Flora-Habitat-Richtlinie im Land Sachsen-Anhalt. Wildkatze (*Felis silvestris silvestris* Schreber, 1777). Landesamt für Umweltschutz Sachsen-Anhalt (Hrsg.), Heft 2/2015.
Götz, M. (2014): Die Wildkatze in Sachsen-Anhalt. Landesamt für Umweltschutz Sachsen-Anhalt (Hrsg.).

27 Götz, M. (2014): Die Wildkatze in Sachsen-Anhalt. Landesamt für Umweltschutz Sachsen-Anhalt (Hrsg.).

28 Lang, J. (2016): Die Katze lässt das Mausen nicht – Aktuelle Ergebnisse einer Nahrungsanalyse an Europäischen Wildkatzen aus dem Zentrum ihrer Verbreitung. In: Volmer, K. & Simon, O. (Hrsg.): FELIS Symposium vom 16.–17. Oktober 2014 in Gießen »Der aktuelle Stand der Wildkatzenforschung in Deutschland«. Schriften des Arbeitskreis Wildbiologie an der Justus-Liebig-Universität Giessen e. V., Heft 26; Giessen, VVB Laufersweiler Verlag, 119–127.
Piechocki, R. (1990): Die Wildkatze. *Felis silvestris*. Die Neue Brehm-Bücherei 189.
Götz, M. (2015): Die Säugetierarten der Fauna-Flora-Habitat-Richtlinie im Land Sachsen-Anhalt. Wildkatze (*Felis silvestris silvestris* Schreber, 1777). Landesamt für Umweltschutz Sachsen-Anhalt (Hrsg.), Heft 2/2015.
Götz, M. (2014): Die Wildkatze in Sachsen-Anhalt. Landesamt für Umweltschutz Sachsen-Anhalt (Hrsg.).

29 Lang, J. (2016): Die Katze lässt das Mausen nicht – Aktuelle Ergebnisse einer Nahrungsanalyse an Europäischen Wildkatzen aus dem Zentrum ihrer Verbreitung. In: Volmer, K. & Simon, O. (Hrsg.): FELIS Symposium vom 16.–17. Oktober 2014 in Gießen »Der aktuelle Stand der Wildkatzenforschung in Deutschland«. Schriften des Arbeitskreis Wildbiologie an der Justus-Liebig-Universität Giessen e. V., Heft 26; Giessen, VVB Laufersweiler Verlag, 119–127.

30 Götz, M. (2014): Die Wildkatze in Sachsen-Anhalt. Landesamt für Umweltschutz Sachsen-Anhalt (Hrsg.).
Lozano, J., Moleón, M. & Virgós, E. (2006): Biogeographical patterns in the diet of wildcat, *Felis silvestris* Schreber, in Eurasia: factors affecting the trophic diversity. Journal of Biogeography 33, 1076–1085.

31 Malo, A.F. et al. (2004): A change of diet from rodents to rabbits (*Oryctolagus cuniculus*). Is the wildcat (*Felis silvestris*) a specialist predator? J. Zool, Lond. 263, 401–407.

32 Götz, M. (2014): Die Wildkatze in Sachsen-Anhalt. Landesamt für Umweltschutz Sachsen-Anhalt (Hrsg.).
Piechocki, R. (1990): Die Wildkatze. *Felis silvestris*. Die Neue Brehm-Bücherei 189.

33 Online-Artikel über eine Wildkatze, die Hühner und ein Ferkel in Albanien attackiert hat: www.newsbomb.al/macja-e-eger-i-ha-tre-pula-dhe-nje-gic-ne-tropoje-por-banori-e-le-te-lire-foto-24681 (abgerufen am 8.1.2021)

34 Piechocki, R. (1990): Die Wildkatze. *Felis silvestris*. Die Neue Brehm-Bücherei 189.

35 Lang, J. (2016): Die Katze lässt das Mausen nicht – Aktuelle Ergebnisse einer Nahrungsanalyse an Europäischen Wildkatzen aus dem Zentrum ihrer Verbreitung. In: Volmer, K. & Simon, O. (Hrsg.): FELIS Symposium vom 16.–17. Oktober 2014 in Gießen »Der aktuelle Stand der Wildkatzenforschung in Deutschland«. Schriften des Arbeitskreis Wildbiologie an der Justus-Liebig-Universität Giessen e. V., Heft 26; Giessen, VVB Laufersweiler Verlag, 119–127.

36 Lang, J. (2016): Die Katze lässt das Mausen nicht – Aktuelle Ergebnisse einer Nahrungsanalyse an Europäischen Wildkatzen aus dem Zentrum ihrer Verbreitung. In: Volmer, K. & Simon, O. (Hrsg.): FELIS Symposium vom 16.–17. Oktober 2014 in Gießen »Der aktuelle Stand der Wildkatzenforschung in Deutschland«. Schriften des Arbeitskreis Wildbiologie an der Justus-Liebig-Universität Giessen e. V., Heft 26; Giessen, VVB Laufersweiler Verlag, 119–127.

37 Dieberger, J. (2001): Wildkatze und Mensch. Geschichte des gegenseitigen Misstrauens. In: Grabe, H. & Worel, G. (Hrsg.): Die Wildkatze. Zurück auf leisen Pfoten. Buch & Kunstverlag Oberpfalz, Amberg, 61–67.
Johannes Dieberger berichtet über alte Jagdarten: www.jung-jaeger.eu/alte-jagdarten/ (abgerufen am 8.1.2021)

38 Johannes Dieberger berichtet über alte Jagdarten: www.jung-jaeger.eu/alte-jagdarten/ (abgerufen am 8.1.2021)
Dieberger, J. (2001): Wildkatze und Mensch. Geschichte des gegenseitigen Misstrauens. In: Grabe, H. & Worel, G. (Hrsg.): Die Wildkatze. Zurück auf leisen Pfoten. Buch & Kunstverlag Oberpfalz, Amberg, 61–67.
Piechocki, R. (1990): Die Wildkatze. *Felis silvestris*. Die Neue Brehm-Bücherei 189.

39 Wildanger. Skizzen aus dem Gebiete der Jagd und ihrer Geschichte mit besonderer Rücksicht auf Bayern (1859), Cotta, Stuttgart. www.projekt-gutenberg.org/kobell/wildangr/wild109.html (abgerufen am 8.1.2021)

40 Definition von Florint bzw. Gulden: www.sueddeutscher-barock.ch/ga-menuseiten/m72_Geld-Masse.html (abgerufen am 8.1.2021)

41 Dieberger, J. (2001): Wildkatze und Mensch. Geschichte des gegenseitigen Misstrauens. In: Grabe, H. & Worel, G. (Hrsg.): Die Wildkatze. Zurück auf leisen Pfoten. Buch & Kunstverlag Oberpfalz, Amberg, 61–67.

42 Weber, D. (2020): Auf den Spuren der Wildkatze. Pro Natura Magazin Spezial 2020.

43 Piechocki, R. (1990): Die Wildkatze. *Felis silvestris*. Die Neue Brehm-Bücherei 189.

44 Piechocki, R. (1990): Die Wildkatze. *Felis silvestris*. Die Neue Brehm-Bücherei 189.
Piechocki, R. (2001): Lebensräume. Die Verbreitung der Wildkatze in Europa. In: Grabe, H. & Worel, G. (Hrsg.): Die Wildkatze. Zurück auf leisen Pfoten. Buch & Kunstverlag Oberpfalz, Amberg, 14–27.

45 Sielmann, H. (2001): Zurück in die Köpfe und Herzen der Menschen. Vorwort. In: Grabe, H. & Worel, G. (Hrsg.): Die Wildkatze. Zurück auf leisen Pfoten. Buch & Kunstverlag Oberpfalz, Amberg, 6–7.

46 Quilodrán, C. S. et al. (2020): Projecting introgression from domestic cats into European wildcats in the Swiss Jura. Evolutionary Applications 13: 2101–2112.
BUND Wildkatzensymposium 2016. Strategien für die Biotopvernetzung bis 2025. Tagungsband, Erfurt. www.bund.net/fileadmin/user_upload_bund/publikationen/wildkatze/wildkatze_syposium_tagungsband.pdf (abgerufen am 5.1.2021)

47 Fernex, M. (2002): Wildcat (*Felis s. silvestris*) status in the Alsatian Jura. Säugetierkundliche Informationen 5/26: 225–228.
Weber, D. (2020): Auf den Spuren der Wildkatze. Pro Natura Magazin Spezial 2020.

48 Weber, D. (2020): Auf den Spuren der Wildkatze. Pro Natura Magazin Spezial 2020.
Weber, D., Roth, T. & Huwyler, S. (2010): Die aktuelle Verbreitung der Wildkatze (*Felis silvestris silvestris* Schreber, 1777) in der Schweiz. Ergebnisse der systematischen Erhebungen in den Jura-

kantonen in den Wintern 2008/09 und 2009/10. Bericht der Hintermann & Weger AG, Reinach, im Auftrag des Bundesamtes für Umwelt, Bern.
www.newsd.admin.ch/newsd/message/attachments/22434.pdf (abgerufen am 8.1.2021)

49 Slotta-Bachmayr, L. et al. (2017): Der aktuelle Wissensstand über die Verbreitung der Europäischen Wildkatze (*Felis silvestris silvestris* Schreber, 1777) in Österreich. Acta ZooBot Austria 154: 165–177.
Piechocki, R. (1990): Die Wildkatze. *Felis silvestris*. Die Neue Brehm-Bücherei 189.

50 Lapini, L. & Molinari, P. (2007): Nach zehn Jahren taucht in Kärnten die Wildkatze (*Felis s. silvestris* Schreber, 1775: Mammalia: Felidae) wieder auf. Carinthia II, 197/117, S. 59–66.

51 Brehm, A.E. (1864): Illustrirtes Thierleben: eine allgemeine Kunde des Thierreichs. Erster Band. Erste Abtheilung: Die Säugethiere. Erste Hälfte: Affen und Halbaffen, Flatterthiere und Raubthiere. Hildburghausen: Bibliographisches Institut. www.projekt-gutenberg.org/brehm/001/chap066.html (abgerufen am 8.1.2021)

52 Dieberger, J. (2001): Wildkatze und Mensch. Geschichte des gegenseitigen Misstrauens. In: Grabe, H. & Worel, G. (Hrsg.): Die Wildkatze. Zurück auf leisen Pfoten. Buch & Kunstverlag Oberpfalz, Amberg, 61–67.

53 Piechocki, R. (1990): Die Wildkatze. *Felis silvestris*. Die Neue Brehm-Bücherei 189.

54 Ein Schlagbaum ist ein mit Gewichten beschwerter »Knüppel«, der dazu diente, Tiere zu erschlagen, wenn diese versuchten, einen an der gleichnamigen Schlagbaum-Falle befestigten Köder zu schnappen. Quelle: https://de.wikipedia.org/wiki/Schlagbaum_(Jagd) (abgerufen am 8.1.2021)

55 Rebau, H. (1844): Volksnaturgeschichte oder gemeinfaßliche Beschreibung der merkwürdigtsten, nützlichsten und schädlichsten Thiere, Pflanzen und Mineralien. Dritte Auflage, Stuttgart. Anton Stopani.

56 Brehm, A.E. (1864): Illustrirtes Thierleben: eine allgemeine Kunde des Thierreichs. Erster Band. Erste Abtheilung: Die Säugethiere. Erste Hälfte: Affen und Halbaffen, Flatterthiere und Raubthiere. Hildburghausen: Bibliographisches Institut. www.projekt-gutenberg.org/brehm/001/chap066.html (abgerufen am 8.1.2021)

57 Rebau, H. (1844): Volksnaturgeschichte oder gemeinfaßliche Beschreibung der merkwürdigtsten, nützlichsten und schädlichsten Thiere, Pflanzen und Mineralien. Dritte Auflage, Stuttgart. Anton Stopani.

58 von Hohberg, W.H. (1687): GEORGICA CURIOSA oder DES ADELICHEN LAND=UND FELD=LEBENS ANDERER TEIL, Nürnberg.

59 Dieberger, J. (2001): Wildkatze und Mensch. Geschichte des gegenseitigen Misstrauens. In: Grabe, H. & Worel, G. (Hrsg.): Die Wildkatze. Zurück auf leisen Pfoten. Buch & Kunstverlag Oberpfalz, Amberg, 61–67.
von Hohberg, W.H. (1687): GEORGICA CURIOSA oder DES ADELICHEN LAND=UND FELD=LEBENS ANDERER TEIL, Nürnberg.

60 Rebau, H. (1844): Volksnaturgeschichte oder gemeinfaßliche Beschreibung der merkwürdigtsten, nützlichsten und schädlichsten Thiere, Pflanzen und Mineralien. Dritte Auflage, Stuttgart. Anton Stopani.

61 Dieberger, J. (2001): Wildkatze und Mensch. Geschichte des gegenseitigen Misstrauens. In: Grabe, H. & Worel, G. (Hrsg.): Die Wildkatze. Zurück auf leisen Pfoten. Buch & Kunstverlag Oberpfalz, Amberg, 61–67.

62 Piechocki, R. (1990). Die Wildkatze. *Felis silvestris*. Die Neue Brehm-Bücherei 189.
Rebau, H. (1844): Volksnaturgeschichte oder gemeinfaßliche Beschreibung der merkwürdigtsten, nützlichsten und schädlichsten Thiere, Pflanzen und Mineralien. Dritte Auflage, Stuttgart. Anton Stopani.

63 Piechocki, R. (1990): Die Wildkatze. *Felis silvestris*. Die Neue Brehm-Bücherei 189.

64 Rebau, H. (1844): Volksnaturgeschichte oder gemeinfaßliche Beschreibung der merkwürdigtsten, nützlichsten und schädlichsten Thiere, Pflanzen und Mineralien. Dritte Auflage, Stuttgart. Anton Stopani.

65 Petrov, P. (1967): Trade connections between Bulgaria and Dubrovnik in XIV century. Bulletin of the Bulgarian Historical Society, Sofia, 25: 93–115. Originaltitel: Петров Петър. (1967): Търговски връзки между България и Дубровник през XIV век София. Известия на Българско историческо дружество, София, 25: 93–115.

66 Piechocki, R. (1990): Die Wildkatze. *Felis silvestris*. Die Neue Brehm-Bücherei 189.

67 von Hohberg, W.H. (1687): GEORGICA CURIOSA oder DES ADELICHEN LAND=UND FELD=LEBENS ANDERER TEIL, Nürnberg.

68 Wildanger. Skizzen aus dem Gebiete der Jagd und ihrer Geschichte mit besonderer Rücksicht auf Bayern (1859), Cotta, Stuttgart. www.projekt-gutenberg.org/kobell/wildangr/wild109.html (abgerufen am 8.1.2021)

69 Brehm, A.E. (1864): Illustrirtes Thierleben: eine allgemeine Kunde des Thierreichs. Erster Band. Erste Abtheilung: Die Säugethiere. Erste Hälfte: Affen und Halbaffen, Flatterthiere und Raubthiere. Hildburghausen: Bibliographisches Institut. www.projekt-gutenberg.org/brehm/001/chap066.html (abgerufen am 8.1.2021)

70 Brehm, A.E. (1864): Illustrirtes Thierleben: eine allgemeine Kunde des Thierreichs. Erster Band. Erste Abtheilung: Die Säugethiere. Erste Hälfte: Affen und Halbaffen, Flatterthiere und Raubthiere. Hildburghausen: Bibliographisches Institut. www.projekt-gutenberg.org/brehm/001/chap066.html (abgerufen am 8.1.2021)

71 Brehm, A.E. (1864): Illustrirtes Thierleben: eine allgemeine Kunde des Thierreichs. Erster Band. Erste Abtheilung: Die Säugethiere. Erste Hälfte: Affen und Halbaffen, Flatterthiere und Raubthiere. Hildburghausen: Bibliographisches Institut. www.projekt-gutenberg.org/brehm/001/chap066.html (abgerufen am 8.1.2021)

72 Brehm, L. (1856): Die Gefahr, welche die wilde Katze, Felis catus Linn., dem Menschen droht. Das Buch der Welt. Stuttgart (Die Wildkatze wurde früher als »Felis catus« bezeichnet, was die heutige lateinische Bezeichnung für die Hauskatze ist.)

Piechocki, R. (1990): Die Wildkatze. *Felis silvestris*. Die Neue Brehm-Bücherei 189.

73 Deutsche Wildtier Stiftung: www.deutschewildtierstiftung.de/wildtiere/wildkatze (abgerufen am 8.1.2021)

74 Hartmann-Furter, M. (2001): Das Charisma des Phantoms. Biologie und Verhalten von Wildkatzen in Gehegen. In: Grabe, H. & Worel, G. (Hrsg.): Die Wildkatze. Zurück auf leisen Pfoten. Buch & Kunstverlag Oberpfalz, Amberg, 29–47.

75 Götz, M. (2014): Die Wildkatze in Sachsen-Anhalt. Landesamt für Umweltschutz Sachsen-Anhalt (Hrsg.).

76 Götz, M. (2014): Die Wildkatze in Sachsen-Anhalt. Landesamt für Umweltschutz Sachsen-Anhalt (Hrsg.).

Piechocki, R. (1990): Die Wildkatze. *Felis silvestris*. Die Neue Brehm-Bücherei 189.

77 Hartmann-Furter, M. (2009): Breeding European wildcats (*Felis silvestris silvestris*, Schreber, 1777) in species-specific enclosures for reintroduction in Germany. In: Iberian Lynx Ex situ Conservation: An Interdisciplinary Approach. Breitenmoser, C. & Breitenmoser, U. (Hrsg.), IUCN Cat Specialist Group, 452–461.

78 Worel, G. (2009): Erfahrungen mit der Wiederansiedlung der Wildkatze in Bayern. In: Fremuth, W. et al. (Hrsg.): Zukunft der Wildkatze in Deutschland – Ergebnisse des internationalen Wildkatzen-Symposiums 2008 in Wiesenfelden, Initiativen zum Umweltschutz 75, Erich Schmidt Verlag, Berlin, 5–9.

79 Die Wiedereinbürgerung der Wildkatze in Bayern, Informationen des Bund Naturschutz in Bayern e. V. www.bund-naturschutz.de/tiere-in-bayern/wildkatze/zucht-und-auswilderung.html (abgerufen am 8.1.2021)

80 Worel, G. (2009): Erfahrungen mit der Wiederansiedlung der Wildkatze in Bayern. In: Fremuth, W. et al. (Hrsg.): Zukunft der Wildkatze in Deutschland – Ergebnisse des internationalen Wildkatzen-Symposiums 2008 in Wiesenfelden, Initiativen zum Umweltschutz 75, Erich Schmidt Verlag, Berlin, 5–9.

Heinrich, U. (1992): Erkenntnisse zum Verhalten, zur Aktivität und zur Lebensraumnutzung der Europäischen Wildkatze *Felis silvestris silvestris* Schreber, 1777. Dissertation zur Erlangung des akademischen Grades Dr. rer. nat., Martin-Luther-Universität Halle-Wittenberg.

81 Worel, G. (2001): Vom langen Atem. Die Wiederansiedelung der Wildkatze. In: Grabe, H. & Worel, G. (Hrsg.): Die Wildkatze. Zurück auf leisen Pfoten. Buch & Kunstverlag Oberpfalz, Amberg, 91–99.

Worel, G. (2009): Erfahrungen mit der Wiederansiedlung der Wildkatze in Bayern. In: Fremuth, W. et al. (Hrsg.): Zukunft der Wildkatze in Deutschland – Ergebnisse des internationalen Wildkatzen-Symposiums 2008 in Wiesenfelden, Initiativen zum Umweltschutz 75, Erich Schmidt Verlag, Berlin, 5–9.

82 Hartmann-Furter, M. (2009): Breeding European wildcats (*Felis silvestris silvestris*, Schreber, 1777) in species-specific enclosures for reintroduction in Germany. In: Iberian Lynx Ex situ Conservation: An Interdisciplinary Approach. Breitenmoser, C. & Breitenmoser, U. (Hrsg.), IUCN Cat Specialist Group, 452–461.

83 Hartmann-Furter, M. (2009): Breeding European wildcats (*Felis silvestris silvestris*, Schreber, 1777) in species-specific enclosures for reintroduction in Germany. In: Iberian Lynx Ex situ Conservation: An Interdisciplinary Approach. Breitenmoser, C. & Breitenmoser, U. (Hrsg.), IUCN Cat Specialist Group, 452–461.

Worel, G. (2009): Erfahrungen mit der Wiederansiedlung der Wildkatze in Bayern. In: Fremuth, W. et al. (Hrsg.): Zukunft der Wildkatze in Deutschland – Ergebnisse des internationalen Wildkatzen-Symposiums 2008 in Wiesenfelden, Initiativen zum Umweltschutz 75, Erich Schmidt Verlag, Berlin, 5–9.

84 IUCN/SSC (2013): Guidelines for Reintroductions and Other Conservation Translocations. Version 1.0. Gland, Switzerland: IUCN Species Survival Commission, viiii, 57 Seiten.

85 Worel, G. (2001): Vom langen Atem. Die Wiederansiedelung der Wildkatze. In: Grabe, H. & Worel, G. (Hrsg.): Die Wildkatze. Zurück auf leisen Pfoten. Buch & Kunstverlag Oberpfalz, Amberg, 91–99. Worel, G. (2009): Erfahrungen mit der Wiederansiedlung der Wildkatze in Bayern. In: Fremuth, W. et al. (Hrsg.): Zukunft der Wildkatze in Deutschland – Ergebnisse des internationalen Wildkatzen-Symposiums 2008 in Wiesenfelden, Initiativen zum Umweltschutz 75, Erich Schmidt Verlag, Berlin, 5–9.

86 Präsentation bei Fachtagung: The Research School at Nordens Ark, Sweden, 3–8 October 2010. A research school in Conservation Biology, aimed at postgraduate training in topics of conservation in the wild, rearing ex situ and reintroduction of threatened Felid species.

87 Klein, H. (2018): Der »Vater der Wildkatzen« ist tot. Mittelbayerische Zeitung, Online-Ausgabe. www.mittelbayerische.de/bayern-nachrichten/der-vater-der-wildkatzen-ist-tot-21705-art1646281.html (abgerufen am 8.1.2021)

88 Worel, G. (2009): Erfahrungen mit der Wiederansiedlung der Wildkatze in Bayern. In: Fremuth, W. et al. (Hrsg.): Zukunft der Wildkatze in Deutschland – Ergebnisse des internationalen Wildkatzen-Symposiums 2008 in Wiesenfelden, Initiativen zum Umweltschutz 75, Erich Schmidt Verlag, Berlin, 5–9.

89 Weber, D. (2020): Auf den Spuren der Wildkatze. Pro Natura Magazin Spezial 2020.

90 Weber, D. (2020): Auf den Spuren der Wildkatze. Pro Natura Magazin Spezial 2020.

91 Weber, D. (2020): Auf den Spuren der Wildkatze. Pro Natura Magazin Spezial 2020.

92 IUCN/SSC (2013): Guidelines for Reintroductions and Other Conservation Translocations. Version 1.0. Gland, Switzerland: IUCN Species Survival Commission, viiii, 57 Seiten.

93 Luchse in Bayern, Informationen des WWF: www.wwf.de/themen-projekte/bedrohte-tier-und-pflanzenarten/luchs/luchse-in-bayern/ (abgerufen am 8.1.2021)

94 Partner der Plattform Wildkatze in Österreich: www.wildkatze-in-oesterreich.at/de/pages/partnerorganisationen-7.aspx (abgerufen am 8.1.2021)

95 Anzahl der Jäger in Österreich: www.jagdfakten.at/daten-und-fakten/ (abgerufen am 8.1.2021)

96 Jagd in Rumänien: www.hunting-in-romania.com/wildcat.html (abgerufen am 8.1.2021)

97 Durchschnittsgehalt für Albanien: www.ceicdata.com/de/indicator/albania/monthly-earnings (abgerufen am 15.11.2020) Für 2020 lag das Durchschnittseinkommen zu diesem Zeitpunkt bei 560 US-Dollar, das entspricht rund 480 Euro.

98 Auf einem Online Marktplatz wird eine Wildkatze feilgeboten: www.merrjep.com/shpallja/biznes-pune/kafshe-ne-ferme/shitet/prishtine/shitet-mace-e-eger/5110849 (abgerufen am 8.1.2021)

99 Unter den weltweit schlimmsten invasiven Arten wird die Hauskatze geführt. www.iucngisd.org/gisd/species.php?sc=24 www.issg.org/worst100_species.html (abgerufen am 8.1.2021)

100 »Das Jagdausübungsrecht umfasst auch die Ausübung des Jagdschutzes. Dazu gehören (nach näherer Bestimmung durch die Länder) der Schutz des Wildes (insbesondere vor Wilderern, Futternot, Wildseuchen, vor wildernden Hunden und Katzen) [...]« Auszug aus dem Bundesjagdgesetz (BJagdG): www.jagdverband.de/rund-um-die-jagd/rechtslage/jagdrecht-deutschland Siehe etwa auch im oberösterreichischen oder Wiener Jagdgesetz: www.oekv.at/media/upload/editor/files/%C3%96KV/Gesetze/O%C3%B6._Jagdgesetz.pdf www.jusline.at/gesetz/w-jagdg/paragraf/92 (abgerufen am 8.1.2021)

Abschüsse von streunenden Hauskatzen sind etwa in Bayern oder der Schweiz erlaubt: www.jagd-bayern.de/wp-content/uploads/2019/08/Bayerisches-Jagdgesetz.pdf www.admin.ch/opc/de/classified-compilation/19860156/index.html (abgerufen am 8.1.2021)

In Nordrhein-Westfalen ist der Abschuss von Hauskatzen seit 2015 verboten: www.vier-pfoten.de/unseregeschichten/presse/2015/nrw-verbietet-abschuss-von-hauskatzen (abgerufen am 8.1.2021)

101 Vor allem auf Inseln können Katzen ganze Arten ausrotten. Laut einer Studie wären sie für 14 Prozent des Artensterbens auf Inseln weltweit verantwortlich. Das sei zudem eine extrem vorsichtige Schätzung. Siehe dazu: Tucker, A. (2017): Der Tiger in der guten Stube. Wie die Katzen erst uns und dann die Welt eroberten. Theiss, Darmstadt.

102 »Das Jagdausübungsrecht umfasst auch die Ausübung des Jagdschutzes. Dazu gehören (nach näherer Bestimmung durch die Länder) der Schutz des Wildes (insbesondere vor Wilderern, Futternot, Wildseuchen, vor wildernden Hunden und Katzen) [...]« Auszug aus dem Bundesjagdgesetz (BJagdG): www.jagdverband.de/rund-um-die-jagd/rechtslage/jagdrecht-deutschland

103 Abschüsse von streunenden Hauskatzen sind etwa in Bayern oder der Schweiz erlaubt: www.jagd-bayern.de/wp-content/uploads/2019/08/Bayerisches-Jagdgesetz.pdf www.admin.ch/opc/de/classified-compilation/19860156/index.html (abgerufen am 8.1.2021)

In Nordrhein-Westfalen ist der Abschuss von Hauskatzen seit 2015 verboten: www.vier-pfoten.de/unseregeschichten/presse/2015/nrw-verbietet-abschuss-von-hauskatzen (abgerufen am 8.1.2021)

104 Andersen, A. et al. (2018): Freiwilligenarbeit im Naturschutz am Beispiel des Freiwilligennetzwerks für die Wildkatze im BUND. Natur und Landschaft 93 (4): 182–186.
105 Sonvilla, C., Graf. M. & Haasmann, R. (2019): Unter wilden Bären. Der neue Nachbar in unseren Wäldern. Frederking & Thaler Verlag, München.
106 Jerina, K. et al. (2013): Range and local population densities of brown bear *Ursus arctos* in Slovenia. Eur J Wildl Res 59, 459–467.

Kapitel 3 – Wildkatze oder Hauskatze?

1 Piechocki, R. (1990): Die Wildkatze. *Felis silvestris*. Die Neue Brehm-Bücherei 189.
2 Piechocki, R. (1990): Die Wildkatze. *Felis silvestris*. Die Neue Brehm-Bücherei 189.
3 Piechocki, R. (1990): Die Wildkatze. *Felis silvestris*. Die Neue Brehm-Bücherei 189.
4 Katzen, die nur im Freigang leben, halten sich nicht im Haus, sondern nur im Freien auf. Dabei handelt es sich explizit um Hauskatzen. Die Aussage »Wildkatzen, die nur im Freigang leben« ist ein Widerspruch in sich.
5 Wildanger. Skizzen aus dem Gebiete der Jagd und ihrer Geschichte mit besonderer Rücksicht auf Bayern (1859), Cotta, Stuttgart. www.projekt-gutenberg.org/kobell/wildangr/wild109.html (abgerufen am 8.1.2021)
6 Brehm, A.E. (1864): Illustrirtes Thierleben: eine allgemeine Kunde des Thierreichs. Erster Band. Erste Abtheilung: Die Säugethiere. Erste Hälfte: Affen und Halbaffen, Flatterthiere und Raubthiere. Hildburghausen: Bibliographisches Institut. www.projekt-gutenberg.org/brehm/001/chap066.html (abgerufen am 8.1.2021)
7 Driscoll, C.A. et al. (2007): The Near Eastern Origin of Cat Domestication, Science, 317 (5837): 519–523.
8 Driscoll, C.A. et al. (2009): The Taming of the Cat. Sci Am. 300 (6): 68–75.
9 Driscoll, C.A. et al. (2007): The Near Eastern Origin of Cat Domestication, Science, 317 (5837): 519–523.
10 Driscoll, C.A. et al. (2009): The Taming of the Cat. Sci Am. 300 (6): 68–75.
11 Vigne, J-D. et al. (2012): First wave of cultivators spread to Cyprus at least 10,600 y ago. PNAS, 109 (22): 8445–8449.
12 Driscoll, C.A. et al. (2009): The Taming of the Cat. Sci Am. 300 (6): 68–75.
13 Tucker, A. (2017): Der Tiger in der guten Stube. Wie die Katzen erst uns und dann die Welt eroberten. Theiss, Darmstadt.
14 Krüger, M. et al. (2009): Evaluation of anatomical characters and the question of hybridization with domestic cats in the wildcat population of Thuringia, Germany. J Zool Syst Evol Res 47 (3), 268–282.
15 Todd, N.B. (1977): Cats and Commerce. Scientific American.
Tucker, A. (2017): Der Tiger in der guten Stube. Wie die Katzen erst uns und dann die Welt eroberten. Theiss, Darmstadt.
16 Krajcarz, M. et al. (2020): Ancestors of domestic cats in Neolithic Central Europe: Isotopic evidence of a synanthropic diet. PNAS 117 (30): 17710–17719.
17 Krüger, M. et al. (2009): Evaluation of anatomical characters and the question of hybridization with domestic cats in the wildcat population of Thuringia, Germany. J Zool Syst Evol Res 47 (3), 268–282.
18 Tucker, A. (2017): Der Tiger in der guten Stube. Wie die Katzen erst uns und dann die Welt eroberten. Theiss, Darmstadt.
19 Montague, M.J. et al. (2014): Comparative analysis of the domestic cat genome reveals genetic signatures underlying feline biology and domestication. PNAS 111 (48), 17230–17235.
20 Driscoll, C.A. et al. (2011): A Suite of Genetic Markers Useful in Assessing Wildcat (*Felis silvestris ssp.*) – Domestic Cat (*Felis silvestris catus*) Admixture. Journal of Heredity 102 (S1): 87–90.
21 Spitzenberger, F. (2001): Die Säugetierfauna Österreichs. Grüne Reihe des Lebensministeriums. Band 13, 665–671.
22 García, N., Arsuaga, J.L. & Torres, T. (1997) The carnivore remains of Sima de los Huesos Middle Pleistocene site (Sierra de Atapuerca, Spain). J Hum Evol 33: 155–174.
Driscoll, C.A. et al. (2007): The Near Eastern Origin of Cat Domestication, Science, 317 (5837): 519–523.
Mattucci, F. et al. (2016): European wildcat population are subdivided into five main biogeographic groups: consequences of Pleistocene climate changes or recent anthropogenic fragementation? Ecology and Evolution 6 (1): 3–22.

23 Mattucci, F. et al. (2016): European wildcat population are subdivided into five main biogeographic groups: consequences of Pleistocene climate changes or recent anthropogenic fragementation? Ecology and Evolution 6 (1): 3–22.
Zachos, F.E. & Hackländer, K. (2011): Genetics and conservation of large mammals in Europe: a themed issue of Mammal Review. Mammal. Rev. 41 (2): 85–86.

24 de Swaaf, K. (2015): Wo die Arten während der Eiszeit ausharrten. Neue Zürcher Zeitung. www.nzz.ch/wissenschaft/biologie/wo-die-arten-waehrend-der-eiszeit-ausharrten-1.18587172#back-register (abgerufen am 8.1.2021)

25 Zachos, F.E. & Hackländer, K. (2011): Genetics and conservation of large mammals in Europe: a themed issue of Mammal Review. Mammal. Rev. 41 (2): 85–86.
Mattucci, F. et al. (2016): European wildcat population are subdivided into five main biogeographic groups: consequences of Pleistocene climate changes or recent anthropogenic fragementation? Ecology and Evolution 6 (1): 3–22.

26 Piechocki, R. (1990): Die Wildkatze. *Felis silvestris*. Die Neue Brehm-Bücherei 189.

27 Gabucio, M.J. et al. (2014): A wildcat (*Felis silvestris*) butchered by Neanderthals in Level O of the Abric Romaní site (Capellades, Barcelona, Spain). Quaternary International 326–327, 307–318.

28 Gabucio, M.J. et al. (2014): A wildcat (*Felis silvestris*) butchered by Neanderthals in Level O of the Abric Romaní site (Capellades, Barcelona, Spain). Quaternary International 326–327, 307–318.
Die Verbrennungen an den Knochen könnten aber auch nach dem Verzehr entstanden sein oder sogar zu einem noch späteren Zeitpunkt durch umliegende Feuerstellen verursacht worden sein.

29 Piechocki, R. (2001): Lebensräume. Die Verbreitung der Wildkatze in Europa. In: Grabe, H. & Worel, G. (Hrsg.): Die Wildkatze. Zurück auf leisen Pfoten. Buch & Kunstverlag Oberpfalz, Amberg, 14–27.
Becker, C. (1981): Die neolithischen Ufersiedlungen von Twann. Tierknochenfunde. Dritter Bericht. Band 16. Schriftenreihe der Erziehungsdirektion des Kantons Bern. Archäologischer Dienst des Kanton Berns (Hrsg.) Staatlicher Lehrmittelverlag Bern.

30 Online-Artikel über eine Wildkatze, die Hühner und ein Ferkel in Albanien attackiert hat: www.newsbomb.al/macja-e-eger-i-ha-tre-pula-dhe-nje-gic-ne-tropoje-por-banori-e-le-te-lire-foto-24681 (abgerufen am 8.1.2021)

31 Teichert, M. (1977): Fundnachweise von Wild- und Hauskatzenknochen aus ur- und frühgeschichtlicher Zeit. Hercynia, N.F., Leipzig 14 (2), 212–216.

32 Piechocki, R. (1990): Die Wildkatze. *Felis silvestris*. Die Neue Brehm-Bücherei 189.

33 Piechocki, R. (1990): Die Wildkatze. *Felis silvestris*. Die Neue Brehm-Bücherei 189.

34 Piechocki, R. (1990): Die Wildkatze. *Felis silvestris*. Die Neue Brehm-Bücherei 189.

35 Piechocki, R. (1990): Die Wildkatze. *Felis silvestris*. Die Neue Brehm-Bücherei 189.

36 Nowell, K. & Jackson, P. (Hrsg.) (1996): Wild Cats. Status Survey and Conservation Action Plan. IUCN/SSC Cat Specialist Group. IUCN (International Union for Conservation of Nature and Natural Resources), Gland, Schweiz.
Haltenorth, T. (1953): Die Wildkatzen der Alten Welt. Eine Übersicht über die Untergattung Felis. Leipzig.

37 Driscoll, C.A., Macdonald, D.W. & O'Brien, S.J. (2009): From wild animals to domestic pets – an evolutionary view of domestication. Proceedings of the National Academy of Sciences of the United States of America. 106 (S1): 9971–9978.
Wozencraft, W.C. (2005): Species *Felis silvestris*. In: Wilson, D.E. & Reeder, D.M. (Hrsg.):
Mammal species of the world: A taxonomic and geographic reference (3. Auflage), Johns Hopkins University Press, 536–537.

38 Kitchener, A.C. et al. (2017): A revised taxonomy of the *Felidae*. The final report of the Cat Classification Task Force of the IUCN/SSC Cat Specialist Group. Cat News Special Issue 11.

39 Kitchener, A.C. et al. (2017): A revised taxonomy of the *Felidae*. The final report of the Cat Classification Task Force of the IUCN/SSC Cat Specialist Group. Cat News Special Issue 11.

40 Die Afrikanische Falbkatze wird ebenfalls zu einer eigenen Art, zu Felis lybica mit drei Unterarten.
Felis lybica lybica (Ost-, West-, Nordafrika, Arabische Halbinsel, Mittlerer Osten, Korsika, Sardinien, evt. Kreta)
Felis lybica cafra (südliches Afrika)
Felis lybica ornata (Südwest-, Zentralasien, Afghanistan, Pakistan, Indien, Mongolei, China).
Vergleiche: Kitchener, A.C. et al. (2017): A revised taxonomy of the *Felidae*. The final report of the Cat Classification Task Force of the IUCN/SSC Cat Specialist Group. Cat News Special Issue 11.

41 Kitchener, A.C. et al. (2017): A revised taxonomy of the Felidae. The final report of the Cat Classification Task Force of the IUCN/SSC Cat Specialist Group. Cat News Special Issue 11.
Driscoll, C.A. et al. (2007): The Near Eastern Origin of Cat Domestication, Science, 317 (5837): 519–523.

42 Kreuzungen zwischen unterschiedlichen Gattungen: https://bestiarium.kryptozoologie.net/artikel/einige-hybride-huhnervogel/ (abgerufen am 8.1.2021)

43 Kreuzungen zwischen unterschiedlichen Familien: https://avianhybrids.wordpress.com/galliformes/ (abgerufen am 8.1.2021)

44 Quilodrán, C. S. et al. (2020): Projecting introgression from domestic cats into European wildcats in the Swiss Jura. Evolutionary Applications 13: 2101–2112.

45 Driscoll, C. A. et al. (2007): The Near Eastern Origin of Cat Domestication, Science, 317 (5837): 519–523.

46 Piechocki, R. (1990): Die Wildkatze. *Felis silvestris*. Die Neue Brehm-Bücherei 189.

47 Piechocki, R. (1990): Die Wildkatze. *Felis silvestris*. Die Neue Brehm-Bücherei 189.

48 Piechocki, R. (1990): Die Wildkatze. *Felis silvestris*. Die Neue Brehm-Bücherei 189.

49 Tucker, A. (2017): Der Tiger in der guten Stube. Wie die Katzen erst uns und dann die Welt eroberten. Theiss, Darmstadt.
Zeder, M. A. (2012): Pathways to animal domestication, In: Biodiversity in Agriculture: Domestication, Evolution, and Sustainability. Cambridge University Press, 227–259.

50 Tucker, A. (2017): Der Tiger in der guten Stube. Wie die Katzen erst uns und dann die Welt eroberten. Theiss, Darmstadt.

51 www.welt-der-katzen.de/katzenhaltung/medizin/vitalwertederkatze/katzenfaktenskelett.html (abgerufen am 8.1.2021)

52 Götz, M. (2014): Die Wildkatze in Sachsen-Anhalt. Landesamt für Umweltschutz Sachsen-Anhalt (Hrsg.).
Piechocki, R. (1990): Die Wildkatze. *Felis silvestris*. Die Neue Brehm-Bücherei 189.

53 Eichholzer, A. (2010): Testing the applicability of pictures taken by camera-traps for monitoring the European wildcat Felis silvestris silvestris in the Jura Mountains of Switzerland. Diplomarbeit an der Universität Zürich.

54 Piechocki, R. (1990): Die Wildkatze. *Felis silvestris*. Die Neue Brehm-Bücherei 189.

55 Interview mit Wildtiergenetiker Carsten Nowak vom Senckenberg Forschungsinstitut.

56 Interview mit Wildtiergenetiker Carsten Nowak vom Senckenberg Forschungsinstitut.

57 Hartmann-Furter, M. (2001): Das Charisma des Phantoms. Biologie und Verhalten von Wildkatzen in Gehegen. In: Grabe, H. & Worel, G. (Hrsg.): Die Wildkatze. Zurück auf leisen Pfoten. Buch & Kunstverlag Oberpfalz, Amberg, 29–47.

58 Macdonald, D. W. et al. (1996): African Wildcats in Saudi Arabia. In: Macdonald, D. W. & Tattersall, F. H. (Hrsg.): The Wild CRU Review. Stafford, George Street Press.
Hartmann-Furter, M. (2001): Das Charisma des Phantoms. Biologie und Verhalten von Wildkatzen in Gehegen. In: Grabe, H. & Worel, G. (Hrsg.): Die Wildkatze. Zurück auf leisen Pfoten. Buch & Kunstverlag Oberpfalz, Amberg, 29–47.

59 Tucker, A. (2017): Der Tiger in der guten Stube. Wie die Katzen erst uns und dann die Welt eroberten. Theiss, Darmstadt.

60 Tucker, A. (2017): Der Tiger in der guten Stube. Wie die Katzen erst uns und dann die Welt eroberten. Theiss, Darmstadt.

61 Biró, Z. et al. (2005): Feeding habits of feral domestic cats (*Felis catus*), wild cats (*Felis silvestris*) and their hybrids: trophic niche overlap among cat groups in Hungary. J. Zool., Lond. 266, 187–196.

Kapitel 4 – Mit CSI-Methoden auf Spurensuche

1 Friembichler, S. (2009): Die potentielle Verbreitung der Wildkatze (*Felis silvestris silvestris*) in Österreich als Entscheidungsgrundlage für weitere Schutzmaßnahmen. Diplomarbeit zur Erlangung des Magistergrades an der Naturwissenschaftlichen Fakultät der Universität Salzburg.

2 Piechocki, R. (1990): Die Wildkatze. *Felis silvestris*. Die Neue Brehm-Bücherei 189.

3 Beugin, M.-P. et al. (2016): Female in the inside, male in the outside: insights into the spatial organization of a European wildcat population. Conserv Genet 17, 1405–1415.
Kilshaw, K. et al. (2015): Detecting the elusive Scottish wildcat Felis silvestris silvestris using camera trapping. Oryx 49(2), 207–215.

4 Hupe, K. & Simon, O. (2007): Die Lockstockmethode – eine nicht invasive Methode zum Nachweis der Europäischen Wildkatze (*Felis silvestris silvestris*). In: Niedersächsischer Landesbetrieb für Wasserwirtschaft, Küsten- und Naturschutz (NLWKN), 2007: Informationsdienst Niedersachsen 1/2007 – Beiträge zur Situation der Wildkatze in Niedersachsen II.
Weber, D. (2007): Monitoring der Wildkatze (*Felis silvestris silvestris* Schreber, 1777). Anleitung zum systematischen Erfassen der Verbreitung und ihrer Veränderung im Verlauf der Zeit. Hintermann & Weber AG, Rodersdorf.

5 Hupe, K. & Simon, O. (2007): Die Lockstockmethode – eine nicht invasive Methode zum Nachweis der Europäischen Wildkatze (*Felis silvestris silvestris*). In: Niedersächsischer Landesbetrieb für Wasserwirtschaft, Küsten- und Naturschutz (NLWKN), 2007: Informationsdienst Niedersachsen 1/2007 – Beiträge zur Situation der Wildkatze in Niedersachsen II.

Kilshaw, K. et al. (2015): Detecting the elusive Scottish wildcat *Felis silvestris silvestris* using camera trapping. Oryx 49 (2): 207–215.

6 Hupe, K. & Simon, O. (2007): Die Lockstockmethode – eine nicht invasive Methode zum Nachweis der Europäischen Wildkatze (*Felis silvestris silvestris*). In: Niedersächsischer Landesbetrieb für Wasserwirtschaft, Küsten- und Naturschutz (NLWKN), 2007: Informationsdienst Niedersachsen 1/2007 – Beiträge zur Situation der Wildkatze in Niedersachsen II.

7 Hupe, K. & Simon, O. (2007): Die Lockstockmethode – eine nicht invasive Methode zum Nachweis der Europäischen Wildkatze (*Felis silvestris silvestris*). In: Niedersächsischer Landesbetrieb für Wasserwirtschaft, Küsten- und Naturschutz (NLWKN), 2007: Informationsdienst Niedersachsen 1/2007 – Beiträge zur Situation der Wildkatze in Niedersachsen II.

8 Anile, S. et al. (2012): A non-invasive monitoring on European wildcat (*Felis silvestris silvestris* Schreber, 1777) in Sicily using hair trapping and camera trapping: does scented lure work? Hystrix, It. J. Mamm 23 (2): 45–50.

9 Waller, G. R., Price, G. H. & Mitchell, E. D. (1969): Feline Attractant, cis, trans-Nepetalactone: Metabolism in the Domestic Cat. Science 164 (3885), 1281–1282.

10 Andersen, A. et al. (2018): Freiwilligenarbeit im Naturschutz am Beispiel des Freiwilligennetzwerks für die Wildkatze im BUND. Natur und Landschaft 93 (4): 182–186.

11 Wildkatzendatenbank www.wildtiergenetik.de/wildkatzendatenbank/ (abgerufen am 8.1.2021) Und Auskunft von Wildtiergenetiker Carsten Nowak vom Senckenberg Forschungsinstitut.

BUND Wildkatzensymposium 2016. Strategien für die Biotopvernetzung bis 2025. Tagungsband, Erfurt. www.bund.net/fileadmin/user_upload_bund/publikationen/wildkatze/wildkatze_syposium_tagungsband.pdf (abgerufen am 5.1.2021)

12 Balzer, S. et al. (2018): Status der Wildkatze in Deutschland. Natur und Landschaft 93 (4): 146–152.

13 Steyer, K. et al. (2016): Populationsstruktur und Hybridisierungsgrad im deutschen Wildkatzenbestand – Ergebnisse einer 7-jährigen Bestandsaufnahme. In: Volmer, K. & Simon, O. (Hrsg.): FELIS Symposium vom 16.–17. Oktober 2014 in Gießen »Der aktuelle Stand der Wildkatzenforschung in Deutschland«. Schriften des Arbeitskreis Wildbiologie an der Justus-Liebig-Universität Giessen e. V., Heft 26; Giessen, VVB Laufersweiler Verlag, 97–109.

14 Ein Rettungsnetz für die Wildkatze: www.bund.net/themen/tiere-pflanzen/wildkatze/ (abgerufen am 8.1.2021)

15 Steyer, K. et al. (2016): Populationsstruktur und Hybridisierungsgrad im deutschen Wildkatzenbestand – Ergebnisse einer 7-jährigen Bestandsaufnahme. In: Volmer, K. & Simon, O. (Hrsg.): FELIS Symposium vom 16.–17. Oktober 2014 in Gießen »Der aktuelle Stand der Wildkatzenforschung in Deutschland«. Schriften des Arbeitskreis Wildbiologie an der Justus-Liebig-Universität Giessen e. V., Heft 26; Giessen, VVB Laufersweiler Verlag, 97–109.

16 Steyer, K. et al. (2016): Populationsstruktur und Hybridisierungsgrad im deutschen Wildkatzenbestand – Ergebnisse einer 7-jährigen Bestandsaufnahme. In: Volmer, K. & Simon, O. (Hrsg.): FELIS Symposium vom 16.–17. Oktober 2014 in Gießen »Der aktuelle Stand der Wildkatzenforschung in Deutschland«. Schriften des Arbeitskreis Wildbiologie an der Justus-Liebig-Universität Giessen e. V., Heft 26; Giessen, VVB Laufersweiler Verlag, 97–109.

17 Eine typische Tierzelle hat zwischen 1000 bis 2000 Mitochondrien. www.zytologie-online.net/mitochondrium.php (abgerufen am 8.1.2021)

18 In der DNA treten vier Basen auf, Adenin (A), Guanin (G), Cytosin (C) und Thymin (T). Zwei in der doppelsträngigen DNA gegenüberliegende Basen, die durch Wasserstoffbrückenbindungen zusammengehalten werden, bezeichnet man als Basenpaare. Dabei können nicht alle Basen miteinander eine Bindung eingehen, möglich ist das nur jeweils zwischen A und T sowie zwischen G und C.

19 Steyer, K. et al. (2016): Populationsstruktur und Hybridisierungsgrad im deutschen Wildkatzenbestand – Ergebnisse einer 7-jährigen Bestandsaufnahme. In: Volmer, K. & Simon, O. (Hrsg.): FELIS Symposium vom 16.–17. Oktober 2014 in Gießen »Der aktuelle Stand der Wildkatzenforschung in Deutschland«. Schriften des Arbeitskreis Wildbiologie an der Justus-Liebig-Universität Giessen e. V., Heft 26; Giessen, VVB Laufersweiler Verlag, 97–109.

20 Tatsächlich lassen sich nur aus einem Bruchteil des menschlichen Erbguts Proteine »ablesen« und erzeugen. Der Großteil, fast 98 Prozent, besteht aus sogenannter nicht-codierender DNA. Ob es dabei lediglich um »DNA-Schrott« handelt oder nicht, ist Gegenstand wissenschaftlicher Diskussionen.

21 Steyer, K. et al. (2016): Populationsstruktur und Hybridisierungsgrad im deutschen Wildkatzenbestand – Ergebnisse einer 7-jährigen Bestandsaufnahme. In: Volmer, K. & Simon, O. (Hrsg.): FELIS

Symposium vom 16.–17. Oktober 2014 in Gießen »Der aktuelle Stand der Wildkatzenforschung in Deutschland«. Schriften des Arbeitskreis Wildbiologie an der Justus-Liebig-Universität Giessen e. V., Heft 26; Giessen, VVB Laufersweiler Verlag, 97–109.

22 International European Wildcat Symposium – Internationales Symposium über Europäische Wildkatzen (2015), Bund für Umwelt und Naturschutz Deutschland e. V., Achen www.bund-nrw.de/fileadmin/nrw/dokumente/Naturschutz/Wildkatze/Tagungsband-Symposium-2015-Aachen.pdf (abgerufen am 5.1.2021)
Steyer, K. et al. (2016): Populationsstruktur und Hybridisierungsgrad im deutschen Wildkatzenbestand – Ergebnisse einer 7-jährigen Bestandsaufnahme. In: Volmer, K. & Simon, O. (Hrsg.): FELIS Symposium vom 16.–17. Oktober 2014 in Gießen »Der aktuelle Stand der Wildkatzenforschung in Deutschland«. Schriften des Arbeitskreis Wildbiologie an der Justus-Liebig-Universität Giessen e. V., Heft 26; Giessen, VVB Laufersweiler Verlag, 97–109.

23 Mikrosatellitenanalyse: www.medizinische-genetik.de/index.php?id=17263 (abgerufen am 8.1.2021)

24 Mikrosatellitenanalyse: www.medizinische-genetik.de/index.php?id=17263 (abgerufen am 8.1.2021)

25 Steyer, K. et al. (2016): Populationsstruktur und Hybridisierungsgrad im deutschen Wildkatzenbestand – Ergebnisse einer 7-jährigen Bestandsaufnahme. In: Volmer, K. & Simon, O. (Hrsg.): FELIS Symposium vom 16.–17. Oktober 2014 in Gießen »Der aktuelle Stand der Wildkatzenforschung in Deutschland«. Schriften des Arbeitskreis Wildbiologie an der Justus-Liebig-Universität Giessen e. V., Heft 26; Giessen, VVB Laufersweiler Verlag, 97–109.

26 Steyer, K. et al. (2016): Populationsstruktur und Hybridisierungsgrad im deutschen Wildkatzenbestand – Ergebnisse einer 7-jährigen Bestandsaufnahme. In: Volmer, K. & Simon, O. (Hrsg.): FELIS Symposium vom 16.–17. Oktober 2014 in Gießen »Der aktuelle Stand der Wildkatzenforschung in Deutschland«. Schriften des Arbeitskreis Wildbiologie an der Justus-Liebig-Universität Giessen e. V., Heft 26; Giessen, VVB Laufersweiler Verlag, 97–109.

27 Götz, M. (2014): Die Wildkatze in Sachsen-Anhalt. Landesamt für Umweltschutz Sachsen-Anhalt (Hrsg.).
Balzer, S. et al. (2018): Status der Wildkatze in Deutschland. Natur und Landschaft 93 (4): 146–152.
Pir, J. B. et al. (2011): Bedeutung von Wildbrücken zur Vernetzung von Wanderkorridoren für die Europäische Wildkatze (*Felis silvestris silvestris* Schreber, 1777) am Beispiel von Pettingen / Mersch (Luxemburg). Bull. Soc. Nat. luxemb. 112, 59–71.

28 Wildkatzendatenbank www.wildtiergenetik.de/wildkatzendatenbank/ (abgerufen am 8.1.2021)
Und Auskunft von Wildtiergenetiker Carsten Nowak vom Senckenberg Forschungsinstitut.

29 Wildkatzendatenbank www.wildtiergenetik.de/wildkatzendatenbank/ (abgerufen am 8.1.2021)
Und Auskunft von Wildtiergenetiker Carsten Nowak vom Senckenberg Forschungsinstitut.

30 Steyer, K. et al. (2016): Populationsstruktur und Hybridisierungsgrad im deutschen Wildkatzenbestand – Ergebnisse einer 7-jährigen Bestandsaufnahme. In: Volmer, K. & Simon, O. (Hrsg.): FELIS Symposium vom 16.–17. Oktober 2014 in Gießen »Der aktuelle Stand der Wildkatzenforschung in Deutschland«. Schriften des Arbeitskreis Wildbiologie an der Justus-Liebig-Universität Giessen e. V., Heft 26; Giessen, VVB Laufersweiler Verlag, 97–109.

31 Steyer, K. et al. (2016): Populationsstruktur und Hybridisierungsgrad im deutschen Wildkatzenbestand – Ergebnisse einer 7-jährigen Bestandsaufnahme. In: Volmer, K. & Simon, O. (Hrsg.): FELIS Symposium vom 16.–17. Oktober 2014 in Gießen »Der aktuelle Stand der Wildkatzenforschung in Deutschland«. Schriften des Arbeitskreis Wildbiologie an der Justus-Liebig-Universität Giessen e. V., Heft 26; Giessen, VVB Laufersweiler Verlag, 97–109.

32 Würstlin, S. et al. (2016): Crossing the Rhine: a potential barrier to wildcat (*Felis silvestris silvestris*) movement? Conserv Genet 17, 1435–1444.
Balzer, S. et al. (2018): Status der Wildkatze in Deutschland. Natur und Landschaft 93 (4): 146–152.

33 Balzer, S. et al. (2018): Status der Wildkatze in Deutschland. Natur und Landschaft 93 (4): 146–152.

Kapitel 5 – Seitensprünge mit Folgen

1 Aufnahmen einer großgewachsenen Wildkatze in Schottland geglückt, Der Standard, 2. April 2018. www.derstandard.at/story/2000077080162/aufnahmen-einer-grossgewachsenen-wildkatze-in-schottland-geglueckt (abgerufen am 8.1.2021)

2 Piechocki, R. (1990): Die Wildkatze. *Felis silvestris*. Die Neue Brehm-Bücherei 189.

3 Die Bergmannsche Regel bezieht sich in erster Linie auf Warmblüter und beschreibt die Beobachtung, dass innerhalb einer Art die Individuen von Populationen aus kalten Gebieten größer sind als in den warmen Gebieten. www.spektrum.de/lexikon/biologie/bergmannsche-regel/8037 (abgerufen am 8.1.2021)

4 Quilodrán, C. S. et al. (2020): Projecting introgression from domestic cats into European wildcats in the Swiss Jura. Evolutionary Applications 13: 2101–2112.

5 European Pet Food Industry (2019) Facts and figures 2019 European Overview. www.fediaf.org/images/FEDIAF_facts_and_figs_2019_cor-35-48.pdf (abgerufen am 8.1.2021) Die Zahlen beziehen Russland (22,8 Millionen Hauskatzen) und die Türkei (3,8 Millionen Hauskatzen) mit ein.

6 Hauskatzen, die auf der Straße leben: www.tierschutzbund.de/aktion/kampagnen/heimtiere/katzenschutz-kampagne/ (abgerufen am 8.1.2021)

7 Kilshaw et al. (2016): Mapping the spatial configuration of hybridization risk for an endangered population of the European wildcat (*Felis silvestris silvestris*) in Scotland. Mamm Res 61, 1–11.

8 Kitchener, A. C. et al. (2005): A diagnosis for the Scottish wildcat (*Felis silvestris*): a tool for conservation action for a critically-endangered felid. Animal Conservation 8, 223–237.

9 Kilshaw et al. (2016): Mapping the spatial configuration of hybridization risk for an endangered population of the European wildcat (*Felis silvestris silvestris*) in Scotland. Mamm Res 61, 1–11.

10 Basierend auf Erhebungen zwischen 2010 und 2013, kamen Forscher zu dem Schluss, dass es zu diesem Zeitpunkt vermutlich nur mehr zwischen 115 und 314 Wildkatzen in den schottischen Highlands gab. www.nature.scot/plants-animals-and-fungi/mammals/land-mammals/wildcats (abgerufen am 8.1.2021)

11 Scottish Wildcat Conservation Action Plan: www.nature.scot/scottish-wildcat-conservation-action-plan (abgerufen am 5.1.2021)

12 Senn, H. V. et al. (2018): Distinguishing the victim from the threat: SNP-based methods reveal the extent of introgressive hybridization between wildcats and domestic cats in Scotland and inform future in situ and ex situ management options for species restoration. Evolutionary Applications 12: 399–414.

13 Breitenmoser, U., Lanz, T. & Breitenmoser-Würsten, C. (2019): Conservation of the wildcat (*Felis silvestris*) in Scotland: Review of the conservation status and assessment of conservation activities. IUCN SSC Cat Specialist Group, Bern, Switzerland.

14 Weber, T. (2020): Ruf der Wildnis. NÖ-Regionalausgabe von BIORAMA, Juni 2020, 24–25.

15 BGBl. II Nr. 486/2004 Anlage 1, 2.10 Mindestanforderung für die Haltung von Katzen: Seit dem Jahr 2005 ist im Österreichischen Tierschutzgesetz verankert, dass Katzen, die Zugang ins Freie haben, verpflichtend kastriert werden müssen. Bei Nichteinhaltung der Kastrationspflicht drohen Strafen bis zu 3900 Euro. Dieses Gesetz ist nach wie vor vielen Haustierbesitzern nicht bekannt. Gleichzeitig muss bezweifelt werden, ob es ernsthaft kontrolliert und geahndet wird.

16 Beutel, T. et al. (2017): Spatial patterns of co-occurrence of the European wildcat Felis silvestris silvestris and domestic cats Felis silvestris catus in the Bavarian Forest National Park. Wildlife Biology: wlb.00284.

17 Ferreira, J. P. et al. (2011): Human-related factors regulate the spatial ecology of domestic cats in sensitive areas for conservation. PLoS One 6 (10): 1–10.

18 Beugin, M.-P. et al. (2016): Female in the inside, male in the outside: insights into the spatial organization of a European wildcat population. Conserv Genet 17, 1405–1415.

19 Hertach, M. (unpubliziert): Spatio-temporal analysis of wildcat (*Felis silvestris*) and domestic cat (*Felis catus*) in the Swiss Plateau. Master Thesis. Universität für Bodenkultur Wien (BOKU), Department for Integrative Biology and Biodiversity Research, Institut für Wildbiologie und Jagdwirtschaft, Wien.

20 Biró, Z., Szemethy, L. & Heltai, M. (2004): Home range sizes of wildcats (*Felis silvestris*) and feral domestic cats (*Felis silvetris f. catus*) in a hilly region of Hungary. Mamm. biol. 69 (5), 302–310.

21 Tiesmeyer, A. et al. (2020): Range-wide patterns of human-mediated hybridisation in European wildcats. Conserv Genet 21: 247–260.
Sarmento, P. et al. (2009): Spatial colonization by feral domestic cats *Felis catus* of former wildcat *Felis silvestris silvestris* home ranges. Acta Theriologica 54 (1): 31–38.

22 Biró, Z., Szemethy, L. & Heltai, M. (2004): Home range sizes of wildcats (*Felis silvestris*) and feral domestic cats (*Felis silvetris f. catus*) in a hilly region of Hungary. Mamm. biol. 69 (5), 302–310.

23 Nussberger, B. et al. (2014): Monitoring introgression in European wildcats in the Swiss Jura. Conserv Genet 15 (5): 1219–1230.

24 Krüger, M. et al. (2009): Evaluation of anatomical characters and the question of hybridization with domestic cats in the wildcat population of Thuringia, Germany. J Zool Syst Evol Res 47 (3), 268–282.

25 CATS (Cats and Their Stats) 2020 Scotland. Bericht von Cats Protection. www.cats.org.uk/assets/cats-report/Cats_Report_2020.pdf (abgerufen am 8.1.2021)

26 Kilshaw, K. (2011): Scottish wildcats. Naturally Scottish. Scottish Natural Heritage. www.nature.scot/sites/default/files/2017-07/Publication%202011%20-%20Naturally%20Scottish%20-%20Wildcats.pdf (abgerufen am 8.1.2021)

27 Kilshaw, K. (2011): Scottish wildcats. Naturally Scottish. Scottish Natural Heritage. www.nature.scot/sites/default/files/2017-07/Publication%202011%20-%20Naturally%20Scottish%20-%20Wildcats.pdf (abgerufen am 8.1.2021)

28 Tiesmeyer, A. et al. (2020): Range-wide patterns of human-mediated hybridisation in European wildcats. Conserv Genet 21: 247–260.

29 Steyer, K. et al. (2018): Low rates of hybridization between European wildcats and domestic cats in a human-dominated landscape. Ecology and Evolution 8: 2290–2304.

30 Hertwig, S.T. et al. (2009): Regionally high rates of hybridization and introgression in German wildcat populations (*Felis silvestris*, Carnivora, *Felidae*). J Zool Syst Evol Res 47 (3), 283–297.

31 Witzenberger, K. & Hochkirch, A. (2014): The genetic integrity of the ex situ population of the European Wildcat (*Felis silvestris silvestris*) is seriously threatened by introgression from domestic cats (*Felis silvestris catus*). PLoS ONE 9(8): e106083.

32 Beugin, M.-P. et al. (2016): Female in the inside, male in the outside: insights into the spatial organization of a European wildcat population. Conserv Genet 17, 1405–1415.

33 Steyer, K. et al. (2018): Low rates of hybridization between European wildcats and domestic cats in a human-dominated landscape. Ecology and Evolution 8: 2290–2304.

34 Steyer, K. et al. (2016): Populationsstruktur und Hybridisierungsgrad im deutschen Wildkatzenbestand – Ergebnisse einer 7-jährigen Bestandsaufnahme. In: Volmer, K. & Simon, O. (Hrsg.): FELIS Symposium vom 16.–17. Oktober 2014 in Gießen »Der aktuelle Stand der Wildkatzenforschung in Deutschland«. Schriften des Arbeitskreis Wildbiologie an der Justus-Liebig-Universität Giessen e. V., Heft 26; Giessen, VVB Laufersweiler Verlag, 97–109.

Nussberger, B. et al. (2014): Monitoring introgression in European wildcats in the Swiss Jura. Conserv Genet 15 (5): 1219–1230.

Nussberger, B. et al. (2013): Development of SNP markers identifying European wildcats, domestic cats, and their admixed progeny. Molecular Ecology Resources 13 (3): 447–460.

35 Schwartz, M. & Vissing, J. (2002): Paternal Inheritance of Mitochondrial DNA. N Engl J Med 347: 576–580.

Luo, S. et al. (2018): Biparental Inheritance of Mitochondrial DNA in Humans. PNAS 115 (51), 13039–13044.

36 European Pet Food Industry (2019) Facts and figures 2019 European Overview. www.fediaf.org/images/FEDIAF_facts_and_figs_2019_cor-35-48.pdf (abgerufen am 8.1.2021)

37 Steyer, K. et al. (2018): Low rates of hybridization between European wildcats and domestic cats in a human-dominated landscape. Ecology and Evolution 8: 2290–2304.

38 Spassov, N., Simeonovski, V. & Spiridonov, G. (1997): The wild cat (*Felis silvestris* Schr.) and the feral domestic cat: Problems of the morphology, taxonomy, identification of the hybrids and purity of the wild population. Historia naturalis bulgarica 8, 101–120.

39 Tiesmeyer, A. et al. (2020): Range-wide patterns of human-mediated hybridisation in European wildcats. Conserv Genet 21: 247–260.

40 Information von Pedro Monterroso.

41 Lecis, R. et al. (2006): Bayesian analyses of admixture in wild and domestic cats (*Felis silvestris*) using linked microsatellite loci. Molecular Ecology 15, 119–131.

Beugin, M.-P. et al. (2016): Female in the inside, male in the outside: insights into the spatial organization of a European wildcat population. Conserv Genet 17, 1405–1415.

Pierpaoli, M. et al. (2003): Genetic distinction of wildcat (*Felis silvestris*) populations in Europe, and hybridization with domestic cats in Hungary. Molecular Ecology 12 (10): 2585–2598.

42 Breitenmoser, U., Lanz, T. & Breitenmoser-Würsten, C. (2019): Conservation of the wildcat (*Felis silvestris*) in Scotland: Review of the conservation status and assessment of conservation activities. IUCN SSC Cat Specialist Group, Bern, Switzerland.

Tiesmeyer, A. et al. (2020): Range-wide patterns of human-mediated hybridisation in European wildcats. Conserv Genet 21: 247–260.

Mattucci, F. et al. (2016): European wildcat population are subdivided into five main biogeographic groups: consequences of Pleistocene climate changes or recent anthropogenic fragementation? Ecology and Evolution 6 (1): 3–22.

43 Verfolgung der Wildkatze in Schottland: www.nature.scot/plants-animals-and-fungi/mammals/land-mammals/wildcats (abgerufen am 8.1.2021)

Kilshaw, K. (2011): Scottish wildcats. Naturally Scottish. Scottish Natural Heritage. www.nature.scot/sites/default/files/2017-07/Publication%202011%20-%20Naturally%20Scottish%20-%20Wildcats.pdf (abgerufen am 8.1.2021)

44 Kilshaw, K. (2011): Scottish wildcats. Naturally Scottish. Scottish Natural Heritage. www.nature.scot/sites/default/files/2017-07/Publication%202011%20-%20Naturally%20Scottish%20-%20Wildcats.pdf (abgerufen am 8.1.2021)

45 Balharry, D. & Daniels, M.J. (1998): Wild living cats in Scotland. Scottish Natural Heritage Research, Survey and Monitoring Report No 23.
46 Kilshaw, K. (2011): Scottish wildcats. Naturally Scottish. Scottish Natural Heritage. www.nature.scot/sites/default/files/2017-07/Publication%202011%20-%20Naturally%20Scottish%20-%20Wildcats.pdf (abgerufen am 8.1.2021)
47 Kilshaw, K. (2011): Scottish wildcats. Naturally Scottish. Scottish Natural Heritage. www.nature.scot/sites/default/files/2017-07/Publication%202011%20-%20Naturally%20Scottish%20-%20Wildcats.pdf (abgerufen am 8.1.2021)
48 Beugin, M.-P. et al. (2016): Female in the inside, male in the outside: insights into the spatial organization of a European wildcat population. Conserv Genet 17, 1405–1415.
49 Tiesmeyer, A. et al. (2020): Range-wide patterns of human-mediated hybridisation in European wildcats. Conserv Genet 21: 247–260.
Krüger, M. et al. (2009): Evaluation of anatomical characters and the question of hybridization with domestic cats in the wildcat population of Thuringia, Germany. J Zool Syst Evol Res 47 (3), 268–282.
Randi, E. et al. (2001): Genetic identification of wild and domestic cats (*Felis silvestris*) and their hybrids using Bayesian clustering methods. Mol Biol Evol 18: 1679–1693.
50 Randi, E. (2008): Detecting hybridization between wild species and their domesticated relatives. Mol Ecol 17 (1): 285–293.
51 Galov, A. et al. (2015): First evidence of hybridization between golden jackal (Canis aureus) and domestic dog (Canis familiaris) as revealed by genetic markers. R. Soc. open sci. 2: 150450.
52 Allee, W.C. (1931): Animal aggregations. A study in general sociology. University of Chicago Press, Chicago (Illinois)
Tiesmeyer, A. et al. (2020): Range-wide patterns of human-mediated hybridisation in European wildcats. Conserv Genet 21: 247–260.
53 Tiesmeyer, A. et al. (2020): Range-wide patterns of human-mediated hybridisation in European wildcats. Conserv Genet 21: 247–260.
54 Saving Wildcats: www.rzss.org.uk/conservation/our-projects/project-search/zoo-based/scottish-wildcats/ www.savingwildcats.org.uk/about-saving-wildcats/ (abgerufen am 8.1.2021)
55 Die Intergovernmental Science-Policy Platform on Biodiversity and Ecosystem Services (IPBES) ist eine UN-Organisation mit 136 Mitgliedsstaaten zur wissenschaftlichen Politikberatung in Sachen Erhaltung und nachhaltiger Nutzung von biologischer Vielfalt und Ökosystemdienstleistungen.
56 IPBES (2019): Global assessment report on biodiversity and ecosystem services of the Intergovernmental Science-Policy Platform on Biodiversity and Ecosystem Services. Brondizio, E.S. et al. (Hrsg.), IPBES Sekretariat, Bonn. www.ipbes.net/global-assessment (abgerufen am 8.1.2021)
57 Pilotto, F. et al. (2020): Meta-analysis of multidecadal biodiversity trends in Europe. Nature Communications 11: 3486.
58 Haber, W., Held, M. & Vogt, M. (Hrsg.) (2016): Die Welt im Anthropozän. Erkundungen im Spannungsfeld zwischen Ökologie und Humanität. oekom, München.
59 Crutzen, P.J. & Stoermer, E.F. (2000): The »Anthropocene«. Global Change Newsletter 41: 17–18.
60 Crutzen, P.J. (2002): Geology of mankind. Nature 415: 23
61 The new plastics economy. Rethinking the future of plastics (2016), Bericht der Ellen MacArthur Foundation. www.ellenmacarthurfoundation.org/publications/the-new-plastics-economy-rethinking-the-future-of-plastics (Abfragen am 1.8.2021)
62 Quilodrán, C.S. et al. (2020): Projecting introgression from domestic cats into European wildcats in the Swiss Jura. Evolutionary Applications 13: 2101–2112.
63 Oman: Pensionistin hält fast 500 Katzen, ORF.at news, 25.11.2020. www.orf.at/stories/3191205/ (abgefragt am 1.8.2021)
64 Quilodrán, C.S. et al. (2020): Projecting introgression from domestic cats into European wildcats in the Swiss Jura. Evolutionary Applications 13: 2101–2112.
65 Mattucci, F. et al. (2016): European wildcat population are subdivided into five main biogeographic groups: consequences of Pleistocene climate changes or recent anthropogenic fragementation? Ecology and Evolution 6(1): 3–22.
66 Quilodrán, C.S. et al. (2020): Projecting introgression from domestic cats into European wildcats in the Swiss Jura. Evolutionary Applications 13: 2101–2112.
67 Olaf, S. et al. (2016): Relevanz der Totfundanalysen von Wildkatzen für das FFH-Monitoring in Hessen. In: Volmer, K. & Simon, O. (Hrsg.): FELIS Symposium vom 16.–17. Oktober 2014 in Gießen »Der aktuelle Stand der Wildkatzenforschung in Deutschland«. Schriften des Arbeitskreis Wildbiologie an der Justus-Liebig-Universität Giessen e. V., Heft 26; Giessen, VVB Laufersweiler Verlag, 67–94.
Volmer, K. & Steeb, S. (2016): Infektionskrankheiten und deren Bedeutung im Artenschutz für die Europäische Wildkatze (*Felis silvestris*). In: Volmer, K. & Simon, O. (Hrsg.): FELIS Symposium vom 16.–17. Oktober 2014 in Gießen »Der aktuelle Stand der Wildkatzenforschung in Deutschland«.

Schriften des Arbeitskreis Wildbiologie an der Justus-Liebig-Universität Giessen e. V., Heft 26; Giessen, VVB Laufersweiler Verlag, 167–176.
68 VERORDNUNG (EG) Nr. 318/2008 DER KOMMISSION vom 31. März 2008 zur Änderung der Verordnung (EG) Nr. 338/97 des Rates über den Schutz von Exemplaren wild lebender Tier- und Pflanzenarten durch Überwachung des Handels. www.lanuv.nrw.de/fileadmin/lanuv/natur/pdf/EGVO_318_2008.pdf (abgerufen am 9.1.2021)
69 Nussberger, B. et al. (2014): Monitoring introgression in European wildcats in the Swiss Jura. Conserv Genet 15 (5): 1219–1230.
70 Quilodrán, C. S. et al. (2020): Projecting introgression from domestic cats into European wildcats in the Swiss Jura. Evolutionary Applications 13: 2101–2112.
71 Nussberger, B. & Roth, T. (2020): Bericht Wildkatzenmonitoring Schweiz: Verbreitung, Dichte und Hybridisierung der Wildkatze in der Schweiz. Ergebnisse der zweiten Erhebung 2018/20. Wildtier Schweiz.
72 Quilodrán, C. S. et al. (2020): Projecting introgression from domestic cats into European wildcats in the Swiss Jura. Evolutionary Applications 13: 2101–2112.
73 Götz, M. (2015): Die Säugetierarten der Fauna-Flora-Habitat-Richtlinie im Land Sachsen-Anhalt. Wildkatze (*Felis silvestris silvestris* Schreber, 1777). Landesamt für Umweltschutz Sachsen-Anhalt (Hrsg.), Heft 2/2015.
74 Tiesmeyer, A. et al. (2020): Range-wide patterns of human-mediated hybridisation in European wildcats. Conserv Genet 21: 247–260.
75 CATS (Cats and Their Stats) 2020 Scotland. Bericht von Cats Protection. www.cats.org.uk/assets/cats-report/Cats_Report_2020.pdf (abgerufen am 8.1.2021)
76 CATS (Cats and Their Stats) 2020 Scotland. Bericht von Cats Protection. www.cats.org.uk/assets/cats-report/Cats_Report_2020.pdf (abgerufen am 8.1.2021)
77 Longcore, T., Rich, C. & Sullivan, L. M. (2009): Critical assessment of claims regarding management of feral cats by trap-neuter-return. Conservation Biology 23 (4), 887–894.
78 Lopes-Fernandes, M., Espírito-Santo, C. & Frazão-Moreira, A. (2018): The return of the Iberian lynx to Portugal: local voices. Journal of Ethnobiology and Ethnomedicine 14 (1): 1–17.
79 www.iberlince.eu/index.php/eng/project#.X8GMDrMxlPY (abgerufen am 1.8.2021)
80 www.wildlife-estates.eu/current_labels.php (abgerufen am 9.1.2921)

Kapitel 6 – Ein geheimnisvolles Leben

1 Piechocki, R. (1990): Die Wildkatze. *Felis silvestris*. Die Neue Brehm-Bücherei 189.
2 Mölich, T. (2001): Schattenjagd. Forschung an autochtonen Wildkatzen im Nationalpark Hainich. In: Grabe, H. & Worel, G. (Hrsg.): Die Wildkatze. Zurück auf leisen Pfoten. Buch & Kunstverlag Oberpfalz, Amberg, 49–58.
3 In dem Film »Wildkatzen – eine haarige Geschichte« vom 7.1.2010 erzählt Michel Fernex vom Verhalten der Wildkatzen: www.srf.ch/play/tv/netz-natur/video/wildkatzen-eine-haarige-geschichte-07-01-2010?id=181985eb-1bba-4b68-aa9e-43643d618722 (abgerufen am 8.1.2021)
4 Piechocki, R. (1990): Die Wildkatze. *Felis silvestris*. Die Neue Brehm-Bücherei 189.
5 In dem Film »Wildkatzen – eine haarige Geschichte« vom 7.1.2010 erzählt Michel Fernex vom Verhalten der Wildkatzen: www.srf.ch/play/tv/netz-natur/video/wildkatzen-eine-haarige-geschichte-07-01-2010?id=181985eb-1bba-4b68-aa9e-43643d618722 (abgerufen am 8.1.2021)
6 Götz, M. et al. (2018): Raumnutzung und Habitatansprüche der Wildkatze in Deutschland. Natur und Landschaft 93 (4): 161–169.
7 Piechocki, R. (1990): Die Wildkatze. *Felis silvestris*. Die Neue Brehm-Bücherei 189.
8 Verhalten des »Wangen-Reibens«: www.kora.ch/index.php?id=175&L=%25270%253D1 (abgerufen am 9.1.2021)
9 Mölich, T. (2001): Schattenjagd. Forschung an autochtonen Wildkatzen im Nationalpark Hainich. In: Grabe, H. & Worel, G. (Hrsg.): Die Wildkatze. Zurück auf leisen Pfoten. Buch & Kunstverlag Oberpfalz, Amberg, 49–58.
10 Götz, M. & Roth, M. (2007): Verbreitung der Wildkatze (*Felis s. silvestris*) in Sachsen-Anhalt und ihre Aktionsräume im Südharz. Beitr. Jagd- und Wildforschung 32: 437–447.
International European Wildcat Symposium – Internationales Symposium über Europäische Wildkatzen (2015), Bund für Umwelt und Naturschutz Deutschland e. V., Achen
www.bund-nrw.de/fileadmin/nrw/dokumente/Naturschutz/Wildkatze/Tagungsband-Symposium-2015-Aachen.pdf (abgerufen am 5.1.2021)
11 Götz, M. & Roth, M. (2007): Verbreitung der Wildkatze (*Felis s. silvestris*) in Sachsen-Anhalt und ihre Aktionsräume im Südharz. Beitr. Jagd- und Wildforschung 32: 437–447.

12 Mölich, T. (2001): Schattenjagd. Forschung an autochtonen Wildkatzen im Nationalpark Hainich. In: Grabe, H. & Worel, G. (Hrsg.): Die Wildkatze. Zurück auf leisen Pfoten. Buch & Kunstverlag Oberpfalz, Amberg, 49–58.

13 Simon, O., Hupe, K. & Trinzen. M. (2005): Wildkatze (*Felis silvestris*, Schreber, 1777). In: Methoden zur Erfassung von Arten der Anhänge IV und V der Fauna-Flora-Habitat-Richtlinie (Doerpinghaus et al., Bearb.). Naturschutz und Biologische Vielfalt 20: 395–402.

14 International European Wildcat Symposium – Internationales Symposium über Europäische Wildkatzen (2015), Bund für Umwelt und Naturschutz Deutschland e. V., Achen www.bund-nrw.de/fileadmin/nrw/dokumente/Naturschutz/Wildkatze/Tagungsband-Symposium-2015-Aachen.pdf (abgerufen am 5.1.2021)

15 Mölich, T. (2001): Schattenjagd. Forschung an autochtonen Wildkatzen im Nationalpark Hainich. In: Grabe, H. & Worel, G. (Hrsg.): Die Wildkatze. Zurück auf leisen Pfoten. Buch & Kunstverlag Oberpfalz, Amberg, 49–58.

16 Mölich, T. (2001): Schattenjagd. Forschung an autochtonen Wildkatzen im Nationalpark Hainich. In: Grabe, H. & Worel, G. (Hrsg.): Die Wildkatze. Zurück auf leisen Pfoten. Buch & Kunstverlag Oberpfalz, Amberg, 49–58.

17 Hartmann-Furter, M. (2001): Das Charisma des Phantoms. Biologie und Verhalten von Wildkatzen in Gehegen. In: Grabe, H. & Worel, G. (Hrsg.): Die Wildkatze. Zurück auf leisen Pfoten. Buch & Kunstverlag Oberpfalz, Amberg, 29–47.

18 Hartmann-Furter, M. (2009): Breeding European wildcats (*Felis silvestris silvestris*, Schreber, 1777) in species-specific enclosures for reintroduction in Germany. In: Iberian Lynx Ex situ Conservation: An Interdisciplinary Approach. Breitenmoser, C. & Breitenmoser, U. (Hrsg.), IUCN Cat Specialist Group, 452–461.

19 Hartmann-Furter, M. (2009): Breeding European wildcats (*Felis silvestris silvestris*, Schreber, 1777) in species-specific enclosures for reintroduction in Germany. In: Iberian Lynx Ex situ Conservation: An Interdisciplinary Approach. Breitenmoser, C. & Breitenmoser, U. (Hrsg.), IUCN Cat Specialist Group, 452–461.

20 Hartmann-Furter, M. (2001): Das Charisma des Phantoms. Biologie und Verhalten von Wildkatzen in Gehegen. In: Grabe, H. & Worel, G. (Hrsg.): Die Wildkatze. Zurück auf leisen Pfoten. Buch & Kunstverlag Oberpfalz, Amberg, 29–47.

21 Hartmann-Furter, M. (2001): Das Charisma des Phantoms. Biologie und Verhalten von Wildkatzen in Gehegen. In: Grabe, H. & Worel, G. (Hrsg.): Die Wildkatze. Zurück auf leisen Pfoten. Buch & Kunstverlag Oberpfalz, Amberg, 29–47.

22 Hartmann-Furter, M. (2001): Das Charisma des Phantoms. Biologie und Verhalten von Wildkatzen in Gehegen. In: Grabe, H. & Worel, G. (Hrsg.): Die Wildkatze. Zurück auf leisen Pfoten. Buch & Kunstverlag Oberpfalz, Amberg, 29–47.

23 Hartmann-Furter, M. (2001): Das Charisma des Phantoms. Biologie und Verhalten von Wildkatzen in Gehegen. In: Grabe, H. & Worel, G. (Hrsg.): Die Wildkatze. Zurück auf leisen Pfoten. Buch & Kunstverlag Oberpfalz, Amberg, 29–47.

24 Elbroch, L.M. et al. (2017): Adaptive social strategies in a solitary carnivore. Sci. Adv. 3 (10), e1701218.

25 Götz, M. (2014): Die Wildkatze in Sachsen-Anhalt. Landesamt für Umweltschutz Sachsen-Anhalt (Hrsg.).

26 Knufinke, J.F. (2018): Das Paarungsverhalten von wildlebenden Wildkatzen: Eine Analyse der räumlichen und zeitlichen Bewegungen von Wildkatzen (*Felis silvestris silvestris* Schreber, 1777) in der Paarungs-, sowie Wurf- und Jungenaufzuchtszeit. Bachelorarbeit für den Studiengang Landschaftsökologie und Naturschutz, Ernst-Moritz-Arndt-Universität Greifswald.

27 Piechocki, R. (1990): Die Wildkatze. *Felis silvestris*. Die Neue Brehm-Bücherei 189.

28 Götz, M. (2014): Die Wildkatze in Sachsen-Anhalt. Landesamt für Umweltschutz Sachsen-Anhalt (Hrsg.).

29 Götz, M. (2014): Die Wildkatze in Sachsen-Anhalt. Landesamt für Umweltschutz Sachsen-Anhalt (Hrsg.).

30 Götz, M. (2015): Die Säugetierarten der Fauna-Flora-Habitat-Richtlinie im Land Sachsen-Anhalt. Wildkatze (*Felis silvestris silvestris* Schreber, 1777). Landesamt für Umweltschutz Sachsen-Anhalt (Hrsg.), Heft 2/2015.

31 Götz, M. (2015): Die Säugetierarten der Fauna-Flora-Habitat-Richtlinie im Land Sachsen-Anhalt. Wildkatze (*Felis silvestris silvestris* Schreber, 1777). Landesamt für Umweltschutz Sachsen-Anhalt (Hrsg.), Heft 2/2015.

32 Hartmann-Furter, M. (2001): Das Charisma des Phantoms. Biologie und Verhalten von Wildkatzen in Gehegen. In: Grabe, H. & Worel, G. (Hrsg.): Die Wildkatze. Zurück auf leisen Pfoten. Buch & Kunstverlag Oberpfalz, Amberg, 29–47.

33 Piechocki, R. (1990): Die Wildkatze. *Felis silvestris*. Die Neue Brehm-Bücherei 189.

34 Klar, N. et al. (2008): Habitat selection models for European wildcat conservation. Biological Conservation 141 (1), 308–319.

Herrmann, M. et al. (2008): Die Wildkatze im Bienwald. Ergebnisse aus dem PEP Naturschutzgroßprojekt Bienwald und dem Projekt »Grenzüberschreitende Begegnungen mit der Wildkatze«, im Auftrag der Landkreise Germersheim und Südliche Weinstraße.

Hötzel, M. et al. (2007): Die Wildkatze in der Eifel. Habitate, Ressourcen, Streifgebiete. In: Boye, P. & Meining, H. (Hrsg.), Ökologie der Säugetiere 5. Laurenti Verlag, Bielefeld.

35 Mölich, T. (2001): Schattenjagd. Forschung an autochtonen Wildkatzen im Nationalpark Hainich. In: Grabe, H. & Worel, G. (Hrsg.): Die Wildkatze. Zurück auf leisen Pfoten. Buch & Kunstverlag Oberpfalz, Amberg, 49–58.

36 Götz, M. & Roth, M. (2007): Verbreitung der Wildkatze (*Felis s. silvestris*) in Sachsen-Anhalt und ihre Aktionsräume im Südharz. Beitr. Jagd- und Wildforschung 32: 437–447.

37 Klar, N. et al. (2008): Habitat selection models for European wildcat conservation. Biological Conservation 141 (1), 308–319.

Herrmann, M. et al. (2008): Die Wildkatze im Bienwald. Ergebnisse aus dem PEP Naturschutzgroßprojekt Bienwald und dem Projekt »Grenzüberschreitende Begegnungen mit der Wildkatze«, im Auftrag der Landkreise Germersheim und Südliche Weinstraße.

Hötzel, M. et al. (2007): Die Wildkatze in der Eifel. Habitate, Ressourcen, Streifgebiete. In: Boye, P. & Meining, H. (Hrsg.), Ökologie der Säugetiere 5. Laurenti Verlag, Bielefeld.

38 Historische Verbreitung der Wildkatze: www.deutschewildtierstiftung.de/naturschutz/wildkatzen-auf-der-spur (abgerufen am 9.1.2021)

39 Piechocki, R. (1990): Die Wildkatze. *Felis silvestris*. Die Neue Brehm-Bücherei 189.

40 Röben, P. (1974): Die Verbreitung der Wildkatze, *Felis silvestris* Schrebber 1777, in der Bundesrepublik Deutschland. Säugetierk. Mitt. 22: 244–250

41 Can, Ö.E., Kandemir, İ. & Togan, İ. (2011): The wildcat *Felis silvestris* in northern Turkey: assessment of status using camera trapping. Oryx 45 (1), 112–118.

42 Wildkatzen sind im Schnitt etwa 38,5 Zentimeter hoch. Siehe dazu: Piechocki, R. (1990): Die Wildkatze. *Felis silvestris*. Die Neue Brehm-Bücherei 189.

43 Senf, C. et al. (2018): Canopy mortality has doubled in Europe's temperate forests over the last three decades. Nature Communications 9: 4978.

44 Dietz, M. et al. (2016): Kyrill und die Wildkatze – Ergebnisse einer Telemetriestudie im Rothaargebirge. In: Volmer, K. & Simon, O. (Hrsg.): FELIS Symposium vom 16.–17. Oktober 2014 in Gießen »Der aktuelle Stand der Wildkatzenforschung in Deutschland«. Schriften des Arbeitskreis Wildbiologie an der Justus-Liebig-Universität Giessen e. V., Heft 26; Giessen, VVB Laufersweiler Verlag, 190–207.

45 Jerosch, S., Götz, M. & Roth, M. (2017): Spatial organisation of European wildcats (*Felis silvestris silvestris*) in an agriculturally dominated landscape in Central Europe. Mammalian Biology 82, 8–16.

46 Jerosch, S., Götz, M. & Roth, M. (2017): Spatial organisation of European wildcats (*Felis silvestris silvestris*) in an agriculturally dominated landscape in Central Europe. Mammalian Biology 82, 8–16.

47 Jerosch, S., Götz, M. & Roth, M. (2017): Spatial organisation of European wildcats (*Felis silvestris silvestris*) in an agriculturally dominated landscape in Central Europe. Mammalian Biology 82, 8–16.

48 Jerosch, S., Götz, M. & Roth, M. (2017): Spatial organisation of European wildcats (*Felis silvestris silvestris*) in an agriculturally dominated landscape in Central Europe. Mammalian Biology 82, 8–16.

49 Götz, M. et al. (2018): Raumnutzung und Habitatansprüche der Wildkatze in Deutschland. Neue Grundlagen zur Eingriffsbewertung einer streng geschützten FFH-Art. Natur und Landschaft 93 (4): 161–169.

Streif, S. et al. (2016): Die Wildkatze (*Felis s. silvestris*) in den Rheinauen und am Kaiserstuhl. Raum-Zeit-Verhalten der Wildkatze in einer intensiv genutzten Kulturlandschaft.

Projektbericht. Forstliche Versuchs- und Forschungsanstalt Baden-Württemberg. Freiburg.

50 Nussberger, B. & Roth, T. (2020): Bericht Wildkatzenmonitoring Schweiz: Verbreitung, Dichte und Hybridisierung der Wildkatze in der Schweiz. Ergebnisse der zweiten Erhebung 2018/20. Wildtier Schweiz.

51 Oliveira, T. et al. (2018): Females know better: Sex-biased habitat selection by the European wildcat. Ecology and Evolution 8 (18): 9464–9477.

52 Götz, M. et al. (2018): Raumnutzung und Habitatansprüche der Wildkatze in Deutschland. Neue Grundlagen zur Eingriffsbewertung einer streng geschützten FFH-Art. Natur und Landschaft 93 (4): 161–169.

53 Streif, S. et al. (2016): Die Wildkatze (*Felis s. silvestris*) in den Rheinauen und am Kaiserstuhl. Raum-Zeit-Verhalten der Wildkatze in einer intensiv genutzten Kulturlandschaft.

Projektbericht. Forstliche Versuchs- und Forschungsanstalt Baden-Württemberg. Freiburg.

Jerosch, S. & Götz, M. (2014): Populationsdynamik und Migrationsmuster von Wildkatzen im Verbundlebensraum Südharz, Kyffhäuser, Hainleite, Hohe Schrecke/Finne und Ziegelrodaer Forst. Abschlussbericht.

Krug, A. et al. (2012): Erste Ergebnisse einer Telemetriestudie über Wildkatzen im Deister (Region Hannover) – ein Lebensraum für Wildkatzen auf dem Weg in den Norden. Säugetierkundliche Informationen 8: 377–385.

54 Sandrini, M. (2011): Die Raumnutzung der Wildkatze (*Felis silvestris silvestris*, Schreber, 1777) außerhalb des Waldes in der intensiv genutzten Kulturlandschaft am Beispiel der Oberrheinebene. Diplomarbeit. Albert-Ludwigs-Universität Freiburg.

Götz, M. & Roth, M. (2007): Verbreitung der Wildkatze (*Felis s. silvestris*) in Sachsen-Anhalt und ihre Aktionsräume im Südharz. Beitr. Jagd- und Wildforschung 32: 437–447.

55 Balzer, S. et al. (2018): Status der Wildkatze in Deutschland. Natur und Landschaft 93 (4): 146–152.

56 International European Wildcat Symposium – Internationales Symposium über Europäische Wildkatzen (2015), Bund für Umwelt und Naturschutz Deutschland e. V., Achen www.bund-nrw.de/fileadmin/nrw/dokumente/Naturschutz/Wildkatze/Tagungsband-Symposium-2015-Aachen.pdf (abgerufen am 5.1.2021)

57 Tschiderer, P. (2015): Wildkatze in See im Paznaun entdeckt. Jagd in Tirol, erschienen am 1.2.2015. (Zeitschrift für alle Jagdkartenbesitzer in Tirol)

58 Beutel, T. et al. (2017): Spatial patterns of co-occurrence of the European wildcat *Felis silvestris silvestris* and domestic cats *Felis silvestris* catus in the Bavarian Forest National Park. Wildlife Biology: wlb.00284.

59 Würstlin, S. et al. (2016): Crossing the Rhine: a potential barrier to wildcat (*Felis silvestris silvestris*) movement? Conserv Genet 17, 1435–1444.

60 Streif, S. et al. (2016): Die Wildkatze (*Felis s. silvestris*) in den Rheinauen und am Kaiserstuhl. Raum-Zeit-Verhalten der Wildkatze in einer intensiv genutzten Kulturlandschaft. Projektbericht. Forstliche Versuchs- und Forschungsanstalt Baden-Württemberg. Freiburg.

61 Balzer, S. et al. (2018): Status der Wildkatze in Deutschland. Natur und Landschaft 93 (4): 146–152.

62 Information von Pedro Monterroso.

63 Wabakken, P. et al. (2007): Multistage, long-range natal dispersal by a global positioning system-collared Scandinavian wolf. Journal of Wildlife Management 71 (5): 1631–1634.

64 Herrmann, M. et al. (2019): Grünbrücken Rheinland-Pfalz. 10 Jahre Monitoring – eine Erfolgsgeschichte für die Wiedervernetzung von Wildtierkorridoren bei Straßenbauvorhaben in Rheinland-Pfalz. Landesbetrieb Mobilität Rheinland-Pfalz (Hrsg.).

65 Götz, M. (2014): Die Wildkatze in Sachsen-Anhalt. Landesamt für Umweltschutz Sachsen-Anhalt (Hrsg.).

66 Hartmann-Furter, M. (2009): Breeding European wildcats (*Felis silvestris silvestris*, Schreber, 1777) in species-specific enclosures for reintroduction in Germany. In: Iberian Lynx Ex situ Conservation: An Interdisciplinary Approach. Breitenmoser, C. & Breitenmoser, U. (Hrsg.), IUCN Cat Specialist Group, 452–461.

67 Herrmann, M. et al. (2019): Grünbrücken Rheinland-Pfalz. 10 Jahre Monitoring – eine Erfolgsgeschichte für die Wiedervernetzung von Wildtierkorridoren bei Straßenbauvorhaben in Rheinland-Pfalz. Landesbetrieb Mobilität Rheinland-Pfalz (Hrsg.).

68 Steyer, K. et al. (2016): Large-scale genetic census of an elusive carnivore, the European wildcat (*Felis s. silvestris*). Conserv Genet 17, 1183–1199.

69 Balzer, S. et al. (2018): Status der Wildkatze in Deutschland. Natur und Landschaft 93 (4): 146–152.

70 Henky, Y. (2016): Das Totfund-Sammelnetz von Hessen-Forst – Die aktuelle Verbreitung der Wildkatze in Hessen. In: Volmer, K. & Simon, O. (Hrsg.): FELIS Symposium vom 16.–17. Oktober 2014 in Gießen »Der aktuelle Stand der Wildkatzenforschung in Deutschland«. Schriften des Arbeitskreis Wildbiologie an der Justus-Liebig-Universität Giessen e. V., Heft 26; Giessen, VVB Laufersweiler Verlag, 44–50.

71 BUND Wildkatzensymposium 2016. Strategien für die Biotopvernetzung bis 2025. Tagungsband, Erfurt. www.bund.net/fileadmin/user_upload_bund/publikationen/wildkatze/wildkatze_syposium_tagungsband.pdf (abgerufen am 5.1.2021)

72 Weber, D., Roth, T. & Huwyler, S. (2010): Die aktuelle Verbreitung der Wildkatze (*Felis silvestris silvestris* Schreber, 1777) in der Schweiz. Ergebnisse der systematischen Erhebungen in den Jurakantonen in den Wintern 2008/09 und 2009/10. Bericht der Hintermann & Weger AG, Reinach, im Auftrag des Bundesamtes für Umwelt, Bern. www.newsd.admin.ch/newsd/message/attachments/22434.pdf (abgerufen am 8.1.2021)

Weber, D. (2020): Auf den Spuren der Wildkatze. Pro Natura Magazin Spezial 2020.

73 International European Wildcat Symposium – Internationales Symposium über Europäische Wildkatzen (2015), Bund für Umwelt und Naturschutz Deutschland e. V., Achen www.bund-nrw.de/fileadmin/nrw/dokumente/Naturschutz/Wildkatze/Tagungsband-Symposium-2015-Aachen.pdf (abgerufen am 5.1.2021)

74 Janssen, R. et al. (2016): The wild cats of the Vijlenerbosch. Research of their habitat use in 2014–2015 (in Dutch). Bionet (Stein) / Jasja Dekker Dierecologie (Arnhem) / Bureau Muldernatuurlijk (Groenekan).

75 Canters, K.J. et al. (2005): The wildcat (*Felis silvestris*) finally recorded in the Netherlands. Lutra 48 (2): 67–90.
Erstes Auftauchen der Wildkatze in den Niederlanden: www.heeze24.nl/in-beeld/boswachter-aan-het-woord/artikel/3714/Wilde-kat-terug-in-Brabant (abgerufen am 9.1.2021)

Kapitel 7 – Wildkatzen in Not?

1 Kleine Wildkatze kann nicht mehr in Freiheit, Volksstimme, 2.8.2020. www.volksstimme.de/lokal/wernigerode/tierschutz-kleine-wildkatze-kann-nicht-mehr-in-freiheit (abgerufen am 9.1.2021)

2 Gesetz- und Verordnungsblatt für das Land Sachsen-Anhalt Nr. 14/2011, ausgegeben am 4.7.2011, S. 616.

3 Kleine Wildkatze kann nicht mehr in Freiheit, Volksstimme, 2.8.2020. www.volksstimme.de/lokal/wernigerode/tierschutz-kleine-wildkatze-kann-nicht-mehr-in-freiheit (abgerufen am 9.1.2021)

4 Posting auf Facebook-Seite Wildkatzengehege Bad Harzburg vom 1.7.2020: www.facebook.com/1669030663161364/photos/a.1709614295769667/3216406361757112/ (abgerufen am 9.1.2021)

5 Posting auf Facebook-Seite Wildkatzengehege Bad Harzburg vom 1.7.2020: www.facebook.com/1669030663161364/photos/a.1709614295769667/3216406361757112/ (abgerufen am 9.1.2021)

6 Facebook-Posting vom 6.7.2020: www.facebook.com/1669030663161364/photos/a.1709614295769667/3230094910388257/ (abgerufen am 9.1.2021)

7 Olaf, S. et al. (2016): Relevanz der Totfundanalysen von Wildkatzen für das FFH-Monitoring in Hessen. In: Volmer, K. & Simon, O. (Hrsg.): FELIS Symposium vom 16.–17. Oktober 2014 in Gießen »Der aktuelle Stand der Wildkatzenforschung in Deutschland«. Schriften des Arbeitskreis Wildbiologie an der Justus-Liebig-Universität Giessen e. V., Heft 26; Giessen, VVB Laufersweiler Verlag, 67–94.

8 Huck, S. & Trinzen, M: Wildkatze gefunden – was tun? Empfehlungen für die Erstversorgung Europäischer Wildkatzen (*Felis silvestris silvestris*). Die Broschüre kann unter kontakt@retscheider-hof.de angefordert werden.

9 Huck, S. & Trinzen, M: Wildkatze gefunden – was tun? Empfehlungen für die Erstversorgung Europäischer Wildkatzen (*Felis silvestris silvestris*). Die Broschüre kann unter kontakt@retscheider-hof.de angefordert werden.

10 Götz, M. (2014): Die Wildkatze in Sachsen-Anhalt. Landesamt für Umweltschutz Sachsen-Anhalt (Hrsg.).

11 Piechocki, R. (1990): Die Wildkatze. *Felis silvestris*. Die Neue Brehm-Bücherei 189.

12 Huck, S. & Trinzen, M: Wildkatze gefunden – was tun? Empfehlungen für die Erstversorgung Europäischer Wildkatzen (*Felis silvestris silvestris*). Die Broschüre kann unter kontakt@retscheider-hof.de angefordert werden.

13 Piechocki, R. (1990): Die Wildkatze. *Felis silvestris*. Die Neue Brehm-Bücherei 189.

14 Piechocki, R. (1990): Die Wildkatze. *Felis silvestris*. Die Neue Brehm-Bücherei 189.

15 Götz, M. (2014): Die Wildkatze in Sachsen-Anhalt. Landesamt für Umweltschutz Sachsen-Anhalt (Hrsg.).

16 Götz, M. (2014): Die Wildkatze in Sachsen-Anhalt. Landesamt für Umweltschutz Sachsen-Anhalt (Hrsg.).

17 Götz, M. (2014): Die Wildkatze in Sachsen-Anhalt. Landesamt für Umweltschutz Sachsen-Anhalt (Hrsg.).

18 Huck, S. & Trinzen, M: Wildkatze gefunden – was tun? Empfehlungen für die Erstversorgung Europäischer Wildkatzen (*Felis silvestris silvestris*). Die Broschüre kann unter kontakt@retscheider-hof.de angefordert werden.

19 Fauna-Flora-Habitat-Richtline: https://eur-lex.europa.eu/legal-content/DE/TXT/?uri=CELEX%3A31992L0043 (abgerufen am 9.1.2021)

20 Huck, S. & Trinzen, M: Wildkatze gefunden – was tun? Empfehlungen für die Erstversorgung Europäischer Wildkatzen (*Felis silvestris silvestris*). Die Broschüre kann unter kontakt@retscheider-hof.de angefordert werden.

21 Huck, S. & Trinzen, M: Wildkatze gefunden – was tun? Empfehlungen für die Erstversorgung Europäischer Wildkatzen (*Felis silvestris silvestris*). Die Broschüre kann unter kontakt@retscheider-hof.de angefordert werden.

22 Huck, S. & Trinzen, M: Wildkatze gefunden – was tun? Empfehlungen für die Erstversorgung Europäischer Wildkatzen (*Felis silvestris silvestris*). Die Broschüre kann unter kontakt@retscheider-hof.de angefordert werden.

23 Tucker, A. (2017): Der Tiger in der guten Stube. Wie die Katzen erst uns und dann die Welt eroberten. Theiss, Darmstadt.

24 Hartmann-Furter, M. (2001): Das Charisma des Phantoms. Biologie und Verhalten von Wildkatzen in Gehegen. In: Grabe, H. & Worel, G. (Hrsg.): Die Wildkatze. Zurück auf leisen Pfoten. Buch & Kunstverlag Oberpfalz, Amberg, 29–47.

25 Information von Malte Götz.

26 Huck, S. & Trinzen, M: Wildkatze gefunden – was tun? Empfehlungen für die Erstversorgung Europäischer Wildkatzen (*Felis silvestris silvestris*). Die Broschüre kann unter kontakt@retscheider-hof.de angefordert werden.

27 Olaf, S. et al. (2016): Relevanz der Totfundanalysen von Wildkatzen für das FFH-Monitoring in Hessen. In: Volmer, K. & Simon, O. (Hrsg.): FELIS Symposium vom 16.–17. Oktober 2014 in Gießen »Der aktuelle Stand der Wildkatzenforschung in Deutschland«. Schriften des Arbeitskreis Wildbiologie an der Justus-Liebig-Universität Giessen e. V., Heft 26; Giessen, VVB Laufersweiler Verlag, 67–94.

Steeb, S. (2015): Postmortale Untersuchungen an der Europäischen Wildkatze (*Felis silvestris silvestris* Schreber, 1777). Inauguraldissertation zur Erlangung des Grades eines Dr. met. vet. beim Fachbereich Veterinärmedizin der Justus-Liebig-Universität Gießen, VVB Laufersweiler Verlag, Giessen.

28 Volmer, K. & Steeb, S. (2016): Infektionskrankheiten und deren Bedeutung im Artenschutz für die Europäische Wildkatze (*Felis silvestris*). In: Volmer, K. & Simon, O. (Hrsg.): FELIS Symposium vom 16.–17. Oktober 2014 in Gießen »Der aktuelle Stand der Wildkatzenforschung in Deutschland«. Schriften des Arbeitskreis Wildbiologie an der Justus-Liebig-Universität Giessen e. V., Heft 26; Giessen, VVB Laufersweiler Verlag, 167–176.

29 Lafferty, K.D. & Gerber, L.R. (2002): Good medicine for conservation biology: the intersection of epidemiology and conservation theory. Conservation Biology 16 (3): 593–604.

30 Volmer, K. & Steeb, S. (2016): Infektionskrankheiten und deren Bedeutung im Artenschutz für die Europäische Wildkatze (*Felis silvestris*). In: Volmer, K. & Simon, O. (Hrsg.): FELIS Symposium vom 16.–17. Oktober 2014 in Gießen »Der aktuelle Stand der Wildkatzenforschung in Deutschland«. Schriften des Arbeitskreis Wildbiologie an der Justus-Liebig-Universität Giessen e. V., Heft 26; Giessen, VVB Laufersweiler Verlag, 167–176.

31 Volmer, K. & Steeb, S. (2016): Infektionskrankheiten und deren Bedeutung im Artenschutz für die Europäische Wildkatze (*Felis silvestris*). In: Volmer, K. & Simon, O. (Hrsg.): FELIS Symposium vom 16.–17. Oktober 2014 in Gießen »Der aktuelle Stand der Wildkatzenforschung in Deutschland«. Schriften des Arbeitskreis Wildbiologie an der Justus-Liebig-Universität Giessen e. V., Heft 26; Giessen, VVB Laufersweiler Verlag, 167–176.

32 Olaf, S. et al. (2016): Relevanz der Totfundanalysen von Wildkatzen für das FFH-Monitoring in Hessen. In: Volmer, K. & Simon, O. (Hrsg.): FELIS Symposium vom 16.–17. Oktober 2014 in Gießen »Der aktuelle Stand der Wildkatzenforschung in Deutschland«. Schriften des Arbeitskreis Wildbiologie an der Justus-Liebig-Universität Giessen e. V., Heft 26; Giessen, VVB Laufersweiler Verlag, 67–94.

33 Hartmann-Furter, M. (2001): Das Charisma des Phantoms. Biologie und Verhalten von Wildkatzen in Gehegen. In: Grabe, H. & Worel, G. (Hrsg.): Die Wildkatze. Zurück auf leisen Pfoten. Buch & Kunstverlag Oberpfalz, Amberg, 29–47.

34 Hartmann-Furter, M. (2001): Das Charisma des Phantoms. Biologie und Verhalten von Wildkatzen in Gehegen. In: Grabe, H. & Worel, G. (Hrsg.): Die Wildkatze. Zurück auf leisen Pfoten. Buch & Kunstverlag Oberpfalz, Amberg, 29–47.

35 Facebook-Posting vom Wildkatzengehege Bad Harzburg vom 11.8.2020: www.facebook.com/1669030663161364/videos/985133198611089 (abgerufen am 9.1.2021)

36 Facebook-Posting vom Wildkatzengehege Bad Harzburg vom 6.7.2020: www.facebook.com/1669030663161364/photos/a.1709614295769667/3230094910388257/ (abgerufen am 9.1.2021)

Kapitel 8 – Grüne Lebensadern

1 Nationalpark Hainich: www.nationalpark-hainich.de/de/nationalpark/natur/tiere/wildkatzen.html (abgerufen am 9.1.2021)

2 Mölich, T. (2001): Schattenjagd. Forschung an autochtonen Wildkatzen im Nationalpark Hainich. In: Grabe, H. & Worel, G. (Hrsg.): Die Wildkatze. Zurück auf leisen Pfoten. Buch & Kunstverlag Oberpfalz, Amberg, 49–58. Konkret sollte die Waldfläche für den Erhalt einer langfristigen Wildkatzenpopulation mindestens 1650 Quadratkilometer groß sein.

3 Mölich, T. (2001): Schattenjagd. Forschung an autochtonen Wildkatzen im Nationalpark Hainich. In: Grabe, H. & Worel, G. (Hrsg.): Die Wildkatze. Zurück auf leisen Pfoten. Buch & Kunstverlag Oberpfalz, Amberg, 49–58.

4 Mölich, T. (2001): Schattenjagd. Forschung an autochtonen Wildkatzen im Nationalpark Hainich. In: Grabe, H. & Worel, G. (Hrsg.): Die Wildkatze. Zurück auf leisen Pfoten. Buch & Kunstverlag Oberpfalz, Amberg, 49–58.

5 Götz, M. et al. (2018): Raumnutzung und Habitatansprüche der Wildkatze in Deutschland. Neue Grundlagen zur Eingriffsbewertung einer streng geschützten FFH-Art. Natur und Landschaft 93 (4): 161–169.

6 Hard surfaces hidden costs. Searching for alternatives to land take and soil sealing (2013), Bericht der Europäischen Kommission, Luxemburg. https://ec.europa.eu/environment/soil/pdf/SoilSealing-Brochure_en.pdf (abgerufen am 9.1.2021)

7 Bodenversiegelung: https://gsf.globalsoilweek.org/publications/fact-sheets/soil-sealing (abgerufen am 9.1.2021)

8 Piechocki, R. (1990): Die Wildkatze. *Felis silvestris*. Die Neue Brehm-Bücherei 189.

9 Simon, O. & Schmiedel, K. (2019): Tötungsrate von Wildkatzen im Straßenverkehr im Wiesbadener Wald. Jahrbuch Naturschutz in Hessen 18, 92–97.
Olaf, S. et al. (2016): Relevanz der Totfundanalysen von Wildkatzen für das FFH-Monitoring in Hessen. In: Volmer, K. & Simon, O. (Hrsg.): FELIS Symposium vom 16.–17. Oktober 2014 in Gießen »Der aktuelle Stand der Wildkatzenforschung in Deutschland«. Schriften des Arbeitskreis Wildbiologie an der Justus-Liebig-Universität Giessen e. V., Heft 26; Giessen, VVB Laufersweiler Verlag, 67–94.

10 Götz, M. & Jerosch, S. (2010): Wildkatzen und Straßen – Ermittlung von Unfallschwerpunkten im Ostharz. Naturschutz im Land Sachsen-Anhalt 47 (1+2): 26–33.

11 Götz, M. (2014): Die Wildkatze in Sachsen-Anhalt. Landesamt für Umweltschutz Sachsen-Anhalt (Hrsg.).

12 Klar, N., Herrmann, M. & Kramer-Schadt, S. (2009): Effects and mitigation of road impacts on individual movement behaviour of wildcats. The Journal of Wildlife Management 73: 631–638.

13 Hupe, K. & Jacob, A. (2016): Aktuelles Wildkatzen-Totfundmonitoring in Niedersachsen und erste Ergebnisse. In: Volmer, K. & Simon, O. (Hrsg.): FELIS Symposium vom 16.–17. Oktober 2014 in Gießen »Der aktuelle Stand der Wildkatzenforschung in Deutschland«. Schriften des Arbeitskreis Wildbiologie an der Justus-Liebig-Universität Giessen e. V., Heft 26; Giessen, VVB Laufersweiler Verlag, 52–59.

14 Olaf, S. et al. (2016): Relevanz der Totfundanalysen von Wildkatzen für das FFH-Monitoring in Hessen. In: Volmer, K. & Simon, O. (Hrsg.): FELIS Symposium vom 16.–17. Oktober 2014 in Gießen »Der aktuelle Stand der Wildkatzenforschung in Deutschland«. Schriften des Arbeitskreis Wildbiologie an der Justus-Liebig-Universität Giessen e. V., Heft 26; Giessen, VVB Laufersweiler Verlag, 67–94.

15 Hupe, K. & Jacob, A. (2016): Aktuelles Wildkatzen-Totfundmonitoring in Niedersachsen und erste Ergebnisse. In: Volmer, K. & Simon, O. (Hrsg.): FELIS Symposium vom 16.–17. Oktober 2014 in Gießen »Der aktuelle Stand der Wildkatzenforschung in Deutschland«. Schriften des Arbeitskreis Wildbiologie an der Justus-Liebig-Universität Giessen e. V., Heft 26; Giessen, VVB Laufersweiler Verlag, 52–59.

16 Olaf, S. et al. (2016): Relevanz der Totfundanalysen von Wildkatzen für das FFH-Monitoring in Hessen. In: Volmer, K. & Simon, O. (Hrsg.): FELIS Symposium vom 16.–17. Oktober 2014 in Gießen »Der aktuelle Stand der Wildkatzenforschung in Deutschland«. Schriften des Arbeitskreis Wildbiologie an der Justus-Liebig-Universität Giessen e. V., Heft 26; Giessen, VVB Laufersweiler Verlag, 67–94.

17 Simon, O. & Schmiedel, K. (2019): Tötungsrate von Wildkatzen im Straßenverkehr im Wiesbadener Wald. Jahrbuch Naturschutz in Hessen 18, 92–97.

18 Information vom Forschungsnetzwerk EUROWILDCAT.

19 Hupe, K. & Jacob, A. (2016): Aktuelles Wildkatzen-Totfundmonitoring in Niedersachsen und erste Ergebnisse. In: Volmer, K. & Simon, O. (Hrsg.): FELIS Symposium vom 16.–17. Oktober 2014 in Gießen »Der aktuelle Stand der Wildkatzenforschung in Deutschland«. Schriften des Arbeitskreis Wildbiologie an der Justus-Liebig-Universität Giessen e. V., Heft 26; Giessen, VVB Laufersweiler Verlag, 52–59.

20 Deutsche WindGuard (2019): Status des Windenergieausbaus an Land in Deutschland. www.wind-energie.de/fileadmin/redaktion/dokumente/pressemitteilungen/2020/Status_des_Windenergie-ausbaus_an_Land_-_Jahr_2019.pdf (abgerufen am 9.1.2021)

21 FA Wind (2020): Entwicklung der Windenergie im Wald – Ausbau, planerische Vorgaben und Empfehlungen für Windenergiestandorte auf Waldflächen in den Bundesländern, 5. Auflage, Berlin, S. 14. www.fachagentur-windenergie.de/fileadmin/files/Windenergie_im_Wald/FA-Wind_Analyse_Wind_im_Wald_5Auflage_2020.pdf (abgerufen am 9.1.2021)

22 Ziegler, L. (2019): Wildkatzen in Deutschland. Rheinisch-Westfälischer Jäger, 12, 10–11.
Deutsche Wildtier Stiftung (Hrsg.) (2021): Auf gutem Weg? – Zur Situation der Wildkatze (*Felis s. silvestris*) in Deutschland und Europa. Beiträge zum Europäischen Wildkatzen-Symposium der Deutschen Wildtier Stiftung/Proceedings to the European wildcat symposium of the German Wildlife Foundation, 26.–27. September 2019 in Neuwied, Schloss Engers.

23 Ziegler, L. (2019): Wildkatzen in Deutschland. Rheinisch-Westfälischer Jäger, 12, 10–11.

24 FA Wind (2020): Entwicklung der Windenergie im Wald – Ausbau, planerische Vorgaben und Empfehlungen für Windenergiestandorte auf Waldflächen in den Bundesländern, 5. Auflage, Berlin, S. 14. www.fachagentur-windenergie.de/fileadmin/files/Windenergie_im_Wald/FA-Wind_Analyse_Wind_im_Wald_5Auflage_2020.pdf (abgerufen am 9.1.2021)

25 Mölich, T. & Vogel, B. (2018): Die Wildkatze als Zielart für den Waldbiotopverbund am Beispiel des Langzeitprojekts »Rettungsnetz Wildkatze«. Natur und Landschaft 93 (4): 170–175.

26 von Bredow, R. et al. (2007): Wege ins Katzenparadies. DER SPIEGEL vom 17.9.2007.

27 Mölich, T. (2001): Schattenjagd. Forschung an autochtonen Wildkatzen im Nationalpark Hainich. In: Grabe, H. & Worel, G. (Hrsg.): Die Wildkatze. Zurück auf leisen Pfoten. Buch & Kunstverlag Oberpfalz, Amberg, 49–58.

28 Goerner, M. (2014): Korridore und Wildkatzen (*Felis silvestris*). Säugetierkundliche Informationen 9: 379–398.

29 Mölich, T. & Vogel, B. (2018): Die Wildkatze als Zielart für den Waldbiotopverbund am Beispiel des Langzeitprojekts »Rettungsnetz Wildkatze«. Natur und Landschaft 93 (4): 170–175.

30 Anzahl der Haustiere in deutschen Haushalten. https://de.statista.com/statistik/daten/studie/30157/umfrage/anzahl-der-haustiere-in-deutschen-haushalten-seit-2008/ (abgerufen am 9.1.2021)

31 Leitner, H. & Leissing, D. (2020): Erstellung eines Wildkatzenkorridorplans im Wald- & Weinviertel in Österreich und den Kreisen Südböhmen und Südmähren in Tschechien. Klagenfurt.

32 Netze des Lebens. Handbuch für den Waldbiotopverbund (2011), Bund für Umwelt und Naturschutz Deutschland e. V. www.bund.net/fileadmin/user_upload_bund/_migrated/publications/20110922_wildkatze_handbuch_waldbiotopverbund.pdf (abgerufen am 9.1.2021)

33 Information von Thomas Mölich.

34 Klug, W. (2012): Zauberhafte Flora an den sagenumwobenen Hörselbergen. Heimatverlag Hörselberg.

35 von Bredow, R. et al. (2007): Wege ins Katzenparadies. DER SPIEGEL vom 17.9.2007.

36 von Bredow, R. et al. (2007): Wege ins Katzenparadies. DER SPIEGEL vom 17.9.2007.

37 Klar, N. et al. (2008): Habitat selection models für European wildcat conservation. Biological Conservation 141 (1): 308–319
Vogel, B., Mölich, T. & Klar, N. (2009): Der Wildkatzenwegeplan. Ein strategisches Instrument des Naturschutz. Naturschutz und Landschaftsplanung 41 (11): 333–340.

38 BUND Wildkatzensymposium 2016. Strategien für die Biotopvernetzung bis 2025. Tagungsband, Erfurt. www.bund.net/fileadmin/user_upload_bund/publikationen/wildkatze/wildkatze_syposium_tagungsband.pdf (abgerufen am 5.1.2021)

39 BUND Wildkatzensymposium 2016. Strategien für die Biotopvernetzung bis 2025. Tagungsband, Erfurt. www.bund.net/fileadmin/user_upload_bund/publikationen/wildkatze/wildkatze_syposium_tagungsband.pdf (abgerufen am 5.1.2021)

40 BUND Wildkatzensymposium 2016. Strategien für die Biotopvernetzung bis 2025. Tagungsband, Erfurt. www.bund.net/fileadmin/user_upload_bund/publikationen/wildkatze/wildkatze_syposium_tagungsband.pdf (abgerufen am 5.1.2021)

41 BUND Wildkatzensymposium 2016. Strategien für die Biotopvernetzung bis 2025. Tagungsband, Erfurt. www.bund.net/fileadmin/user_upload_bund/publikationen/wildkatze/wildkatze_syposium_tagungsband.pdf (abgerufen am 5.1.2021)

42 EU-Agrarreform: www.orf.at/stories/3186072/ (abgerufen am 9.1.2021)

43 Reform der EU-Agrarpolitik: www.europarl.europa.eu/factsheets/de/sheet/113/die-kunftige-gemeinsame-agrarpolitik-nach-2020 (abgerufen am 9.1.2021)

44 EU-Agrarreform: www.orf.at/stories/3186072/ (abgerufen am 9.1.2021)

45 State of nature in the EU. Results from reporting under the nature directives 2013–2018. EEA Report, No 10/2020, European Environment Agency. www.eea.europa.eu/publications/state-of-nature-in-the-eu-2020/ (abgerufen am 8.1.2021)

46 State of nature in the EU. Results from reporting under the nature directives 2013–2018. EEA Report, No 10/2020, European Environment Agency. www.eea.europa.eu/publications/state-of-nature-in-the-eu-2020/ (abgerufen am 8.1.2021)

47 Biologische Landwirtschaft in der EU: https://ec.europa.eu/eurostat/statistics-explained/index.php/Organic_farming_statistics (abgerufen am 9.1.2021)

48 State of nature in the EU. Results from reporting under the nature directives 2013–2018. EEA Report, No 10/2020, European Environment Agency. www.eea.europa.eu/publications/state-of-nature-in-the-eu-2020/ (abgerufen am 8.1.2021)

49 EU-Agrarreform: www.orf.at/stories/3186072/ (abgerufen am 9.1.2021)

50 Eurobarometer-Umfrage: https://ec.europa.eu/germany/news/20190506-eurobarometer-biodiversitaet_de (abgerufen am 8.1.2021)

51 Mölich, T. & Vogel, B. (2018): Die Wildkatze als Zielart für den Waldbiotopverbund am Beispiel des Langzeitprojekts »Rettungsnetz Wildkatze«. Natur und Landschaft 93 (4): 170–175.

BUND Wildkatzensymposium 2016. Strategien für die Biotopvernetzung bis 2025. Tagungsband, Erfurt. www.bund.net/fileadmin/user_upload_bund/publikationen/wildkatze/wildkatze_syposium_tagungsband.pdf (abgerufen am 5.1.2021)

52 Aufgegebenes Agrarland in der EU zwischen 2015 und 2030: https://ec.europa.eu/jrc/en/publication/eur-scientific-and-technical-research-reports/agricultural-land-abandonment-eu-within-2015-2030 (abgerufen am 9.1.2021)

53 Bevölkerung in urbanen Gebieten: www.un.org/development/desa/en/news/population/2018-revision-of-world-urbanization-prospects.html (abgerufen am 9.1.2021)

54 Goerner, M. (2014): Korridore und Wildkatzen (*Felis silvestris*). Säugetierkundliche Informationen 9: 379–398.

55 Mölich, T. & Vogel, B. (2018): Die Wildkatze als Zielart für den Waldbiotopverbund am Beispiel des Langzeitprojekts »Rettungsnetz Wildkatze«. Natur und Landschaft 93 (4): 170–175.

56 Mölich, T. & Vogel, B. (2018): Die Wildkatze als Zielart für den Waldbiotopverbund am Beispiel des Langzeitprojekts »Rettungsnetz Wildkatze«. Natur und Landschaft 93 (4): 170–175.

57 Steyer, K. et al. (2016): Large-scale genetic census of an elusive carnivore, the European wildcat (*Felis s. silvestris*). Conserv Genet 17, 1183–1199.

58 Goerner, M. (2014): Korridore und Wildkatzen (*Felis silvestris*). Säugetierkundliche Informationen 9: 379–398.

59 Götz, M. (2014): Die Wildkatze in Sachsen-Anhalt. Landesamt für Umweltschutz Sachsen-Anhalt (Hrsg.).

Mölich, T. (2001): Schattenjagd. Forschung an autochtonen Wildkatzen im Nationalpark Hainich. In: Grabe, H. & Worel, G. (Hrsg.): Die Wildkatze. Zurück auf leisen Pfoten. Buch & Kunstverlag Oberpfalz, Amberg, 49–58.

60 IPBES (2019): Global assessment report on biodiversity and ecosystem services of the Intergovernmental Science-Policy Platform on Biodiversity and Ecosystem Services. Brondizio, E. S. et al. (Hrsg.), IPBES Sekretariat, Bonn. www.ipbes.net/global-assessment (abgerufen am 8.1.2021)

61 Weinzierl, H. (2001): Was ist eine Wildkatze wert? Gedanken über den Mut zur Wildnis. In: Grabe, H. & Worel, G. (Hrsg.): Die Wildkatze. Zurück auf leisen Pfoten. Buch & Kunstverlag Oberpfalz, Amberg, 8–13.

62 Weinzierl, H. (2001): Was ist eine Wildkatze wert? Gedanken über den Mut zur Wildnis. In: Grabe, H. & Worel, G. (Hrsg.): Die Wildkatze. Zurück auf leisen Pfoten. Buch & Kunstverlag Oberpfalz, Amberg, 8–13.

63 Leitner, H. & Leissing, D. (2020): Erstellung eines Wildkatzenkorridorplans im Wald- & Weinviertel in Österreich und den Kreisen Südböhmen und Südmähren in Tschechien. Klagenfurt.